Illustrator 2020
实用教程

何品 编著

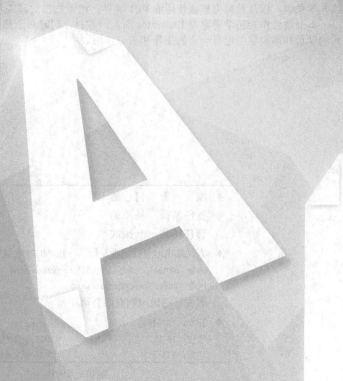

人民邮电出版社
北 京

图书在版编目（CIP）数据

Illustrator 2020实用教程 / 何品编著. -- 北京：
人民邮电出版社，2021.7（2024.7重印）
ISBN 978-7-115-56605-8

Ⅰ. ①I… Ⅱ. ①何… Ⅲ. ①图形软件－教材 Ⅳ.
①TP391.412

中国版本图书馆CIP数据核字(2021)第103691号

内 容 提 要

　　本书针对零基础读者开发，是指导初学者快速掌握 Illustrator 及其应用的参考书。全书以各种实用技术为主线，系统地阐述了图像和色彩的基础知识、Illustrator 的工作界面和首选项设置、Illustrator 的基本操作、基本图形的绘制、对象的管理与编辑、复杂图形的绘制、对象外观的变化、对象形状的变化、文本的排列与编辑、效果的应用等内容。针对常用知识点，本书还安排了课堂案例，以便读者能够快速上手，学会各种类型图形设计的基本技巧和制作思路。另外，从第 2 章开始，每章的最后都安排了课后习题，读者可以尝试着独立练习或结合视频进行学习。

　　本书配套资源包括所有课堂案例、课堂练习、课后习题及商业实战案例的素材文件、实例文件、在线教学视频，以及教师可直接使用的 PPT 课件，读者扫描封底或资源与支持页中的二维码即可获取。

　　本书适合作为初学者学习 Illustrator 的入门教材，同时对于热爱艺术的创作者，以及相关行业培训机构的学员和高校学生也有一定的指导和借鉴作用。

◆ 编　著　何　品
　　责任编辑　杨　璐
　　责任印制　马振武

◆ 人民邮电出版社出版发行　　北京市丰台区成寿寺路 11 号
　　邮编　100164　电子邮件　315@ptpress.com.cn
　　网址　https://www.ptpress.com.cn
　　固安县铭成印刷有限公司印刷

◆ 开本：787×1092　1/16　　彩插：2
　　印张：16.25　　　　　　　2021 年 7 月第 1 版
　　字数：535 千字　　　　　2024 年 7 月河北第 10 次印刷

定价：59.90 元

读者服务热线：(010)81055410　印装质量热线：(010)81055316
反盗版热线：(010)81055315
广告经营许可证：京东市监广登字 20170147 号

近年来由于互联网技术的高速发展，用于互联网传播的各种图形的需求量日益增加，而要设计这些图形便离不开Illustrator等图形设计软件。Illustrator是Adobe公司旗下的矢量图形处理软件，从1987年诞生至今已经经过30多年的迭代，在矢量图形处理领域逐渐确立了不可动摇的地位，其用途涵盖了字体设计、海报设计、版式设计、品牌设计、UI设计、插画设计等多个领域，使用场景广泛，同时操作简单，深受平面设计师、UI设计师、插画师甚至三维设计师的青睐。

鉴于这样的需求，我们精心编写了本书，并对图书的体系做了优化，按照"功能介绍→重要参数讲解→课堂案例→本章小结→课后习题→商业实战案例"这一思路进行编排，力求通过功能介绍和重要参数讲解使读者快速掌握软件功能；通过课堂案例和课后练习使读者快速上手并具备一定的动手能力；通过课后习题拓展读者的实际操作能力，达到巩固和提升的目的；通过商业实战案例，提高读者的设计实战水平。这样通过理论知识和实际操作的配合，能够帮助读者建立系统的知识体系，使读者在运用软件时能够有针对性地选择相关工具和命令并高效地完成设计。

本书的学习资源包含了书中所有课堂案例、课堂练习、课后习题和商业实战案例的素材文件和实例文件。同时，为了方便读者的学习，本书还配备了所有案例的教学视频和重要知识点的讲解视频，这些视频均由编者精心录制。另外，为了方便教师教学，本书还配备了PPT课件等丰富的教学资源，任课老师可直接使用。

知识点：讲解大量的技术性知识，有助于读者深入掌握软件各项功能。

课堂案例：包含案例详解和操作步骤，有助于读者深入掌握Illustrator的基础知识及各种工具的使用方法。

课后习题：帮助读者强化刚学完的重要知识。

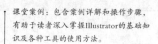

技巧与提示：对软件的实用技巧及制作过程中的难点进行分析和讲解。

课堂练习：课堂案例的拓展延伸，供读者活学活用，巩固前面学习的软件知识。

本章小结：总结了每一章的学习重点和核心技术。

本书参考学时为64，其中讲授环节为30学时，实训环节为34学时，各章的参考学时如下表所示。

章节	课程内容	学时分配	
		讲授	实训
第1章	初识Illustrator	2	–
第2章	Illustrator的基本操作	2	2
第3章	基本图形的绘制	2	2
第4章	对象的管理与编辑	2	2
第5章	复杂图形的绘制	4	4
第6章	对象外观的变化	4	4
第7章	对象形状的变化	2	4
第8章	文本的排列与编辑	4	4
第9章	效果的应用	2	4
第10章	平面设计	2	4
第11章	UI设计	2	2
第12章	商业插画	2	2
学时总计		30	34

由于编者水平有限，书中如有疏漏和不妥之处，恳请广大读者批评指正。

编者
2020年12月

本书由"数艺设"出品,"数艺设"社区平台(www.shuyishe.com)为您提供后续服务。

◇ **配套资源**

- 素材文件、实例文件(课堂案例/课堂练习/课后习题/商业实战案例)
- 教学视频
- 知识点讲解视频(视频云课堂)
- PPT教学课件
- 《Illustrator 2020实用教程》教学大纲

资源获取请扫码

"数艺设"社区平台,为艺术设计从业者提供专业的教育产品。

◇ **与我们联系**

　　我们的联系邮箱是 szys@ptpress.com.cn。如果您对本书有任何疑问或建议,请您发邮件给我们,并请在邮件标题中注明本书书名及ISBN,以便我们更高效地做出反馈。

　　如果您有兴趣出版图书、录制教学课程,或者参与技术审校等工作,可以发邮件给我们;有意出版图书的作者也可以到"数艺设"社区平台在线投稿(直接访问 www.shuyishe.com 即可)。如果学校、培训机构或企业想批量购买本书或"数艺设"出版的其他图书,也可以发邮件联系我们。

　　如果您在网上发现针对"数艺设"出品图书的各种形式的盗版行为,包括对图书全部或部分内容的非授权传播,请您将怀疑有侵权行为的链接通过邮件发给我们。您的这一举动是对作者权益的保护,也是我们持续为您提供有价值的内容的动力之源。

◇ **关于"数艺设"**

　　人民邮电出版社有限公司旗下品牌"数艺设",专注于专业艺术设计类图书出版,为艺术设计从业者提供专业的图书、U书、课程等教育产品。出版领域涉及平面、三维、影视、摄影与后期等数字艺术门类,字体设计、品牌设计、色彩设计等设计理论与应用门类,UI设计、电商设计、新媒体设计、游戏设计、交互设计、原型设计等互联网设计门类,环艺设计手绘、插画设计手绘、工业设计手绘等设计手绘门类。更多服务请访问"数艺设"社区平台www.shuyishe.com。我们将提供及时、准确、专业的学习服务。

目录 CONTENTS

1

初识Illustrator

从本章开始你将进入 Illustrator 的世界，先了解图像和色彩的基础知识，再认识 Illustrator 的工作界面及首选项设置，从而为本书之后的学习奠定基础。

课堂学习目标

◇ 了解图像和色彩的基础知识

◇ 认识 Illustrator 工作界面

◇ 了解首选项设置

1.1 图像和色彩的基础知识

　　无论是图像设计软件还是三维设计软件，在设计的过程中都或多或少需要掌握一些理论知识，如图像的分辨率、位深度和格式等图像知识，以及RGB、CMYK和HSB等色彩知识，这样才不至于带着困惑处理图像。

1.1.1 图像的种类

　　图像分为位图（Bitmap）和矢量图（Vector Graphcis）两种类型。谈及这两种图像类型，我们就需要将Illustrator和Photoshop这两款软件进行对比，它们都是用于处理图像的软件，但是Illustrator主要用于处理矢量图，而Photoshop主要用于处理位图，矢量图和位图之间的差异就体现在这两款软件制作的图像上。

1.位图

　　位图是由许多点组成的图像，而组成位图的每一个点都是一个像素（Pixel），因此位图也被称作点阵图。它的优点是能够表现丰富的色彩，但是其图像的质量跟分辨率有关，即放大会失真，因此其文件数据量相对较大，也会耗费较多的存储资源。一般情况下，Photoshop是处理位图图像的不二之选。如图1-1所示，由Photoshop处理的位图经放大后图像边缘变得模糊。

图1-1

2.矢量图

　　矢量图是由基于数学公式定义的直线和曲线构成的图形，这些直线和曲线称为路径。它的特点是图像的质量与分辨率无关，放大不会失真，因此占用的存储资源相对较小，常被用于字体设计、标志设计和版式设计。矢量图在色彩的表现上相对不是那么丰富。常用的矢量图处理软件有Illustrator、CorelDRAW。如图1-2所示，由Illustrator处理的矢量图经放大后边缘依旧清晰。

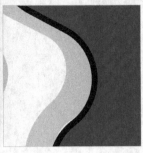

图1-2

知识点：位图和矢量图之间的转换

　　将位图转换为矢量图的过程称为矢量化，其实现难度较大，Illustrator中提供了相应的控件用于将位图转换为矢量图；将矢量图转换为位图的过程称为栅格化，其实现难度较小，这样的操作在Photoshop中较为常见。

1.1.2 图像的基本属性

　　图像主要有3种基本属性，分别为分辨率、位深度、真伪彩色。鉴于学习的需要，本小节将着重介绍图像的分辨率和位深度这两种基本属性。

1.分辨率

　　分辨率是指单位长度上像素的数量，又可称之为像素密度，其单位为像素/英寸（Pixel Per Inch，PPI），它是衡量图像质量的一个重要指标，分辨率越高，图像单位长度内包含的像素数量也就越多，对应的图像也就越清晰。对于同样大小的图像，其像素总数越多，图像的分辨率越高，如在手机或计算机等设备上分别查看1614px×1080px、538px×360px的图像，并将它们缩放到同等大小，我们能够明显地看到像素总数为1614px×1080px的图像更加清晰，如图1-3所示；对于像素总数相同的图像，用于显示它的设备越小，其分辨率越高，如像素总数为1920px×1080px的同一张图像，在手机上查看相较于在计算机上查看会更加清晰。

图1-3

2.位深度

　　位深度是指存储每个像素所用的位数（bit），它决定了图像中任意一个像素可能出现的颜色种类数量。位深度越高，图像所能表现的颜色种类就越多，同时其占用的存储资源也就越多。

1.1.3 颜色模式

在现实生活中大家肯定有过这样的生活经验，在日落时分观看晚霞，会感觉它的颜色十分鲜艳，随着时间的推移，待夜幕降临之时，天空中的颜色逐渐变暗，直至变成黑暗的世界。在这个过程中我们是通过眼睛感知到变化的，那么为什么黑夜之后，眼睛便不能看到物体的颜色了呢？人之所以能够看到色彩，那是因为有光，如果没有光，那么世界将是一片黑暗。

除此之外，不同物体的颜色一般也是有差异的，为什么会出现这样的差异呢？首先我们需要知道日光在照射到物体上后会被吸收掉一部分，而通过物体反射到眼睛的颜色才是该物体的颜色；其次，由于不同物体的吸收部位是不同的，因此看到不同的物体，其颜色也会有差异。人类的眼睛具有分辨数百万种颜色的能力，可见人类对于颜色的感知是十分敏锐的。

既然人类能够分辨出那么多种颜色，那么我们应该怎样去描述一种颜色呢？这就引出了将要介绍的颜色模式，常见的颜色模式有RGB、CMYK、HSB、Lab和YUV等。下面将着重介绍RGB、CMYK和HSB这3种颜色模式。

1.RGB

RGB是基于加色原理通过红色（Red）、绿色（Green）和蓝色（Blue）3个颜色通道的相互叠加得到各种颜色的颜色模式，常被用在显示器、电视机等显示设备上。

2.CMYK

CMYK颜色模式是基于减色原理，通过青色（Cyan）、品红色（Magenta）、黄色（Yellow）和黑色（Black）4种颜色混合得到各种颜色的颜色模式，主要应用于印刷领域，因此这4种颜色也被称为"印刷四色"。

> **技巧与提示**
>
> 从理论上来看，只需要通过青色、品红色和黄色3种颜色混合就能得到各种颜色，那为什么还需要单独在CMYK

颜色模式中加入黑色呢？这是因为在印刷的过程中需要将青色、品红色和黄色混合才能得到黑色，但是使用这样的方式印刷出的黑色存在缺陷，原因一是由于技术的限制，工业生产过程中往往得不到纯度很高的青色、品红色和黄色这3种颜色的油墨，混合得到的黑色并不理想；二是就算能够印刷出黑色，其成本往往也很高，因此加入黑色还能节约印刷成本。

> **知识点：加色混合和减色混合**
>
> 加色混合即由红色、绿色和蓝色三原色按不同比例混合得到任意一种颜色，通过加色混合，颜色越深，混合色越亮，如图1-4所示。
>
> 减色混合即由青色、品红色和黄色三原色按不同比例混合得到任意一种颜色，通过减色混合，颜色越深，混合色越暗，如图1-5所示。

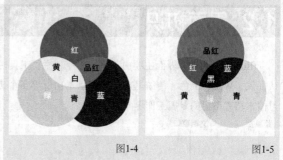

图1-4   图1-5

> **知识点：互补色**
>
> 两种颜色以适当的比例混合得到无彩色，则这两种颜色互补，对应到色相环上，就是在色相环上相距180°的两种颜色互为互补色，如红色和青色是一对互补色，绿色和品红色是一对互补色，蓝色和黄色是一对互补色，如图1-6所示。互补色的对比十分强烈，我们在设计时为了突出主体，通常将前景和背景的颜色设置成互补色，使其形成对比。

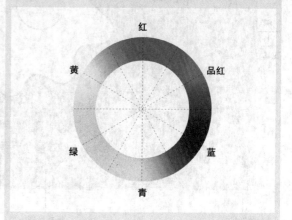

图1-6

3.HSB

HSB是由色相（Hue）、饱和度（Saturation）和明度（Brightness）这3种颜色的基本属性来描述色彩，在理解该颜色模式之前需要先理解颜色的这3个基本属性。我们可以在任何一款图像编辑软件的"拾色器"对话框中看到它们之间的关系，如图1-7所示。

颜色分为有彩色和无彩色，有彩色即红色、黄色、绿色和蓝色等颜色，无彩色即黑色、灰色和白色，我们可以简单地认为色相是用于区分有彩色种类的名称，但是像黑色、灰色和白色这些无彩色是不存在色相的；饱和度即颜色的鲜艳程度，也可以理解为颜色的纯度，越鲜艳的颜色饱和度越高，越暗淡的颜色饱和度越低；明度就是颜色的明亮程度。

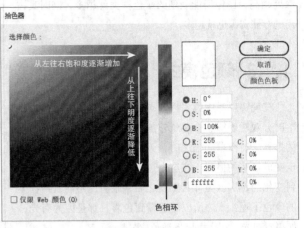

图1-7

1.2 界面初识

Illustrator的工作界面主要由菜单栏、控制栏、工具栏、状态栏、文档窗口等部分组成，如图1-8所示。Illustrator默认提供了Web、上色、传统基本功能和基本功能等多个工作界面，也支持自定义工作界面，我们可以根据自己的使用习惯来布置自己的专属工作界面。

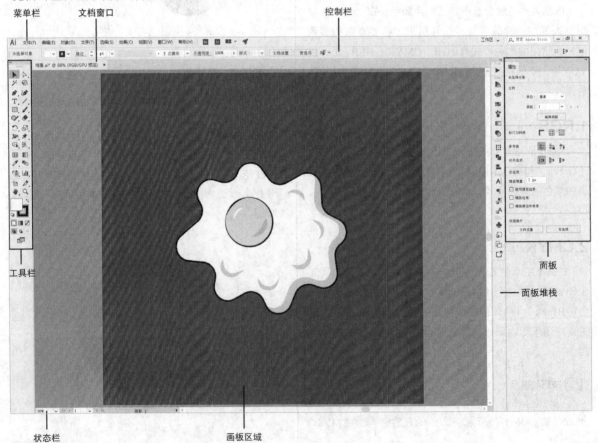

图1-8

1.2.1 菜单栏

视频云课堂：01 菜单栏

　　菜单栏中包含了Illustrator中大部分的命令，这些命令被归类并放置在不同的下拉菜单中。Illustrator的菜单栏中包含了文件、编辑、对象、文字、选择、效果、视图和窗口等菜单，如图1-9所示。我们在学习的过程中要特别留意各个菜单中的命令，这样才能够根据自己的需求找到相应的命令，从而实现想要的效果。

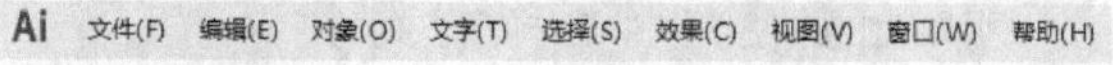

Ai 文件(F) 编辑(E) 对象(O) 文字(T) 选择(S) 效果(C) 视图(V) 窗口(W) 帮助(H)

图1-9

重要菜单介绍

　　◇ **文件**：包含了处理文件的命令，如新建文件、存储文件和导出文件等命令。

　　◇ **编辑**：包含了编辑图稿的常规命令，如复制、粘贴和还原等命令。

　　◇ **对象**：包含了处理对象的多个命令，如排列对象、变换对象等命令。

　　◇ **文字**：包含对文本进行编辑的命令。

　　◇ **选择**：包含选择对象的命令，如全选、反向选择等命令。

　　◇ **效果**：包含了使图稿呈现特殊效果的命令，如3D、变形和扭曲等多种效果。

　　◇ **视图**：控制图稿的显示形式，以及参考线、标尺和网格等辅助工具的显示和隐藏。

　　◇ **窗口**：控制面板的显示和隐藏，同时也能够在该菜单下对工作界面进行自定义。

知识点：快速执行菜单命令的方法

　　有的命令后方带有▶符号，表示该命令带有子菜单，如图1-10所示；有的命令后方带有几个按键，表示该命令的快捷键，如图1-11所示。

图1-10　　　　　　图1-11

　　菜单栏中的命令除部分命令有快捷键外，其他命令是没有快捷键的。如果想快速执行这些没有快捷键的菜单命令，可以按住Alt键并按菜单栏中对应菜单名称后面括号内的字母键调出该菜单，再按菜单中相应命令后面括号内的字母键即可执行该命令。例如想要执行"扩展"命令，只需选中对象，然后按快捷键Alt+O打开"对象"菜单，再按X键即可执行"扩展"命令，从而对该对象进行扩展，如图1-12所示。

图1-12

1.2.2 控制栏

视频云课堂：02 控制栏

　　控制栏位于文档窗口的上方，用于显示当前所选对象的属性，包含一些常用图形的设置选项。如果控制栏默认情况下没有显示，那么可以执行"窗口>控制"菜单命令将其显示出来。不同的对象具有不同的可调选项，一般在控制栏中可调整对象的填色、描边、尺寸、不透明度和排列方式等，如图1-13所示。

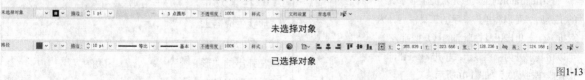

图1-13

　　单击控制栏中的某些选项，如"描边"，即可在弹出的下拉面板中对描边进行详细的参数设置，如图1-14所示，此操作为绘图过程中对一些常用属性进行调节的快捷操作，该参数内容与"描边"面板对应。关于面板的用法将在后面进行讲解。

图1-14

1.2.3 工具栏

▣ 视频云课堂: 03 工具栏

工具栏位于Illustrator工作界面的左侧,包含了绘制和编辑图稿的各种工具,通过图标来表示。有的图标的右下角显示着 ◢ ,表示这是个工具组,其中包含了多个工具。除少部分工具是单个工具外,大多数的工具都是以工具组的形式放置在工具栏中的,如图1-15所示。

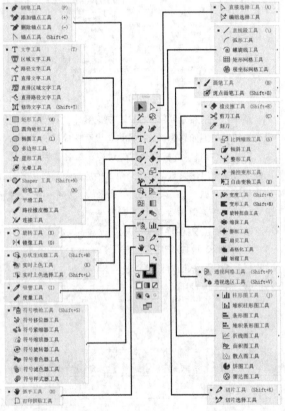

图1-15

📝 技巧与提示

当Illustrator的工具栏无法完全显示其中的工具时,可以将单排显示的工具栏展开为双排显示。单击工具栏顶部的展开按钮 ▶▶ ,可将其展开为双栏显示,单击 ◀◀ 按钮即可折叠成单栏模式,如图1-16所示。

图1-16

1.工具的选择

工具的选择有两种方式。如果想选择单个工具,那么只需在工具栏中单击目标工具即可。如果想要选择工具组中的工具,那么有两种方法可以实现:第1种方法是长按带有 ◢ 的工具图标或在该图标上单击鼠标右键,在展开的工具组中选择目标工具;第2种方法是按住Alt键不断单击工具组图标,这时工具组中的工具会依次进行切换,当切换到目标工具时停止单击。

例如想要使用"选择工具" ▶ ,仅需单击"选择工具"图标 ▶ ,如图1-17所示;要选择"椭圆工具" ◯ 则需长按"矩形工具"图标 ■ ,再在展开的工具组中单击"椭圆工具"图标 ◯ ,如图1-18所示。当然我们也可以通过按住Alt键并单击"矩形工具"图标 ■ 两次进行选择。

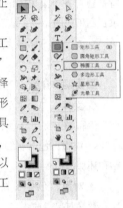

图1-17　　　　图1-18

📝 技巧与提示

一些工具可以通过快捷键进行选择,如选择"直接选择工具" ▷ ,只需要按A键即可。在实际工作中,灵活使用快捷键可以使工作更加高效。

2.设置工具选项

工具选项能够对工具的一些属性进行调整,但是并非每一个工具都有选项。如果想设置工具选项,那么可以在工具栏中双击工具,即可在弹出的对话框中详细设置该工具的参数。例如想要设置"形状生成器工具" ◔ 的选项,可以在工具栏中双击"形状生成器工具"图标 ◔ ,便可在弹出的"形状生成器工具选项"对话框中设置工具选项,如图1-19所示。

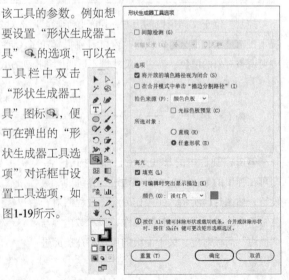

图1-19

技巧与提示

要设置没有在工具栏中显示的工具的选项时，只需激活该工具后双击即可，如图1-20所示。

图1-20

3.自定义工具栏

我们可以根据工作习惯自定义工具栏，如在工具栏中仅显示自己常用的工具，以减少在使用过程中寻找工具的时间。执行"窗口>工具>新建工具面板"菜单命令，在弹出的"新建工具面板"对话框中输入自定义工具栏的名称，单击"确定"按钮，如图1-21所示，然后将所需的工具从工具栏拖入新建的工具栏中，即可完成工具栏的自定义，如图1-22所示。

图1-21

图1-22

4.管理工具栏

当新建了多个工具栏时，如果需要对其进行调整，可以执行"窗口>工具>管理工具面板"菜单命令，在弹出的"管理工具面板"对话框中对工具栏进行新建、重命名或删除操作，如图1-23所示。

图1-23

1.2.4 状态栏

状态栏位于工作界面的左下角，显示了当前文档的缩放比例、画板等相关信息。另外，单击画板名称后方的 ▶ 按钮可对显示的信息进行更改，如画板的名称、当前工具、日期和时间、还原次数等信息，如图1-24所示。

图1-24

1.2.5 面板

视频云课堂：04 面板

面板是工作区的重要组成部分，对于某些编辑操作，如配合绘图、颜色设置等，通过面板来操作会更加便捷，因此在学习Illustrator时，学习面板的使用方法是非常必要的。

1.认识面板

面板的主要作用在于它能够简化编辑对象的操作。和其他的Adobe系列软件一样，Illustrator同样提供了多种面板。一般而言，不同的面板其功能也会有所差异。如果想显示或隐藏面板，可以执行"窗口>面板名称"菜单命令。对于某些面板，也可以通过快捷键来控制其显示和隐藏，如按F7键来控制"图层"面板的显示和隐藏。"图层"面板如图1-25所示。

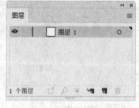

图1-25

2.面板组

默认情况下，面板堆栈位于工作界面的右侧。面板既可以单独存在，又可以组成面板组存在，同时还可以浮动在面板堆栈的外部，如图1-26所示；当面板组被折叠时，单击 ▶▶ 按钮可将其展开，单击面板名称即可切换到对应的面板，如图1-27所示。

图1-26

图1-27

重要参数介绍

◇ 折叠 ◀◀：折叠面板或面板组。

◇ 展开 ▶▶：展开面板或面板组。

◇ 面板菜单 ≡：设置面板的附加选项。若面板中的参数未显示完全，通过选择面板菜单中的"显示选项"命令，即可完全显示该面板中的所有参数。除此之外，还有一些比较详细的操作命令，也通常在面板菜单中。

面板既可以停靠在工作界面的某一位置，又可以处于浮动状态，我们可以根据自己的喜好决定面板的放置位置。将鼠标指针移动到面板名称的上方，按住鼠标左键向外界拖动，即可将面板与面板组或面板堆栈分离，如图1-28所示；拖动面板或面板组上边缘的手柄区域 ▬▬▬▬，可以控制其停靠或取消停靠；按住手柄区域 ▬▬▬▬，将分离的面板拖动到面板组或面板堆栈中，当出现蓝色条时松开鼠标，即可将其重新加入面板组或面板堆栈，如图1-29所示。

图1-28　　　　图1-29

面板或面板组取消停靠后，将其拖动到工作界面的边缘，当出现蓝色条时松开鼠标，即可将面板或面板组停靠于此处，如图1-30所示。

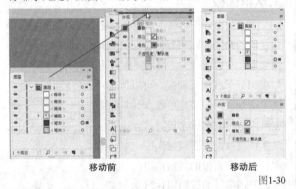

移动前　　　　　　　移动后

图1-30

📝 技巧与提示

如果想快速显示或隐藏所有面板，可以按快捷键**Shift+Tab**，图1-31所示是隐藏所有面板的效果。如果想快速显示或隐藏所有的面板和工具栏，可以按**Tab**键，图1-32所示是同时隐藏工具栏和所有面板的效果。

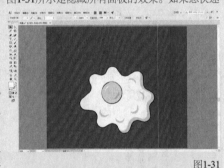

图1-31

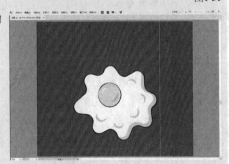

图1-32

📗 知识点：自定义工作界面

在使用Illustrator时，不同的工作流程、使用不同的命令会使面板等部分的位置存在差异，我们可以根据自己的工作流程及偏好自定义工作界面。对于工作流程中一些必需的面板，我们可以将其停靠在工作界面中，而对于那些不常用的面板则可进行隐藏，这样便能够节省出工作界面的资源，从而高效地完成工作项目。

下面简单地自定义一个工作界面。执行"窗口>面板名称"菜单命令（如一些使用频繁的面板）显示出需要停靠在工作界面的面板，然后将显示的面板展开并放置在工作界面的右侧，如"图层"和"外观"面板等，再将"颜色""色板""画笔""渐变""不透明度"等使用频率不高的面板组成面板组并将其折叠，最后放置在"图层"和"外观"面板的左侧，完成自定义工作界面，如图1-33所示。

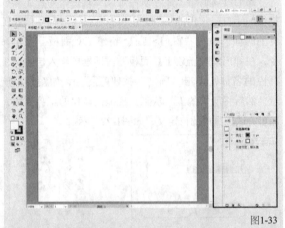

图1-33

完成自定义工作界面后，我们可以执行"窗口>工作区>管理工作区"菜单命令，在弹出的对话框中对自定义工作界面进行新建、重命名和删除等操作，如图1-34所示。

随着操作的进行，难免会存在一些打开的不再需要的面板或面板比较杂乱地排列在工作界面中。此时如果一个一个地重新拖动调整，势必会耗费大量时间和精力，我们可以执行"窗口>工作区>重置基本功能"菜单命令，从而快速将凌乱的工作界面恢复到默认状态。

图1-34

1.3 首选项设置

在使用Illustrator设计图像之前，我们通常需要根据自己的偏好设置首选项。通过首选项可以设置软件中各项操作的作用方式或显示效果，科学合理地设置首选项能够在一定程度上提高工作效率。Illustrator的首选项设置包含常规、文字、单位、参考线和网络等多个类别，只需执行"编辑>首选项"菜单命令（快捷键为Ctrl+K）即可对其进行设置。

1.3.1 常规

▣ 视频云课堂：05 首选项设置

"常规"首选项主要包含键盘增量、约束角度和圆角半径等属性的设置，如图1-35所示。

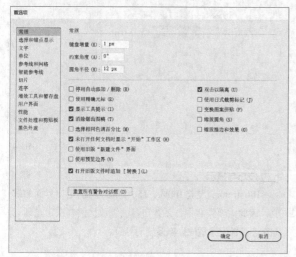

图1-35

重要参数介绍

◇ **键盘增量：** 控制使用方向键移动对象的幅度。
◇ **约束角度：** 控制矩形等对象的初始角度。
◇ **圆角半径：** 控制圆角矩形初始圆角的半径。

📝 **技巧与提示**

根据自己的需求决定是否勾选"常规"首选项中的其他选项，如取消勾选"显示工具提示"选项后，将鼠标指针放置在工具栏中的工具上，将不再提示其工具名称。

1.3.2 选择和锚点显示

"选择和锚点显示"首选项包含了选择命令及锚点显示效果的控制选项，如图1-36所示。对于"选择"选项来说，"容差"控制的是在选择对象时允许存在的误差距离，同时还可以根据偏好勾选其他选项；"锚点和手柄显示"选项的设置主要取决于个人偏好。

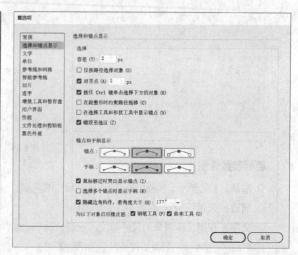

图1-36

1.3.3 文字

"文字"首选项主要用于控制关于文本的各项操作，通过该选项能够控制初始文本的"行距""字距调整"等属性，如图1-37所示。

图1-37

📝 **技巧与提示**

如果想快速使用最近使用过的字体，可以将"最近使用的字体数目"设置为一个合适的值，这样最近使用过的字体会显示在字体列表的最上方，方便快速更换字体系列。

1.3.4 单位

"单位"首选项主要用于控制Illustrator中各类对象的单位，可以在各个选项后方的下拉列表中对默认的单位（点、派卡、英寸、毫米、厘米和像素）进行更改，如图1-38所示。

图1-38

重要参数介绍

◇ **常规**：控制矩形、椭圆和多边形等形状尺寸的单位。

◇ **描边**：控制各个对象描边尺寸的单位。

◇ **文字**：控制文本对象的尺寸单位。一般情况下，如果没有特殊的尺寸要求，只需要保持默认的单位即可。

1.3.5 参考线和网格

"参考线和网格"首选项用于控制参考线和网格的颜色、样式等属性，如图1-39所示。如果觉得参考线或网格默认的颜色不是非常突出，可以将其设置为自己想要的颜色。对于"网格"选项而言，可根据实际工作的需要调整网格线的间隔及次分隔线。

图1-39

1.3.6 增效工具和暂存盘

"增效工具和暂存盘"首选项主要用于设置Illustrator中缓存文件的暂存盘，如图1-40所示。在通常情况下，为了使Illustrator的缓存文件不占用启动盘的存储资源，可以将暂存盘更改为除启动盘之外的其他任意磁盘分区。

图1-40

1.3.7 用户界面

"用户界面"首选项主要用于设置用户界面的颜色，如图1-41所示。在某些情况下，由于操作系统的界面缩放比例并不是100%，因此可以勾选"要获得高PPI显示，请缩放用户界面"选项，然后选择通过缩小或放大来适应操作系统的界面。

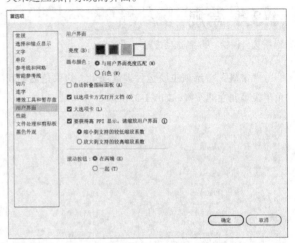

图1-41

📋 **技巧与提示**

Illustrator仅支持100%、150%和200%的用户界面的缩放，因此需要结合操作系统自身的缩放比例来决定是通过缩小还是放大来适应操作系统的界面。

1.4 本章小结

本章主要介绍了图像和色彩的基础知识及Illustrator软件工作界面的组成。掌握了这些知识后，我们便能正式开始Illustrator的学习了。

在介绍图像和色彩的基础知识时，讲解了图像的种类和基本属性，还讲解了颜色模式等知识。我们需要掌握的是位图和矢量图各自的特点，以及RGB、CMYK和HSB颜色模式在描述色彩时的差异，因为这些知识将始终贯穿在Illustrator的使用过程中。

在介绍Illustrator的工作界面时，分别讲解了组成工作界面的菜单栏、控制栏和工具栏等部分，其中值得我们特别注意的是自定义工作界面的操作，合理地布置自己的工作界面往往能够有效提高我们的工作效率。

在介绍首选项设置时，主要讲解了一些我们可能会用到的首选项设置，如更改用户界面的颜色。不过在一般情况下，如果没有特殊要求，保持默认设置即可。

ILLUSTRATOR

第 **2** 章

Illustrator的基本操作

无论是图像编辑软件还是办公软件，在进入正式编辑工作之前，都需要掌握文件的新建、打开和存储等一系列基本的文档操作。同时，在使用 Illustrator 创作之前，因为关乎图稿最终的输出，还需要掌握画板的用法，并了解图稿的查看方式和一些辅助工具的用法，这些将会是我们在创作过程中频繁用到的操作，只有熟练地掌握，才能确保绘图工作的正常进行。

课堂学习目标

◇ 掌握文档的操作
◇ 掌握画板的用法
◇ 掌握图稿的查看方法
◇ 掌握辅助工具的用法

2.1 文档操作

在使用Illustrator之前，我们可能还使用过其他一些软件，如Word、PowerPoint等，Illustrator的文档操作与这些软件大致相同，文档的管理一般通过"文件"菜单执行，该菜单中包含多项处理文件的命令，可以完成文件的新建、打开、置入、导出和保存等操作。

2.1.1 新建文档

▢ 视频云课堂：06 新建文档

新建文档是使用Illustrator必须掌握的基本操作，成功安装Illustrator后，在"开始"菜单中找到并单击Adobe Illustrator，或双击桌面上Adobe Illustrator的快捷方式图标，即可打开Illustrator软件，如图2-1所示。此时我们看到的是欢迎屏幕，从中可以进行新建文档、打开文档等操作。

图2-1

1.新建操作

与其他大多数软件一样，在使用Illustrator开始工作之前，需要新建一个文档，这也是绘图的第一步，在Illustrator中新建文档有以下两种方式。

第1种方式：执行"文件>新建"菜单命令（快捷键为Ctrl + N），如图2-2所示，在弹出的"新建文档"对话框中根据自己的需求创建文档。

图2-2

第2种方式：单击欢迎屏幕中的"新建"按钮，如图2-3所示，同样也能进行文档的创建。

图2-3

2.环境设置

根据不同的工作需求，Illustrator设置了"移动设备""Web""打印""胶片和视频""图稿和插画"等新建选项，在"新建文档"对话框中，不同的新建选项内置了相应的文档预设。如果没有特殊要求，那么可以根据工作性质直接选择相应的预设创建文档。例如，A4尺寸是排版、打印中常用的尺寸，因此当想要新建A4尺寸的文档时，就只需切换到"打印"选项卡，在"空白文档预设"列表框中显示的常用打印尺寸中选择A4选项即可，此时还可以在右侧的"预设详细信息"窗格中进行更为详细的自定义设置，如图2-4所示。

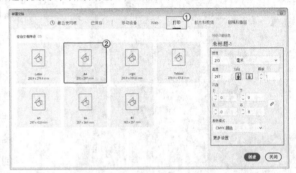

图2-4

> 📝 技巧与提示
>
> 在新建文档时，如果该文档用于网络，那么建议选择单位为px；如果该文档用于打印，那么建议选择单位为mm，本书在制作案例时已经进行了区分。

"新建文档"对话框右侧"预设详细信息"窗格中的参数主要包括文档名称、文档的宽高、方向、画板的数量和出血等内容，如图2-5所示。

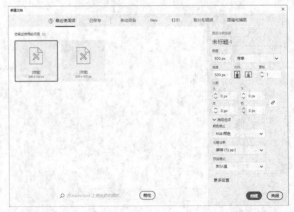

图2-5

成功设置工作环境后，单击"创建"按钮 创建 即可创建一个空白文档，并自动命名为"未标题-1"，如图2-6所示。

图2-6

重要参数介绍

◇ **文档名称**：设置文档名称。

◇ **高度/宽度**：控制画板的尺寸。

◇ **方向**：控制画板是纵向的还是横向的。单击不同的按钮，可以定义不同的方向，此时画板"高度"和"宽度"文本框中的数值将进行互换。

◇ **出血**：控制除有效画板区域之外溢出区域的尺寸，目的是在印刷时为图稿预留裁剪的位置。在此需要指定画板每一边的出血位置，可对不同的边使用不同的值。若激活"锁定"按钮 ⏚ ，将保持4个边的出血位置相同。

◇ **画板**：如果想要在同一个文档中创建多个画板，只需在该文本框中输入相应的数值即可。

◇ **高级选项**：包含"颜色模式""光栅效果""预览模式"等参数。

» **颜色模式**：指定新文档的颜色模式，有RGB和CMYK两种模式可供选择，如果图稿需要打印出来，那么需要选择CMYK，否则打印出的图稿会有色差。

» **光栅效果**：指定像素密度。如果图稿最终用于网络，则选择"屏幕（72ppi）"选项；如果图稿最终需要

打印出来，则选择"高（300ppi）"选项。

» **预览模式**：除了保持默认值，还有"像素""叠印"选项可供选择（将在本章2.3节详细介绍）。

◇ **更多设置**：如果在同一个文档中创建了多个画板，则可单击该按钮进行更多设置。

📖 **知识点：屏幕分辨率**

屏幕分辨率和图像分辨率是两个完全不同的概念，屏幕分辨率指屏幕所能显示的像素总数，所以在画板尺寸固定的情况下，像素密度无论为多少，画板在屏幕上显示的大小都是一样的，只有在将图稿输出的时候，图稿的质量才会有差异。

2.1.2 打开文件

📹 视频云课堂：07 打开文件

在实际的工作中，我们可能不需要新建文档，而是需要打开之前创建好的文档，有以下两种打开方式。

第1种方式：如果已经进入**Illustrator**工作界面，则执行"文件>打开"菜单命令（快捷键为**Ctrl + O**），在弹出的"打开"对话框中找到需要打开的文档，单击"打开"按钮 打开 即可，如图**2-7**所示。另外，打开**Illustrator**后，欢迎屏幕中会显示最近打开文档的缩览图，单击缩览图即可打开相应的文档。若已经在**Illustrator**中打开了文档，则可以执行"文件>最近打开的文件"菜单命令查找并使用曾经打开过的文件。

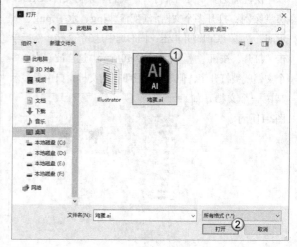

图2-7

第2种方式：如果还未打开Illustrator，则可以直接找到文件所在的位置，双击文件图标将其打开，如图2-8所示。

图2-8

📝 **技巧与提示**

Illustrator既可以打开使用Illustrator创建的矢量文件，也可以打开由其他应用程序创建的兼容文件，如使用Photoshop创建的PSD格式文件、使用AutoCAD制作的DWG格式文件等。

📇 课堂案例

同时打开多个文档

素材位置	素材文件>CH02>课堂案例：打开多个文档
实例位置	实例文件>CH02>课堂案例：打开多个文档
教学视频	课堂案例：打开多个文档.mp4
学习目标	掌握同时打开多个文档、改变文档窗口排列方式的方法

本例的最终效果如图2-9所示。

图2-9

①① 执行"文件>打开"菜单命令，在"打开"对话框中可以一次性加选多个文档来打开。找到"素材文件>CH02>课堂案例：打开多个文档>渐变液体jpg、水墨.png、演示.ai"，按住Ctrl键并单击，同时选中这3个文档，然后单击"打开"按钮 打开 ，如图2-10所示。这样被选中的多个文档就被打开了，但默认情况下当前文档窗口中只显示其中一个文档，如图2-11所示。

图2-10

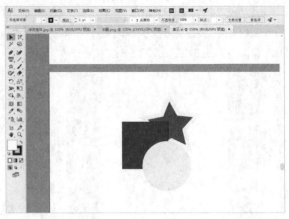

图2-11

②② 此时单击文档名称"渐变液体.jpg"，即可切换到相对应的文档窗口，如图2-12所示；单击文档名称"水墨.png"即可切换到该文档的窗口，如图2-13所示。

图2-12

图2-13

03 默认情况下打开多个文档时，多个文档窗口将会以堆叠的方式进行排列。其实，我们还可以将文档窗口以浮动的状态显示。将鼠标指针移动到文档名称"水墨.png"的上方，按住鼠标左键向界面内拖动，如图2-14所示；松开鼠标后，文档窗口就会变为浮动的状态，如图2-15所示。

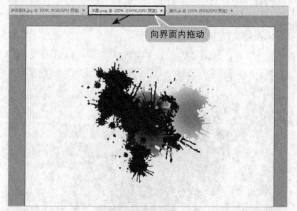

向界面内拖动

图2-14

图2-15

📝 **技巧与提示**

若要恢复为堆叠的状态，可以将浮动的窗口拖动到文档窗口标签的位置，当出现蓝色边框后松开鼠标，即可重新将文档窗口以堆叠的方式排列。

📖 **知识点：更改多文档窗口排列方式**

多个文档窗口的排列方式可以通过执行"窗口>排列"子菜单中的命令进行更改，如图2-16所示。图2-17所示为执行"平铺"命令后的显示效果。

图2-16

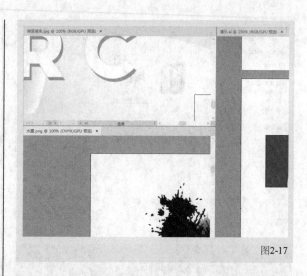

图2-17

2.1.3 导入文件

▶ 视频云课堂：08 导入文件

由于时间或其他原因的限制，我们的创作过程往往都不是从零开始的，这时候可以将已有的矢量图形或位图图像甚至文本导入Illustrator，从而能够高效地完成创作。

1.导入图像

如果要导入图像，可以以两种方式完成：当导入的图像文件很大时，可以选择以"链接"的方式导入，这样可以有效减少当前文档所占用的存储空间；当导入的图像文件较小时，可以选择以"嵌入"的方式导入，虽然这样可能会使当前文档所占用的存储空间略微增大，但可以减小管理文件的难度。

⊙ **链接图像**

以"链接"的方式导入的图像不包含在当前文档中，与当前文档是相对独立的两个文件，因此这种方式并不会使当前文档占用的存储空间变大。但是如果将导入的图像文件删除或改变文件存储路径，当前文档中的该图像将失去链接，因此以这种方式导入图像会在一定程度上增加管理文件的难度，同时在工作的协同上也会变得相对烦琐。

想要置入链接图像，可以执行"文件>置入"菜单命令，在弹出的"置入"对话框中选择需要链接的图像（此时对话框中默认勾选了"链接"选项），单击"置入"按钮 置入 ，如图2-18所示，此时鼠标指针会变为 ⬚ 状，如图2-19所示。在合适的区域单击或拖动鼠标即可将链接图像置入文档中。

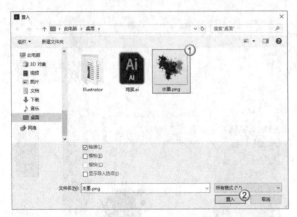

图2-18

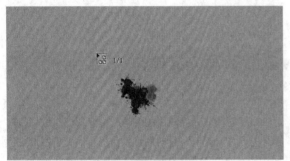

图2-19

置入图像后，界面中会出现一个显示"×"的定界框，拖动其四周的控制点可以控制置入图像的大小，调整完毕后即完成置入，如图2-20所示。

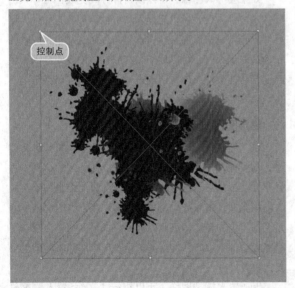

图2-20

📝 **技巧与提示**

在置入具有导入选项的图像，如PSD格式的图像文件时，可以勾选"显示导入选项"选项，这样单击"置入"按钮 置入 后可以设置导入选项。

⊙ 嵌入图像

以"嵌入"的方式导入的图像将包含在当前文档中，因此当前文档所占用的存储空间会相应增大。不过以这样的方式导入图像会减少很多文件管理方面的问题。想要嵌入图像需要先将该图像进行链接（上面的操作），然后在控制栏中单击"嵌入"按钮 嵌入 ，即可将链接的图像嵌入当前文档中，如图2-21所示。

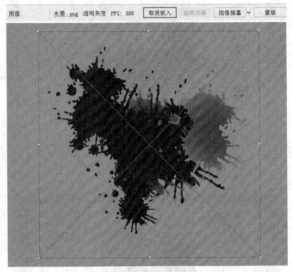

图2-21

除此之外，执行"文件>置入"命令，在弹出的"置入"对话框中选中需要置入的文件，取消勾选"链接"选项，然后单击"置入"按钮 置入 ，如图2-22所示，在画面中单击，即可以"嵌入"方式完成置入操作。

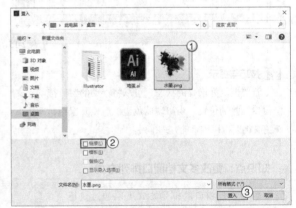

图2-22

若要将嵌入方式更改为链接方式，可以先选择嵌入的对象，然后单击控制栏中的"取消嵌入"按钮 取消嵌入 ，如图2-23所示，在弹出的"取消嵌入"对话框中选择合适的路径进行保存，之后所选对象就会以链接状态存在。

图2-23

📝 **技巧与提示**

我们在导入图像时需要根据实际情况权衡利弊，选择一种最合适的方式导入。

2. "链接"面板

在"链接"面板中可以查看和管理所有的链接或嵌入的对象，可以对这些对象进行定位、重新链接、编辑原稿等操作。执行"窗口>链接"菜单命令可以显示或隐藏"链接"面板。"链接"面板如图2-24所示。

图2-24

重要参数介绍

◇ **显示链接信息▶**：显示或隐藏图像的链接信息。

◇ **重新链接** 🔗：恢复链接或替换某一导入的图像。

◇ **转至链接** 🔁：快速地选中某一导入的图像。

◇ **更新链接** 🔄：若某一导入的图像被重新编辑过而导致失去链接，单击该按钮可使导入的图像恢复链接。

◇ **编辑原稿** ✏️：编辑某一导入的图像。单击该按钮即可进入图像编辑器对该图像进行编辑。如果想使用Photoshop对图像进行编辑，需要将系统默认的图像编辑软件更改为Photoshop。

2.1.4 保存文件

▶ 视频云课堂：09 保存文件

当创作完成之后，必不可少的一个步骤就是保存文件，如果在退出软件之前没有对当前正在处理的文档进行保存，那么之前所做的一切很有可能会前功尽弃。保存文件的操作步骤十分简单，主要有以下3种方式。

第1种方式：执行"文件>存储"菜单命令（快捷键为Ctrl＋S），如果是第一次对文档进行存储，那么会弹出"存储为"对话框，在这里可以设置文件存储的路径、文件存储格式及文件名称，单击"保存"按钮 保存(S) 即可对文件进行保存。如果文档已存在，以这种方式存储时不会弹出任何对话框，文件会在原始位置存储，并且会以更改后的文件覆盖原文件。

第2种方式：如果文档已存在，想要更换存储位置、名称或格式，可以执行"文件>存储为"菜单命令，在弹出的"存储为"对话框中设置位置、保存类型及文件名后单击"保存"按钮 保存(S) ，如图2-25所示。此时，会弹出"Illustrator选项"对话框，在其中可以对文件存储的版本、选项和透明度等参数进行设置，设置完毕后单击"确定"按钮 确定 ，即可完成文件存储操作。

图2-25

📝 **技巧与提示**

"保存类型"下拉列表中有5种基本文件格式，分别是AI、PDF、EPS、FXG和SVG。这些格式称为本机格式，因为它们可保留所有Illustrator数据，包括多个画板中的内容。

第3种方式：如果当前文档已经存储过一次，想要在其他路径存储一个副本，只需执行"文件>存储副本"菜单命令，在弹出的对话框中设置好文件名和存储位置后单击"保存"按钮 保存(S) 即可。

📝 **技巧与提示**

文件存储完成后，若不再需要使用Illustrator，就可以将其关闭了。单击工作界面右上角的"关闭"按钮，即可关闭Illustrator。此外也可以执行"文件>退出"菜单命令（快捷键为Ctrl＋Q）退出Illustrator。

2.1.5 导出文件

▣ 视频云课堂: 10 导出文件

根据不同的出稿需求, 可能会将图稿导出为不同格式的图像, 为此Illustrator也提供了多个导出图稿的命令, 分别为"导出为多种屏幕所用格式"、"导出为"和"存储为Web所用格式"。这些命令都是针对不同的工作流程而设计的, 如UI设计师可能会更偏向于用"导出为多种屏幕所用格式"命令导出文件。

1.导出为多种屏幕所用格式 ·················

执行"文件>导出>导出为多种屏幕所用格式"菜单命令, 弹出的"导出为多种屏幕所用格式"对话框默认切换到"画板"选项卡, 在此设置相关参数后, 单击"导出画板"按钮 导出画板 即可导出图稿, 如图2-26所示。

图2-26

重要参数介绍

◇ 选择: 有"全部"、"范围"和"整篇文档"3个选项可供选择。

» 全部: 导出该文档所有的画板。

» 范围: 设定要导出的画板, 如文档中一共有4个画板, 若只想导出第1个画板和第4个画板, 那么只需要在文本框中输入1、4即可。

» 整篇文档: 将所有画板作为单个图像文件导出。

◇ 格式: 根据实际情况确定设备的系统类型、图稿的缩放倍数、文件名后缀和图像的格式, 此外如果想导出多个缩放倍数的图稿, 可以单击"添加缩放"按钮 + 添加缩放 进行添加。

切换到"资产"选项卡, 如图2-27所示, 该选项卡用于导出已经添加到"资源导出"面板中的多个资源, 但是实际上我们多数时候都是直接在"资源导出"面板中导出图稿的, 而不会使用"资产"选项卡来导出。执行"窗口>资源导出"菜单命令可以显示或隐藏"资源导出"面板。"资源导出"面板如图2-28所示, 选中需要导出的资源并将其拖入"资源导出"面板中设置相关参

数即可。如果想要将多个资源作为单个图像文件导出, 可以按住Alt键并将其拖入"资源导出"面板中。使用这种方式能够快速导出图稿, 尤其是在UI设计的工作流程中使用较为频繁。

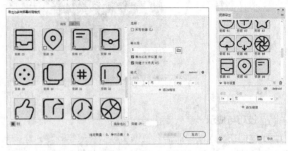

图2-27   图2-28

2.导出为多种文件格式 ·················

执行"文件>导出>导出为"菜单命令, 然后在弹出的"导出"对话框中选择所需的文件类型, 单击"导出"按钮 导出 即可将图稿导出为多种文件格式, 如图2-29所示。

图2-29

重要参数介绍

◇ 使用画板: 勾选该选项后, "全部"和"范围"选项将被激活。

» 全部: 所有画板中的内容都将被导出, 并按照画板名称-01、画板名称-02等的形式进行命名。

» 范围: 设定导出画板的范围。

3.存储为Web所用格式 ·················

对于网页设计师而言, 在Illustrator中完成了网站页面的制图工作后, 需要对页面进行切片。创建切片后可对图像进行优化, 如减小图像的大小, 因为较小的图像可以使Web服务器更高效地对图像进行存储、传输和下载。执行"文件>导出>存储为Web所用格式"菜单命令, 然后在弹出的"存储为Web所用格式"对话框中设

置各项参数（文件类型、图像大小等），最后单击"存储"按钮 存储 ，如图2-30所示。

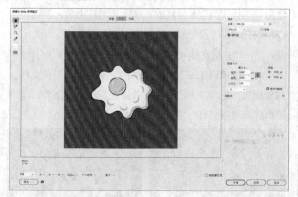

图2-30

重要参数介绍

◇ **显示方式**：切换到"原稿"选项卡，对话框中只显示没有优化的图形；切换到"优化"选项卡，对话框中只显示优化后的图像；切换到"双联"选项卡，对话框中会同时显示优化前和优化后的图像。

◇ **抓手工具**✋：用于移动查看对象。

◇ **缩放工具**🔍：用于放大窗口比例，按住Alt键单击可缩小窗口显示比例。

◇ **切片选择工具**✂：当一幅图像上包含多个切片时，可以使用该工具选择相应的切片进行优化。

◇ **吸管工具**/**吸管颜色**■：在图像上单击，可以拾取单击处的颜色，并显示在"吸管颜色"方块中。

📝 课堂练习

通过置入图片制作海报

素材位置	素材文件>CH02>课堂练习：通过置入图片制作海报
实例位置	实例文件>CH02>课堂练习：通过置入图片制作海报
教学视频	课堂练习：通过置入图片制作海报.mp4
学习目标	掌握新建文档、导入文件、保存文件等操作

本例的最终效果如图2-31所示。

图2-31

01 打开Illustrator，单击欢迎屏幕中的"新建"按钮 新建 Ctrl+N 新建一个文档，并设置"宽度"为219mm、"高度"为310mm，单击"创建"按钮 创建 ，如图2-32所示。

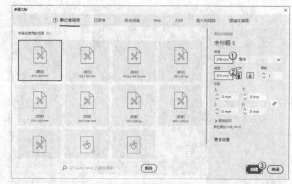

图2-32

02 执行"文件>置入"菜单命令，在弹出的"置入"对话框中选择"素材文件>CH02>课堂案例：通过置入图片制作海报>背景.png"，单击"置入"按钮 置入 ，如图2-33所示，然后在画板中的合适位置单击，即可置入位图，如图2-34所示。

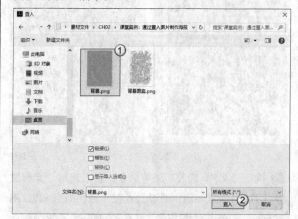

图2-33

图2-34

03 执行"窗口>控制"命令显示出控制栏，然后单击控制栏中的"嵌入"按钮 嵌入 ，将置入的位图嵌入画板中，如图2-35所示。

图2-35

04 选择置入的位图，按住Shift键并使用"选择工具" ▶ 将其右下角的控制点拖动到与画板的右下角重合，如图2-36所示。松开鼠标，完成置入素材大小的调整，如图2-37所示。

图2-36　　　　　　　　图2-37

05 执行"文件>置入"菜单命令，置入素材"素材文件>CH02>课堂案例：通过置入图片制作海报>背景图案.png"，单击控制栏中的"嵌入"按钮 嵌入 将其嵌入画板中，如图2-38所示。使用"选择工具" ▶ 将素材移动到画板中心，然后按住Shift+Alt键并拖动素材右上角的控制点与画板的右边重合，这时松开鼠标，效果如图2-39所示。

图2-38　　　　　　　　图2-39

06 打开"素材文件>CH02>课堂案例：通过置入图片制作海报>五彩斑斓.ai"，将提供的文案复制到当前文档，然后使用"选择工具" ▶ 将其放置在画板的右上角，同时距离顶部和右侧有一段距离，效果如图2-40所示。

07 打开"素材文件>CH02>课堂练习：通过置入图片制作海报>COLORFUL.ai"，将提供的文案复制到当前文档，然后使用"选择工具" ▶ 将其放置在画板的左下角，同时距离底端和左侧有一段距离，如图2-41所示。

图2-40　　　　　　　　图2-41

08 执行"文件>导出>导出为多种屏幕所用格式"菜单命令，然后在"导出为多种屏幕所用格式"对话框中指定文件的保存路径，单击"导出画板"按钮 导出画板 即可将制作的简易海报导出为图像，如图2-42所示。按快捷键Ctrl + S将当前文件进行保存，完成案例的制作。

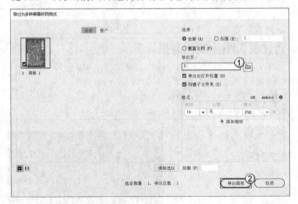

图2-42

2.2　创建和使用画板

新建文档后，界面中的白色区域就是画板，"画板"是文档中可供导出图稿的区域，我们绘制的图稿必须放置在画板上才能够导出。除此之外，在绘制图稿之前，往往需要创建一个或多个画板，有时候由于创建的画板较多,需要通过与画板相关的工具和面板对这些画板进行管理。

2.2.1 创建画板

🎬 视频云课堂: 11 创建画板

画板的创建主要有两种方式,一种是在新建文档时通过"新建文档"对话框进行创建,另一种是通过"画板工具" 🗔 进行创建。如果在开始创作前已经想好了要创建多个画板,那么可以直接在"新建文档"对话框中设置,但是在大多数时候我们通常已经完成了文档的新建,需要在创作的过程中新增一些画板,这时就可以通过"画板工具" 🗔 来创建。

1.在新建文档时创建 ··········

在"新建文档"对话框中单击"更多设置"按钮 更多设置 ,在弹出的"更多设置"对话框中设置画板的数量、排列方式和间隔等参数后,单击"创建文档"按钮 创建文档 ,如图2-43所示,即可在当前新建的文档中创建我们设置的多个画板,效果如图2-44所示。

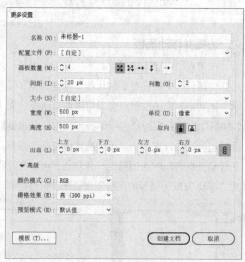

图2-43

重要参数介绍

◇ **画板排列方式**:在"画板数量"的后方可以设置画板的排列方式。默认情况下使用的是从左至右的版面,即所有画板从左至右按设置的排列方式进行排列,如果想使用从右至左的版面,可以单击图标进行更改。画板的排列方式有"按行设置网格" 🔳 、"按列设置网格" 🔳 、"按行排列" ➡ 和"按列排列" ↕ 4种,选择"按行设置网格" 🔳 或"按列设置网格" 🔳 可设置每列的画板数或每行的画板数;选择"按行排列" ➡ 或"按列排列" ↕ ,所有画板将排列成一行或排列成一列。

◇ **间距**:用于指定各个画板之间的间隔距离,可根据自己的习惯设置。

◇ **大小**:用于指定当前所要创建画板的大小。如果想要创建预设画板,可以在下拉列表中选择。

图2-44

2.通过画板工具创建 ··········

选择"画板工具" 🗔 后,在适当区域拖动鼠标,即可创建一个新的画板,如图2-45所示。

图2-45

如果想要使用预设画板,只需选中使用"画板工具" 🗔 创建的画板,然后在控制栏中的"预设"下拉列表中选择想要创建的预设画板即可,如图2-46所示。

图2-46

2.2.2 使用画板

▶ 视频云课堂：12 使用画板

当创建了多个画板后，可能会遇到一系列问题，例如怎样移动和选择这些画板、移动后怎样对齐和分布画板，还有怎样对这些画板重新排序等。而解决这些问题就需要应用"画板工具" 🖽 和"画板"面板，下面介绍具体的操作方式。

1.通过画板面板操作画板

执行"窗口>画板"菜单命令即可显示或隐藏"画板"面板。"画板"面板如图2-47所示。

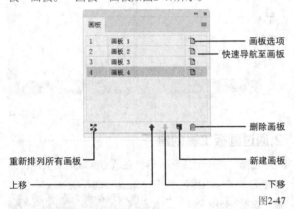

图2-47

重要参数介绍

◇ **画板选项**：单击该按钮可打开"画板选项"对话框，可设置画板的大小、方向等参数，此外还可以根据需要决定是否显示中心标记、十字线等参考构件。

📝 **技巧与提示**

除了控制画板的参数，还可以设置是否渐隐画板之外的区域（画板之外的区域是否和画板颜色一样为白色）、拖动时是否更新（调整画板大小时画板是否半透明）。

◇ **重新排列所有画板**：单击该按钮可打开"重新排列所有画板"对话框修改画板的列数、间距等参数。

◇ **上移/下移**：通过"上移"按钮 ▲ 和"下移"按钮 ▼ 重新排序。

◇ **快速导航至画板**：双击某一画板名称后方的空白区域可快速导航到该画板，此外使用状态栏也能达到这一目的。

📝 **技巧与提示**

选中要进行复制的画板，单击"新建画板"按钮 🖽 即可完成复制，但是使用这种方式不能连同图稿一起进行复制。

2.通过画板工具操作画板

创建完画板后，可以使用"画板工具" 🖽 对画板进行相关的操作。

⊙ **画板选项**

使用"画板工具" 🖽 选中某一画板后，在控制栏中单击"画板选项"按钮 🖽，在弹出的"画板选项"对话框中即可设置各种画板选项，如图2-48所示。

图2-48

⊙ **选择并移动画板**

在工具栏中选择"画板工具" 🖽 后单击某一画板则可选择该画板，同时在画板的边缘显示定界框，如图2-49所示。拖动定界框的控制点可以自由调整画板的大小，如图2-50所示。如果想选择多个画板可以按住Shift键框选多个画板进行选择，在选中画板后拖动即可移动画板；如果想在移动画板的同时连图稿也一并复制，可以在控制栏中激活"移动/复制带画板的图稿"按钮 🖽 后再进行移动。

图2-49   图2-50

⊙ **复制画板**

在工具栏中选择"画板工具" 🖽，按住Alt键并拖动某一画板即可对该画板进行复制，如图2-51所示。

图2-51

⊙ **对齐和分布画板**

在工具栏中选中"画板工具" ，然后按住Shift键框选要进行对齐和分布操作的面板，接着在控制栏或"属性"面板中单击相应的按钮即可，如图2-52所示。

图2-52

📝 **技巧与提示**

执行"窗口>属性"菜单命令，可显示或隐藏"属性"面板。

⊙ **删除画板**

如果想要删除不需要的画板，可以单击画板右上角的🗙按钮或按Delete键删除。

📝 **技巧与提示**

虽然画板区域是绘制图稿的主要区域，但是我们依旧能够在画板之外的其他区域绘制图稿，如果想将这些绘制于画板之外的图稿导出，就需要将其放置在画板上。

2.3 查看图稿

在创作的过程中，为了保证图稿的质量，往往会对

图稿的细节进行优化，这时候就需要将图稿放大，以便处理细节处的线条；当创作完成后，我们可能会将图稿进行演示，这时候切换屏幕模式是一种较好的选择方式；当输出创作好的图稿时，就需要更改预览模式来查看图稿最终的输出效果。可见，如果熟练掌握了不同条件下查看图稿的方式，不仅能在一定程度上提高工作效率，而且还能保证图稿的创作质量。

2.3.1 局部查看

查看图稿的局部区域常需要应用"缩放工具" 、"抓手工具" 或"导航器"面板。使用"缩放工具" 能够对图稿进行放大或缩小，当图稿被放大时，我们能够很好地处理图稿的局部，这时候再配合"抓手工具" 或"导航器"面板，就能够导航至图稿的任意一个局部区域进行查看。下面将具体介绍查看图稿局部区域的方法，而这也是实际工作过程中会频繁使用到的。

1.缩放图稿

进行图稿的编辑时，经常需要对画面细节进行操作，这就需要将画面的显示比例放大。除了使用"缩放工具" 缩放图稿外，还可以执行菜单命令来达到缩放图稿的目的，甚至使用状态栏、"导航器"面板等也能对图稿进行缩放。

⊙ **缩放工具**

在工具栏中选择"缩放工具" （快捷键为Z）后，在画板处单击或拖动即可放大图稿，如图2-53所示；按住Alt键单击或拖动即可缩小图稿，此外按住Alt键滚动鼠标滚轮也可以对图稿进行缩放。

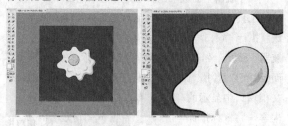

图2-53

📝 **技巧与提示**

执行"视图>放大"菜单命令（快捷键为Ctrl + + ）可以放大图稿；执行"视图>缩小"菜单命令（快捷键为Ctrl + － ）可以缩小图稿，该项操作在很多软件中都适用。

在状态栏中的"缩放比例"文本框中重新输入数值

并按Enter键，可直接按输入值进行缩放，如图2-54所示。另外，将光标定位在"缩放比例"文本框中后滚动鼠标滚轮也能够灵活地对图稿进行放大或缩小。

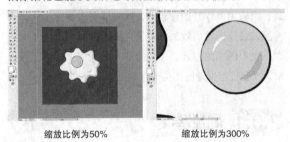

缩放比例为50%　　　　缩放比例为300%

图2-54

> **技巧与提示**
>
> "缩放工具" Q 只改变视图的大小，不改变图像本身大小。

2.移动图稿

当画面显示比例比较大时，某些局部在当前界面中无法显示，这时可以在工具栏中选择"抓手工具" （快捷键为H）对图稿进行拖动，以显示出所需查看的局部，如图2-55所示。在使用其他工具时，按住Space键能够临时调用"抓手工具"。

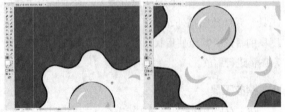

图2-55

3.导航器面板

"导航器"面板中包含了图像的缩览图和各种窗口缩放工具，用于缩放图像的显示比例、查看图像特定区域。执行"窗口>导航器"菜单命令可以显示或隐藏"导航器"面板。"导航器"面板如图2-56所示。在"导航器"面板中可以看到整幅图像，红框表示的是当前预览区域，即文档窗口中显示的内容。将鼠标指针移动到"导航器"面板中的缩略图上方，当其变为抓手形状时进行拖动，可以移动图稿当前显示画面。

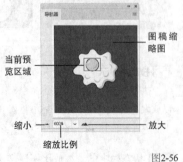

当前预览区域　　图稿缩略图
缩小　　缩放比例　　放大

图2-56

重要参数介绍

◇ **缩放比例文本框**：按在此处输入的缩放比例显示图稿大小。

◇ **放大 ／缩小** ：单击按钮放大或缩小图稿的显示比例。

◇ **当前预览区域**："导航器"面板中红框指示的区域，拖动红框更改当前预览区域即可对图稿的局部进行查看。

4.使用视图

如果在创作的过程中需要频繁导航至图稿的某一局部，那么可以执行"视图>新建视图"菜单命令，在弹出的"新建视图"对话框中输入视图名称将当前图稿的这一局部视图进行保存，如图2-57所示。当要快速导航至保存的局部视图时，只需执行"视图>视图名称"菜单命令即可。例如之前保存了一个名称为"蛋黄"的视图，当想要快速导航至该局部区域时，只需执行"视图>蛋黄"菜单命令即可，如图2-58所示。

图2-57

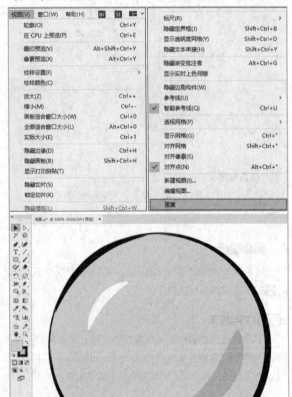

图2-58

执行"视图>编辑视图"菜单命令，可在弹出的"编辑视图"对话框中对视图进行删除、重命名等操作，如图2-59所示。

图2-59

2.3.2 全局查看

▶ 视频云课堂：13 全局查看

当我们在创作过程中完成某一局部的调整之后，常常需要对图稿的整体效果进行查看，这时候可以通过快捷键或执行菜单命令来使图稿按实际大小显示或使画板适合窗口大小显示。另外，在创作完成后，我们可能会更改屏幕模式或以轮廓模式查看图稿以保证图稿的质量。下面将具体介绍对图稿进行全局查看的方法。

1.按实际大小查看图稿

执行"视图>实际大小"菜单命令（快捷键Ctrl + 1）即可按实际大小查看图稿，如图2-60所示。此外双击"缩放工具" Q 也可以按实际大小查看图稿。

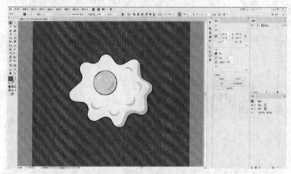

图2-60

2.使画板适合窗口大小显示

执行"视图>画板适合窗口大小"菜单命令（快捷键为Ctrl + 0）可以将当前画板填充满窗口，如图2-61所示，此外双击"抓手工具" ✋ 也可以达到这一目的。执行"视图>全部适合窗口大小"菜单命令（快捷键为Ctrl + Alt + 0）可以将所有画板填充满窗口，如图2-62所示。

图2-61　　　　　　　　　图2-62

3.以轮廓模式预览

执行"视图>轮廓"菜单命令（快捷键为Ctrl + Y）可按轮廓模式预览图稿，常用于对齐图稿中的一些线条，如图2-63所示。

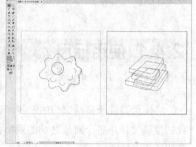

图2-63

4.切换屏幕模式

在工具栏的底部单击"更改屏幕模式"按钮 🖵，在弹出的菜单中可以选择不同的屏幕模式（快捷键为F），包括"正常屏幕模式""带有菜单栏的全屏模式""全屏模式"3种。"正常屏幕模式"是默认的屏幕模式，带有工作区的所有构件，按Tab键可以切换为只显示菜单栏的界面；"带有菜单栏的全屏模式"会大幅度简化工作区，但依旧具有工作区的大部分构件，如图2-64所示；"全屏模式"将隐藏除状态栏之外的其他所有构件，如图2-65所示，该模式可以很好地演示图稿。在"全屏模式"下如果将鼠标指针放置在屏幕的左右边缘，则可以弹出工具栏、面板等构件，按Tab键也可以临时调用这些构件。

图2-64

图2-65

2.4 辅助工具

辅助工具主要包括标尺、参考线和网格，使用辅助工具能够帮助我们准确地放置对象，如在设计海报或版式的过程中，常常会应用栅格系统来辅助我们放置文本、图形等对象，而这些栅格系统就需要使用参考线自行制作，此外在设计图标的过程中为了保证图标的清晰度，往往会需要网格来将像素对齐。因此，熟练应用辅助工具能够有效地保证图稿的准确性，提高图稿的质量。

2.4.1 使用标尺

视频云课堂：14 使用标尺

"标尺"位于文档窗口的左侧和顶部，主要是辅助我们度量文档中各个对象之间的距离，借助标尺可让图稿的绘制更加精准。

1.显示或隐藏标尺

执行"视图>标尺>显示标尺（或隐藏标尺）"菜单命令（快捷键为Ctrl + R）可以显示或隐藏标尺，显示的标尺如图2-66所示。另外，在"属性"面板中单击相应的按钮也可以显示或隐藏标尺。

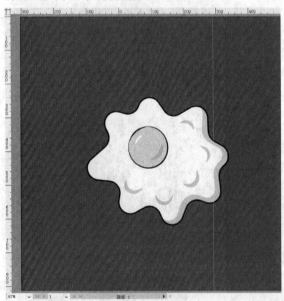

图2-66

技巧与提示

在设置"首选项"时可以对标尺的单位进行更改，但是以这种方式进行的更改是对全局起作用的，如果仅想

更改当前文档的标尺单位，只需在控制栏中单击"文档设置"按钮 文档设置 ，然后在弹出的对话框中更改单位即可，如图2-67所示。

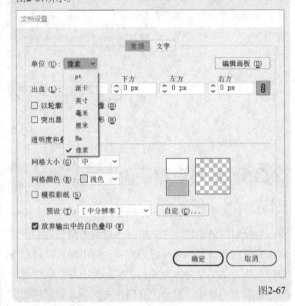

图2-67

2.切换标尺类型

全局标尺和画板标尺都显示在文档窗口的上边缘和左边缘，区别在于全局标尺的原点是固定的，而画板标尺的原点是随着画板的切换而随时改变的，如图2-68和图2-69所示。执行"视图>标尺>更改为全局标尺（或更改为画板标尺）"（快捷键为Ctrl+Alt+R）菜单命令即可在全局标尺和画板标尺之间进行切换。

图2-68

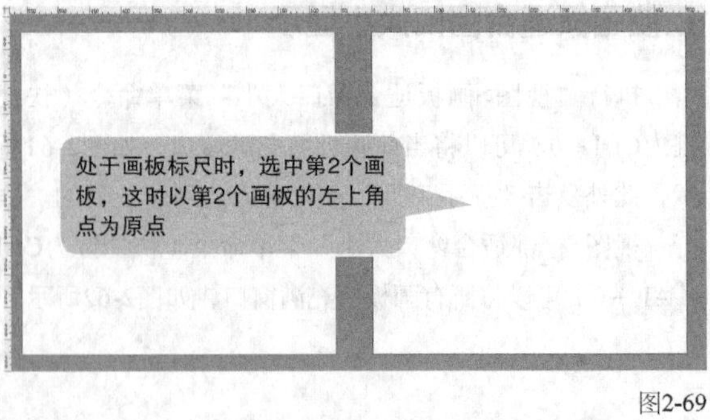

图2-69

3.更改标尺原点 ·····································

全局标尺和画板标尺的原点的固定和变化是相对而言的，无论是全局标尺还是画板标尺，它们的原点都是可以更改的。将鼠标指针放置在水平标尺和垂直标尺的交会处进行拖动，即可对标尺的原点进行更改，如图2-70所示。如果想恢复默认的标尺原点，则可以双击水平标尺和垂直标尺的交会处。

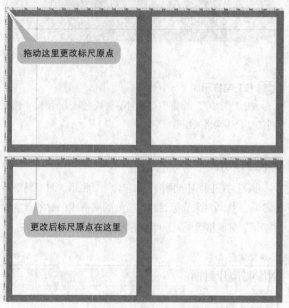

拖动这里更改标尺原点

更改后标尺原点在这里

图2-70

2.4.2 使用参考线

▶ 视频云课堂: 15 使用参考线

"参考线"能够辅助我们对齐各个对象，是一种很常用的辅助工具。我们可以根据需要在适当的位置创建参考线，这样在拖动时对象将自动"吸附"到参考线上。除此之外，在制作一个完整的版面时，可以先使用参考线对版面进行分割，然后根据参考线的位置添加版面的各个元素。

1.创建参考线 ·····································

在显示标尺（快捷键为Ctrl + R）的前提下，在工具栏中选择"选择工具"▶，将鼠标指针放置在水平标尺上，然后按住鼠标左键向下拖动，即可拖出一条水平参考线；将鼠标指针放置在垂直标尺上，然后按住鼠标左键向右拖动，即可拖出一条垂直参考线，如图2-71所示。

图2-71

2.移动和复制参考线 ·····························

在工具栏中选择"选择工具"▶，将鼠标指针放置在参考线上，当鼠标指针变为▶状时进行拖动，即可对参考线进行移动，如图2-72所示。按住Alt键并拖动参考线，可以对参考线进行复制。

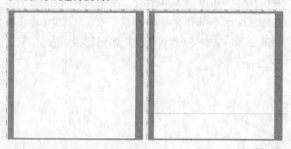

图2-72

3.锁定或隐藏参考线 ·····························

参考线的位置很容易由于误操作而发生变化，因此在创建参考线后可以将其锁定，执行"视图>参考线>锁定参考线"菜单命令，即可将当前参考线进行锁定。此时可以创建新的参考线，但是不能移动和删除锁定的参考线。若要将参考线解锁，可以执行"视图>参考线>解锁参考线"命令。除此之外，也可以在右键菜单中选择相应的命令来控制参考线的锁定和解锁，如图2-73所示。

图2-73

当参考线影响预览，但是又不能将其清除时，可以将参考线暂时隐藏。执行"视图>参考线>隐藏参考线（或显示参考线）"菜单命令，即可隐藏或显示参考线。

4.路径和参考线的相互转换

Illustrator中的参考线并非只能是从标尺拖出的垂直或水平参考线，也可以将矢量图形转换为参考线使用。先绘制一个形状，然后选中这个图形，执行"视图>参考线>建立参考线"菜单命令（快捷键为Ctrl + 5）即可将该路径转换为参考线，如图2-74所示；选中想要转换为路径的参考线，执行"视图>参考线>释放参考线"菜单命令（快捷键为Ctrl + Alt + 5）即可将该参考线转换为路径。

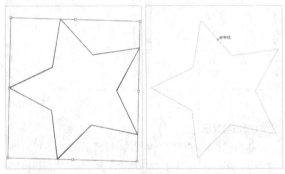

图2-74

知识点：使用智能参考线

智能参考线是我们在对对象进行移动、旋转或缩放等变换操作时临时显示的参考线，这些参考线能够辅助我们在变换的过程中对齐各个对象。在"首选项"的设置中能够更改智能参考线的颜色，以及决定是否显示某一属性的智能参考线。如果想打开或关闭智能参考线，可以执行"视图>智能参考线"菜单命令（快捷键为Ctrl+U）。

2.4.3 使用网格

▶ 视频云课堂：16 使用网格

与参考线的作用相同，网格同样也能够辅助我们对齐各个对象。

1.显示网格

执行"视图>显示网格（或隐藏网格）"菜单命令即可显示或隐藏网格，显示的网格如图2-75所示。另外，在"属性"面板中单击相应的按钮也可以显示或隐藏网格。

图2-75

技巧与提示

在"首选项"设置中可以对网格线之间的间隔、网格线的颜色等网格属性进行更改。

2.对齐网格

执行"视图>对齐网格"菜单命令，激活"对齐网格"命令后，拖动对象靠近目标位置处的网格线，对象会自动"吸附"到网格线上，从而保证将对象与网格进行对齐。

课堂案例

制作明信片封面

素材位置	素材文件>CH02>课堂案例：制作明信片封面
实例位置	实例文件>CH02>课堂案例：制作明信片封面
教学视频	课堂案例：制作明信片封面.mp4
学习目标	掌握应用参考线的方法

本例的最终效果如图2-76所示。

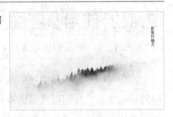

图2-76

01 新建一个尺寸为165mm × 102mm的画板，单击"创建"按钮，如图2-77所示。

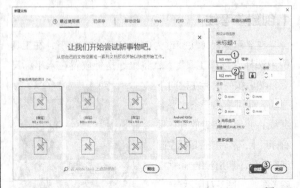

图2-77

⓿2 置入"素材文件>CH02>课堂案例：制作明信片封面>黑白影像.png"素材图片，如图2-78所示。

图2-78

⓿3 按快捷键Ctrl + R显示出标尺，然后创建一条水平参考线，并将其拖动到Y坐标为15mm的位置，如图2-79所示。

图2-79

⓿4 创建一条垂直参考线，并将其拖动到X坐标为155mm的位置，如图2-80所示。

图2-80

⓿5 打开"素材文件>CH02>课堂案例：制作明信片封面>文字.ai"素材图片，然后根据创建的参考线使用"选择工具"▶拖动该素材，并将其放置在两条参考线相交的位

置，最后执行"视图>参考线>隐藏参考线"菜单命令隐藏参考线，完成案例的制作，最终效果如图2-81所示。

图2-81

2.5 本章小结

本章主要介绍了文档的操作、画板的使用、查看图稿的方法，以及辅助工具的使用。

在介绍文档的操作时，讲解了创建文档、导出图稿、打开和保存文档的方法。其中，需要重点掌握创建文档和导出图稿的方法。对于不同的工作流程，创建文档和导出图稿所采用的方法也不一样，因此需要根据实际情况来决定使用哪一种方式进行创建和导出。

在介绍画板的使用时，讲解了"画板工具" ▯ 和"画板"面板的使用方法，通过它们能够有效地对画板进行编辑和管理。例如，我们可以使用"画板"面板快速导航至想要查看的某一画板，这比一个画板一个画板地去查找要高效很多。

在介绍查看图稿的方法和辅助工具的使用时，讲解了在创作过程中需要频繁应用的多项操作，特别是查看图稿的方式，可以说这项操作伴随整个创作的全过程。另外，根据工作性质的不同，辅助工具的使用频率也会有所差异。

2.6 课后习题

本节安排了两个课后习题供读者练习，这两个习题综合了本章知识。如果读者在练习时有疑问，可以一边观看教学视频，一边学习Illustrator的基本操作。

2.6.1 制作App开屏页面

素材位置	素材文件>CH02>课后习题：制作App开屏页面
实例位置	实例文件>CH02>课后习题：制作App开屏页面
教学视频	课后习题：制作App开屏页面.mp4
学习目标	熟练掌握置入图片的流程、图片的拼贴思路

本例的最终效果如图2-82所示。

图2-82

2.6.2 制作照片卡

素材位置	素材文件>CH02>课后习题：制作照片卡
实例位置	实例文件>CH02>课后习题：制作照片卡
教学视频	课后习题：制作照片卡.mp4
学习目标	熟练掌握参考线的用法

本例的最终效果如图2-83所示。

图2-83

ILLUSTRATOR

3
第 章

基本图形的绘制

在掌握了 Illustrator 的基本操作后，就可以开始绘制一些基本图形，如直线、弧形、螺旋线这些基本线条，以及矩形、椭圆、多边形这些简单的形状。想要准确地绘制这些基本图形，就需要掌握每一种绘图工具的用法。虽然本章需要掌握的工具较多，但是它们的使用方法大同小异，并且有规律可循，所以只要我们熟练掌握了典型工具的用法，学会其他工具的用法自然不是问题。

课堂学习目标

◇ 掌握线条工具的用法
◇ 掌握矩形工具、椭圆工具等形状工具的用法
◇ 掌握 Shaper 工具的用法

3.1 使用选择工具

Illustrator具有非常强大的矢量绘图功能，使用一些简单的绘图工具就可以轻松满足日常设计工作的需要。但是在绘图之前，我们还需要掌握对象是如何进行选择的。位于工具栏顶部的就是一组基本的选择工具，如图3-1所示。

图3-1

本节工具介绍

工具名称	工具作用	重要程度
选择工具	用于选择一个整体	高
直接选择工具	用于选择锚点	高

3.1.1 选择工具

▶ 视频云课堂：17 选择工具

"选择工具" ▶可用来选择整个对象，使用该工具不仅可以选择矢量图形、位图和文字等对象，还可以对选中的对象执行移动、复制、缩放、旋转、镜像和倾斜等操作，这些变换操作将在第4章讲解。

1.选择一个对象

在工具栏中选择"选择工具" ▶（快捷键为V），然后在目标图形中单击，即可选中相应的对象或组，如图3-2所示。此时该对象的路径部分将按照所在图层的不同呈现不同的颜色标记，如图3-3所示。

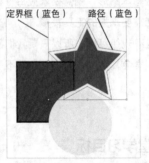

图3-2

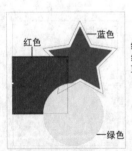
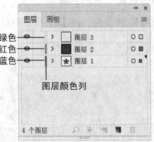

图3-3

▌ 知识点：加选与减选

在此过程中，按住Shift键单击或框选想要加选或减选的对象或组即可加选或减选对象或组，在被选中的对象或组上按住Shift键再次单击可以取消选择。该项操作适用于大部分加选或减选的操作，包括选择对象、组和锚点等类型。

2.框选多个对象

通过框选能够快速选择多个相邻对象。先选择"选择工具" ▶，然后按住鼠标左键拖动，此时会拖出一个虚线框，如图3-4所示，松开鼠标后，虚线框内的对象将会被选中，如图3-5所示。

图3-4　　　　　　　　　　　　　　图3-5

3.选择下方的对象

如果对象相互重叠，且我们想要选择位于下方的对象，这时可以在工具栏中选择"选择工具" ▶，然后按住Ctrl键并单击位于上方的对象，这时鼠标指针会变成图3-6所示的状态，再次单击可以依次选择位于下方的各个对象，如图3-7所示。

图3-6

单击一次　　　　　　　　　　单击两次

图3-7

4.移动图形的位置

完成一个图形的绘制后，若要改变图形的位置，可以先选择工具栏中的"选择工具" ▶选中该对象，如图3-8所示，然后按住鼠标左键拖动，就可以移动对象的位置，如图3-9所示。

图3-8　　　　　　　　　　　　图3-9

5.删除多余的图形

想要删除多余的图形，可以使用"选择工具" ▶选中图形，然后按Delete键删除，如图3-10所示。

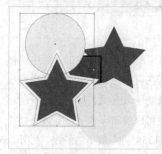

图3-10

3.1.2 直接选择工具

视频云课堂：18 直接选择工具

"直接选择工具" ▷.主要用于选择对象或锚点（通过锚点可以改变路径，从而改变图形的轮廓），如图3-11所示。

选中对象的状态

改变所有锚点的状态　　改变单个锚点的状态

图3-11

1.选择对象或锚点

在工具栏中选择"直接选择工具" ▷.（快捷键为A），然后单击或拖动鼠标框选想要选择的对象或锚点即可将其选中，如图3-12所示。选中对象或锚点后，可以通过拖动边角构件来改变圆角的大小，如果想隐藏边角构件，可以执行"视图>隐藏边角构件"菜单命令。

未选中的状态

选中对象的状态　　　选中单个边角构件的状态

图3-12

技巧与提示

如果在选中对象后，只显示了路径而未显示锚点（如图3-13所示），则单击边角即可出现锚点，如图3-14所示。该操作不仅限于矩形，对于有边角的任意图形都适用。

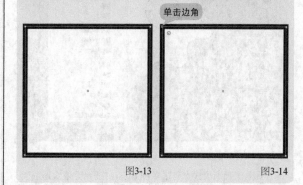

图3-13　　　　　　　　　　　图3-14

2.选择下方的对象

如果对象相互重叠，使用"直接选择工具" ▷.也可以对下层对象进行选择，其方法与使用"选择工具" ▶选择下层对象的方法一致。

知识点：隔离模式

"隔离模式"用于将一些对象隔离，从而更好地对特定对象进行编辑。进入隔离模式后，我们只能够对被隔离的对象进行编辑，而其他对象将自动锁定，因此无法被编辑。进入隔离模式后，工作界面的外观也会发生些许变化：一是文档窗口的左上方会显示隔离模式的导航栏；二是被隔离的对象会保持原有的颜色，而其他对象将会以浅色显示，如图3-15所示。

图3-15

43

要隔离某一对象有很多种方法：其中较为简便的一种方法是使用"选择工具" ▶ 双击目标对象完成隔离，这种方法也是实际应用中较为常用的方法；此外我们也可以选中对象，然后在控制栏中单击"隔离选中的对象"按钮 ✕ ，或者单击鼠标右键并选择"隔离选中的路径"命令（当对象为路径时）或"隔离选中的组"命令（当对象为编组时）来完成隔离，如图3-16所示。

图3-16

要退出隔离模式也有很多种方法，按Esc键依次返回上一级进行退出或使用"选择工具" ▶ 双击被隔离对象的外部区域直接退出均可。

3.2 使用线条工具

使用简单的线条工具可以绘制出多种类型的线段，此外我们还可以使用"矩形网格工具" ▦ 和"极坐标网格工具" ⊕ 创建网格作为绘图时的参考网格。在工具栏中长按"直线段工具" ╱ ，在弹出的工具组中可以看到5种绘图工具，如图3-17所示。

图3-17

本节工具介绍

工具名称	工具作用	重要程度
直线段工具	绘制直线	高
弧形工具	绘制弧形	中
螺旋线工具	绘制螺旋线	中
矩形网格工具	绘制矩形网格	高
极坐标网格工具	绘制极坐标网格	中

3.2.1 直线段工具

▶ 视频云课堂：19 直线段工具

"直线段工具" ╱ 用于绘制直线。在工具栏中选择"直线段工具" ╱ ，然后在目标位置处单击并拖动一段距离，松开鼠标后即可绘制一段直线，如图3-18所示。在此过程中，按住Shift键可以绘制出水平、垂直及45°角倍增（即45°、90°、135°等角度）的斜线。另外，我们在绘制时能够随时控制直线的长度和角度，在画面中会实时显示相关数据，并一直跟随鼠标指针移动。

选择了工具后，既可以直接绘制形状，也可以先设置参数，再绘制形状。在工具栏中选择"直线段工具" ╱ ，然后在目标位置处单击，即可在弹出的"直线段工具选项"对话框中设置具体的参数，精确地控制直线的方向和长度，如图3-19所示。设置完成后，在视图中即会生成相应的图形。

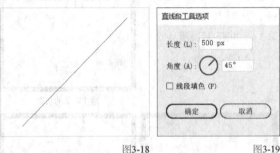

图3-18　　　　　　　　　　　图3-19

重要参数介绍

◇ 线段填色：以当前的填充颜色对线段填色。

📝 技巧与提示

激活工具后，在工具栏中双击工具图标也可以打开参数设置对话框，此外若想快速对形状参数进行设置，还可以在控制栏中设置具体的"高度"值及"宽度"值，如图3-20所示。

图3-20

🔲 课堂案例

使用直线段工具绘制线性图标

素材位置	无
实例位置	实例文件>CH03>课堂案例：使用直线段工具绘制线性图标
教学视频	课堂案例：使用直线段工具绘制线性图标.mp4
学习目标	掌握直线段工具的用法、线性图标的绘制方法

本例的最终效果如图3-21所示。

图3-21

01 新建一个尺寸为500px×500px的画板，然后按住Shift
键并使用"直线段工具" / 在画板中绘制一条竖直线，接着使用"选择工具" ▶ 选中该直线，在控制栏中设置"高"为170px，如图3-22所示。

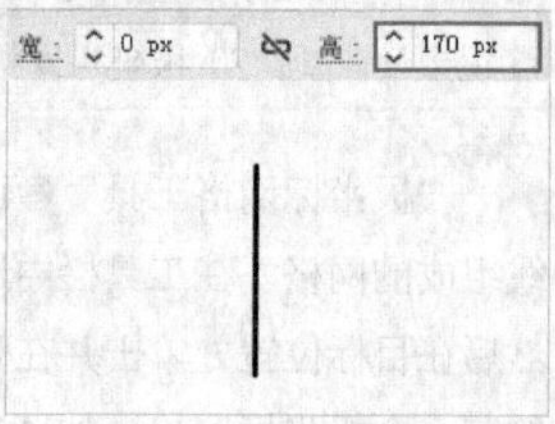

宽: ↕ 0 px   ⚮ 高: ↕ 170 px

图3-22

02 按住Shift键并使用"直线段工具" / 绘制一条倾斜角度为135°的直线，然后使用"选择工具" ▶ 选中该直线，在控制栏中设置"宽"和"高"均为80px，并将其放置在图3-23所示的位置。

03 按住Shift键并使用"直线段工具" / 绘制一条水平直线，然后使用"选择工具" ▶ 选中该直线，在控制栏中设置"宽"为185px，并将其放置在图3-24所示的位置。

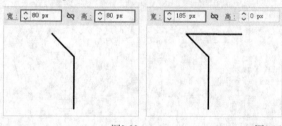

宽: ↕ 80 px   ⚮ 高: ↕ 80 px   宽: ↕ 185 px   ⚮ 高: ↕ 0 px

图3-23   图3-24

04 按住Shift键并使用"直线段工具" / 绘制一条倾斜角度为225°的直线，然后使用"选择工具" ▶ 选中该直线，在控制栏中设置"高"和"宽"均为80px，并将其放置在图3-25所示的位置。

05 按住Shift键并使用"直线段工具" / 绘制一条垂直线，然后使用"选择工具" ▶ 选中该直线，在控制栏中设置"高"为140px，完成案例的制作，最终效果如图3-26所示。

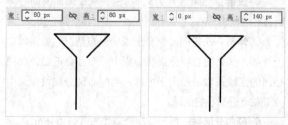

宽: ↕ 80 px   ⚮ 高: ↕ 80 px   宽: ↕ 0 px   ⚮ 高: ↕ 140 px

图3-25   图3-26

3.2.2 弧形工具

"弧形工具" / 用于绘制弧形。在工具栏中选择"弧形工具" / ，然后在目标位置处单击并在弹出对话框中进行设置，即可绘制出一段弧形，如图3-27所示。也可以直接拖动鼠标绘制弧形，在此过程中，按↑键和↓键可增大或减小弧形的曲率，按X键可调整弧形的开口方向。

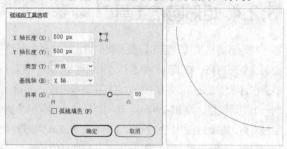

图3-27

重要参数介绍

◇ **控件** ⬒：指定当前单击的点相对于弧形的位置。

◇ **x轴长度**：用于指定横轴方向上的长度。

◇ **y轴长度**：用于指定纵轴方向上的长度。

◇ **类型**：用于指定弧形是封闭的还是开放的。

◇ **基线轴**：用于指定弧形是沿横轴绘制还是沿纵轴绘制。

◇ **斜率**：控制弧形的曲率。

◇ **弧形填色**：决定是否将当前"填色"颜色指定给弧形。

3.2.3 螺旋线工具

"螺旋线工具" ◉ 用于绘制螺旋线，偶尔会用于绘制一些特殊图形（如蜗牛）。我们也可以将其应用到字体设计，通过绘制一段螺旋线来修饰一些笔画，从而增强设计感。在工具栏中选择"螺旋线工具" ◉，然后在目标位置处单击并在弹出对话框中进行设置，即可绘制一段螺旋线，如图3-28所示。也可以直接拖动鼠标绘制螺旋线，在此过程中，按↑键或↓键可增加或减少螺旋线的段数。

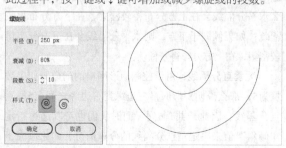

图3-28

重要参数介绍

◇ **半径**：用于指定从螺旋线最外圈的点到中心的距离。

◇ **衰减**：用于指定每一圈螺旋线相对指定的半径的减少量。

◇ **段数**：控制螺旋线的段数。

◇ **样式**：控制螺旋线的方向。

3.2.4 矩形网格工具

"矩形网格工具" ⊞可以根据我们指定的行数和列数绘制出矩形网格。在工具栏中选择"矩形网格工具" ⊞，然后在目标位置处单击并在弹出对话框中进行设置，即可绘制一个矩形网格，如图3-29所示。也可以直接拖动鼠标绘制矩形网格，在此过程中，按↑键和↓可增加或减少矩形网格的行数，按→键和←键可增加或减少矩形网格的列数。

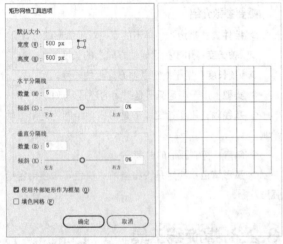

图3-29

重要参数介绍

◇ **控件** ▣：指定当前单击的点相对于矩形网格的位置。

◇ **默认大小**：用于指定矩形网格的宽度和高度。

◇ **水平分隔线**：用于控制矩形网格的行数。如果数量为5，则说明矩形网格顶部到底部之间有5根水平分隔线，因此一共有6行。同时我们也可以通过指定"倾斜"值来决定水平分隔线的分布情况，如果倾向于上方，那么水平分隔线会在上方分布得较密集，在下方分布得较稀疏；如果倾向于下方，则水平分隔线会在下方分布得较密集，在上方分布得较稀疏。

◇ **垂直分隔线**：用于控制矩形网格的列数。如果数量为5，那么说明矩形网格左边缘到右边缘之间有5根垂直分隔线，因此一共有6列。同时我们也可以通过指定"倾斜"值来决定垂直分隔线的分布情况，如果倾向于左方，那么垂直分隔线会在左方分布得较密集，在右方

分布得较稀疏；如果倾向于右方，那么垂直分隔线会在右方分布得较密集，在左方分布得较稀疏。

◇ **使用外部矩形作为框架**：将矩形网格的顶部、底部、左边缘、右边缘作为一个整体，即一个矩形。

◇ **填色网格**：决定是否将当前"填色"颜色指定给矩形网格。

3.2.5 极坐标网格工具

▣ 视频云课堂：20 极坐标网格工具

"极坐标网格工具" ◉可以绘制由多个同心圆和分隔线组成的网格。在工具栏中选择"极坐标网格工具" ◉，然后在目标位置处单击并在弹出对话框中进行设置，即可绘制一个极坐标网格，如图3-30所示。也可以直接拖动鼠标绘制极坐标网格，在此过程中，按↑键和↓键可增加或减少同心圆的个数；按→键和←键可增加或减少分隔线的条数；待确定好同心圆的数量和分隔线后，按住**Shift**键可将极坐标网格限制为圆。

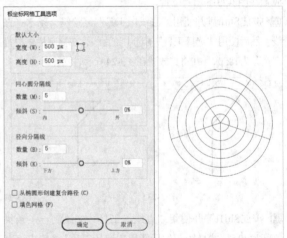

图3-30

重要参数介绍

◇ **控件** ▣：指定当前单击的点相对于极坐标网格的位置。

◇ **默认大小**：用于指定极坐标网格的宽度和长度。

◇ **同心圆分隔线**：用于控制同心圆的个数和分布。

◇ **数量**：如果数量为5，则说明从最外面的同心圆到圆心之间有5条同心圆分隔线，一共有6个同心圆。

◇ **倾斜**：决定同心圆分隔线的分布情况。如果倾向于外部，那么同心圆分隔线会集中分布在靠近最外部同心圆的区域；如果倾向于内部，则同心圆分隔线会集中分布在靠近圆心的区域。

◇ **径向分隔线**：用于控制分隔线的数量和分布。

◇ **数量:** 如果数量为5,那么说明在同心圆内有5根径向分隔线,将同心圆划分为5个区域。同时我们也可以通过指定"倾斜"值来决定径向分隔线的分布情况,如果倾向于上方,那么径向分隔线会集中分布于上方;如果倾向于下方,则径向分隔线会在集中分布于下方。

◇ **从椭圆形创建复合路径:** 决定是否创建每隔一个圆进行填色(需要勾选"填色网格")的复合路径。

◇ **填色网格:** 决定是否将当前"填色"颜色指定给极坐标网格。

📄 课堂案例

使用线条工具绘制Wi-Fi信号格

素材位置	无
实例位置	实例文件>CH03>课堂案例:使用线条工具绘制Wi-Fi信号格
教学视频	课堂案例:使用线条工具绘制Wi-Fi信号格.mp4
学习目标	掌握线条工具的用法、简单图形的绘制思路

本例的最终效果如图3-31所示。

图3-31

01 新建一个尺寸为500px×500px的画板,然后使用"极坐标网格工具" ⊛在适当的位置单击,在弹出的"极坐标网格工具选项"对话框中设置"宽度"和"高度"均为400px、"同心圆分隔线"的"数量"为3、"径向分隔线"的"数量"为0,最后单击"确定"按钮 确定 ,参数及效果如图3-32和图3-33所示。

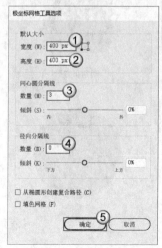

图3-32

图3-33

02 在工具栏中选择"直接选择工具" ▷框选同心圆上的部分锚点,如图3-34所示,然后按Delete键删除框选的锚点,使完整的同心圆变成原来的1/4,如图3-35所示。

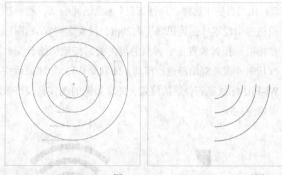

图3-34　　　　　图3-35

03 在工具栏中单击"标准颜色控制器"中的"填色"方框,在弹出的"拾色器"对话框中设置颜色为黑色,如图3-36所示。选择"弧形工具" ⌒并在画板空白处单击,在弹出的"弧线段工具选项"对话框中设置"控件"的定位点为右上角、"x轴长度"和"y轴长度"均为60px、"类型"为"闭合",同时勾选"弧线填色"选项,最后单击"确定"按钮 确定 ,参数及效果如图3-37所示。

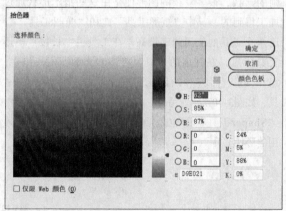

图3-36

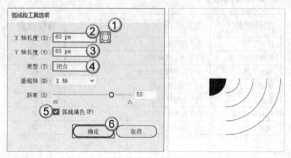

图3-37

04 在工具栏中选择"选择工具" ▶,然后在智能参考线的辅助下使闭合的弧形的圆心与同心圆的圆心重合,接着选择"直接选择工具" ▷，按快捷键Ctrl + Y，在轮廓预览模式下选中最里面的同心圆弧形并删除，如图3-38所示。

05 在工具栏中选择"选择工具" ▶框选同心圆，然后在控制栏中设置"描边粗细"为20pt，接着选中Wi-Fi图标并将鼠标指针放置在定界框的边角处，待鼠标指针变成 ↰ 状时，按住Shift键进行拖动，使其旋转135°，最后将Wi-Fi图标放置到合适的位置，完成案例的制作，最终效果如图3-39所示。

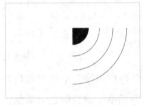 

图3-38　　　　　　　　　图3-39

3.3 使用形状工具

形状工具可以绘制矩形、椭圆形、多边形等较为规则的形状，很多复杂的图形便是由这些基本形状通过加工得到的，其中"矩形工具" ▭ 和"椭圆工具" ◯ 这两个工具的使用频率最高。在工具栏中长按"矩形工具" ▭，在弹出的工具组中可以看到6种绘图工具，如图3-40所示。另外，"Shaper工具" ✎ 也是常用的形状工具。

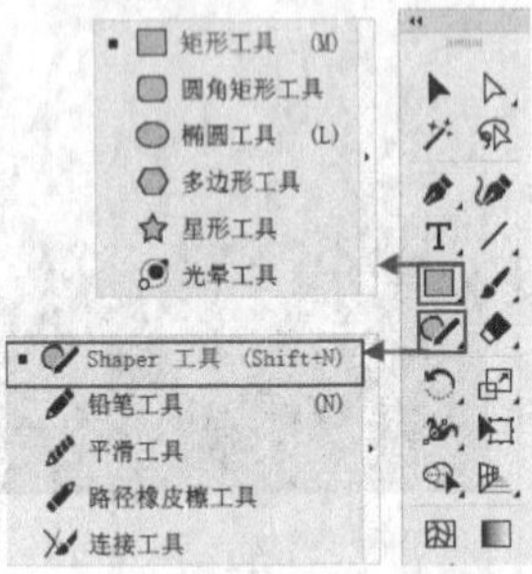

图3-40

本节工具介绍

工具名称	工具作用	重要程度
矩形工具	用于创建矩形	高
圆角矩形工具	用于创建圆角矩形	高
椭圆工具	用于创建椭圆和圆形	高
多边形工具	用于创建多边形	中
星形工具	用于创建星形	中
Shaper工具	用于合并或裁切形状	高
光晕工具	用于创建光晕	中

3.3.1 矩形工具

▣ 视频云课堂：21 矩形工具

"矩形工具" ▭ 用于绘制长方形和正方形。当不需要精确地绘制长方形或正方形时，可以直接拖动绘制；当需要精确地绘制长方形或正方形时，可以打开参数设置对话框进行创建。在工具栏中选择"矩形工具" ▭，在目标位置处拖动鼠标，即可绘制一个长方形，如图3-41所示；按住Shift键拖动鼠标，可以绘制一个正方形，如图3-42所示。

图3-41　　　　　　　　　图3-42

▣ 知识点：以鼠标指针所在位置为中心绘制图形

在工具栏中选择"矩形工具" ▭，按住Alt键拖动鼠标，即可以鼠标指针所在位置为中心绘制一个长方形；按住Alt+Shift键拖动鼠标，即可以鼠标指针所在位置为中心绘制一个正方形，如图3-43所示。该操作不仅适用于"矩形工具" ▭，后面将要讲到的"圆角矩形工具" ▢ 和"椭圆工具" ◯ 也是同样的操作方式，如图3-44和图3-45所示。

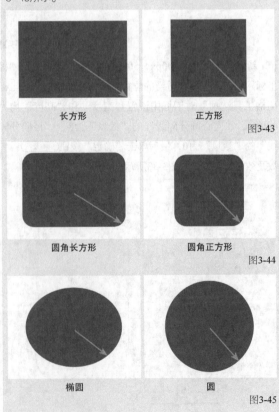

长方形　　　　　　　　　正方形

图3-43

圆角长方形　　　　　　　圆角正方形

图3-44

椭圆　　　　　　　　　　圆

图3-45

课堂案例
使用矩形工具制作登录页面

素材位置	素材文件>CH03>课堂案例：使用矩形工具制作登录页面
实例位置	实例文件>CH03>课堂案例：使用矩形工具制作登录页面
教学视频	课堂案例：使用矩形工具制作登录页面.mp4
学习目标	掌握矩形工具的用法、登录页面的绘制方法

本例的最终效果如图3-46所示。

图3-46

01 新建一个尺寸为800px×600px的画板，然后执行"文件>置入"菜单命令，置入素材"素材文件>CH03>课堂案例：使用矩形工具制作登录页面>登录页背景.png"，如图3-47所示。

02 使用"矩形工具"■在画板中绘制一个矩形，并设置"宽度"为650px、"高度"为450px，然后单击"标准颜色控制器"中的"填色"方框，在弹出的"拾色器"对话框中设置颜色为蓝色（R:54，G:188，B:255），接着去除描边，如图3-48所示。

图3-47

图3-48

■ 知识点：设置填充和描边颜色

绘制基本图形需要使用简单的外观属性，我们既可以在绘图之前进行设置，也可以在选中了已有的图形后，在"标准颜色控制器"中设置。工具栏的底部就是"标准颜色控制器"，双击其中的"填色"方框或"描边"方框，如图3-49所示，然后在弹出的"拾色器"对话框中指定一种想要的颜色即可，如图3-50所示。若不想使用"填色"或"描边"，只需将相应的方框置于前方，然后单击"无"即可。

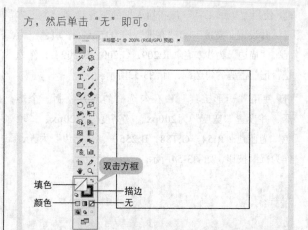

图3-49

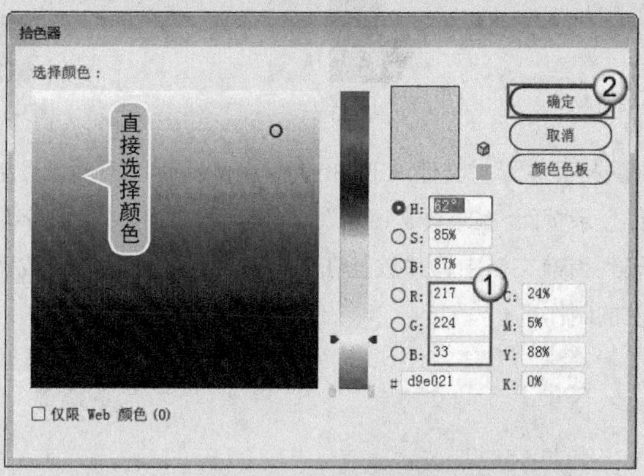

图3-50

03 使用"矩形工具"■在步骤02绘制的图形中绘制一个矩形，并设置"宽度"为350px、"高度"为450px、"填色"为白色、"描边"为无，如图3-51所示。

图3-51

04 使用"矩形工具"■在步骤03绘制的图形中绘制两个矩形，并设置这两个矩形的"宽度"为200px、"高度"为20px、"填色"为无、"描边"为浅灰色（R:209，G:209，B:209），接着将其并列放置在一起，作为账号和密码的输入框，如图3-52所示。

图3-52

05 使用"矩形工具"▣在输入框的下方绘制一个正方形，并设置"宽度"和"高度"均为15px、"填色"为无、"描边"为浅灰色（R:209，G:209，B:209），作为是否记住密码的勾选框，如图3-53所示。

06 使用"矩形工具"▣在勾选框的下方绘制一个矩形，并设置"宽度"为200px、"高度"为20px、"填色"为蓝色（R:54，G:188，B:255）、"描边"为无，作为登录按钮，如图3-54所示。

图3-53　　　　　　　　　　图3-54

07 打开"素材文件>CH03>课堂案例：使用矩形工具制作登录页面>登录页文字.ai"，然后将该文档中的文字复制到当前文档中，并放置在图3-55所示的位置，完成案例的制作。

图3-55

3.3.2 圆角矩形工具

"圆角矩形工具"▢用于绘制带有圆角的长方形和正方形，因此它与"矩形工具"▣相比，多了一个"圆角半径"选项。在工具栏中选择"圆角矩形工具"▢，然后在目标位置处单击并在弹出对话框中设置参数，即可绘制一个圆角矩形，如图3-56所示。也可以直接拖动鼠标绘制圆角矩形，在此过程中，按住Shift键拖动鼠标可以绘制一个圆角正方形，如图3-57所示；按↑键或↓键可增大或减小圆角半径；按←键或→键可直接将圆角半径变为最小值或最大值。

图3-56

图3-57

知识点：圆角的变换

不是只有"圆角矩形工具"▢才能绘制具有圆角的图形，通过设置"圆角半径"同样可以将图形的转角变为圆角。例如想让矩形成为圆角矩形，只需使用"选择工具"▶选中矩形（这时不仅图形被选中，图形上的锚点也被同时选中），然后在控制栏中设置"圆角半径"值即可，如图3-58所示。

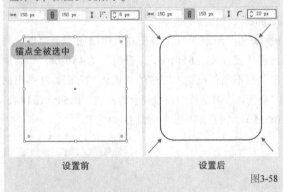

设置前　　　　　　　设置后

图3-58

若只想让矩形的某个转角变成圆角，那么可以使用"直接选择工具"▷选中单个锚点，如图3-59所示，然后在控制栏中设置"圆角半径"值即可，如图3-60所示。

图3-59　　　　　　　图3-60

对于其他图形，使用"选择工具"▶选择图形是无法同时选中图形上的所有锚点的，如图3-61所示，在该状态下仅能对图形进行选择、移动等操作。

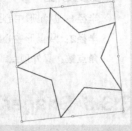

图3-61

在使用"选择工具"▶选择图形后，再使用"直接选择工具"▷选择图形即可选中图形上的所有锚点，如图3-62所示，此时在控制栏中设置"圆角半径"值可同时变换所有转角为圆角，如图3-63所示。若只想让图形的某个转角变成圆角，可使用"直接选择工具"▷选中单个锚点，然后在控制栏中设置"圆角半径"值。

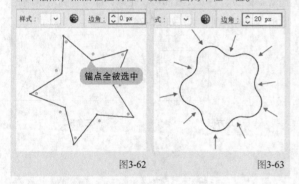

锚点全被选中

图3-62　　　　　图3-63

3.3.3 椭圆工具

📹 视频云课堂：22 椭圆工具

"椭圆工具"◯用于绘制圆和椭圆。在工具栏中选择"椭圆工具"◯，在目标位置处单击并在弹出对话框中设置参数，即可绘制一个椭圆，如图3-64所示。也可以直接拖动鼠标绘制椭圆，在此过程中，按住Shift键拖动鼠标可以绘制一个圆，如图3-65所示。

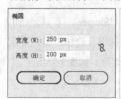

图3-64

图3-65

📋 课堂案例

使用椭圆工具制作按钮

素材位置	无
实例位置	实例文件>CH03>课堂案例：使用椭圆工具制作按钮
教学视频	课堂案例：使用椭圆工具制作按钮.mp4
学习目标	掌握椭圆工具的用法、按钮的绘制方法

本例的最终效果如图3-66所示。

图3-66

01 新建一个尺寸为800px×600px的画板，然后使用"矩形工具"▭在画板中绘制一个矩形，并设置"宽度"为800px、"高度"为600px、"填色"为蓝色（R:244，G:64，B:116）、"描边"为无，如图3-67所示。

02 使用"矩形工具"▭在画板中绘制一个矩形，并设置"宽度"为250px、"高度"为120px、"填色"为浅灰色（R:234，G:234，B:234）、"描边"为无，然后在控制栏中设置"圆角半径"为60px，如图3-68所示。

图3-67　　　　　图3-68

03 使用"椭圆工具"◯在步骤02绘制的图形中绘制一个圆形，并设置"宽度"和"高度"均为100px、"填色"为绿色（R:67，G:255，B:107）、"描边"为无，并将其放置在右侧，完成开启按钮的绘制，如图3-69所示。

04 使用"矩形工具"▭在画板中绘制一个矩形，并设置"宽度"为250px、"高度"为120px、"填色"为浅灰色（R:234，G:234，B:234）、"描边"为无，然后在控制栏中设置"圆角半径"为60px，如图3-70所示。

图3-69　　　　　图3-70

51

05 使用"椭圆工具"◯,在步骤04绘制的图形中绘制一个圆形，并设置"宽度"和"高度"均为100px、"填色"为红色（R:67，G:255，B:107）、"描边"为无，并将其放置在左侧，完成关闭按钮的绘制。至此，完成案例的制作，最终效果如图3-71所示。

图3-71

3.3.4 多边形工具

▶ 视频云课堂：23 多边形工具

"多边形工具"◯用于绘制等边三角形、正方形和正五边形等正多边形。在工具栏中选择"多边形工具"⬡，在目标位置处单击并在弹出对话框中设置参数，即可绘制一个多边形，如图3-72所示。也可以直接拖动鼠标绘制多边形，在此过程中，按↑键或↓键可增加或减少多边形的边数；拖动时将鼠标指针绕圈移动可对正在绘制的多边形进行旋转。

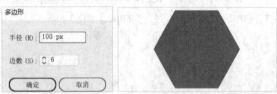

图3-72

3.3.5 星形工具

▶ 视频云课堂：24 星形工具

"星形工具"✪用于绘制像五角星一样的星形。在工具栏中选择"星形工具"✪，在目标位置处单击并在弹出对话框中设置参数，即可绘制一个星形，如图3-73所示。也可以直接拖动鼠标绘制星形，在此过程中，按住Ctrl键拖动可改变半径1的大小；按↑键和↓键可改变角点数；拖动时将鼠标指针绕圈移动可对正在绘制的星形进行旋转。

图3-73

重要参数介绍

◇ **半径1**：从星形中心到靠内顶点的距离。

◇ **半径2**：从星形中心到靠外顶点的距离。

◇ **角点数**：靠外顶点或者靠内顶点的数量。

3.3.6 Shaper工具

▶ 视频云课堂：25 Shaper工具

"Shaper工具"◈不仅可以绘制出与绘制轨迹相似的形状，而且使用该工具还能对形状进行合并和切除。

1.绘制形状 ·············

在工具栏中选择"Shaper工具"◈，在目标位置处拖动鼠标绘制一个大致的形状轮廓，即可得到与绘制轮廓相对应的规则形状，如图3-74所示。

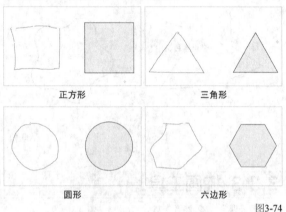

| 正方形 | 三角形 |
| 圆形 | 六边形 |

图3-74

2.切除或合并形状 ·············

除了绘制形状，还可以使用"Shaper工具"◈在多个图形之间进行涂抹，通过不同的涂抹方式来对图形进行合并和切除。

⊙ **切除**

当有多个重叠的形状时，使用"Shaper工具"◈在单个图形中涂抹，在形状相交区域涂抹以及涂抹时超过形状所在区域时，都可以将涂抹的区域切除，如图3-75所示。

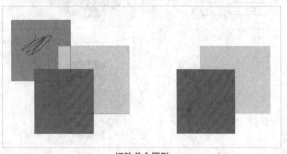

切除单个图形

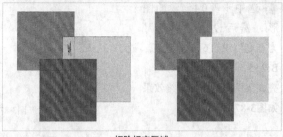

切除相交区域

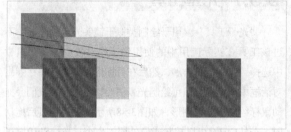

切除多个图形

图3-75

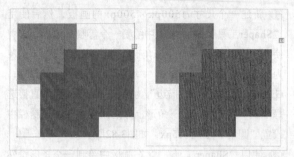

图3-78

如果使用"Shaper工具" ✐ 双击切除或合并之后的形状，那么就会在形状周围出现一个变换框，变换框上的指示控件为⊞，再次单击该形状并拖动可以移动原有形状，如图3-79所示；将某一个形状如图3-80所示移出变换框则可以删除该形状。

⊙ 合并

使用"Shaper工具" ✐ 在两个或多个形状中涂抹可以将多个形状合并，同时合并后形状的颜色由涂抹开始所在形状的颜色决定，如图3-76和图3-77所示。

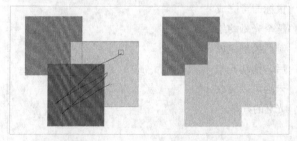

图3-76

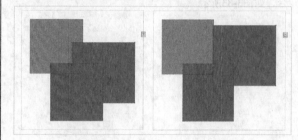

图3-79

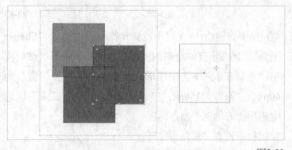

图3-80

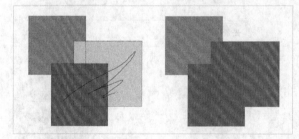

图3-77

3.编辑Shaper Group

使用"Shaper工具" ✐ 切除或合并形状后，系统会自动建立Shaper Group，这时如果使用"Shaper工具" ✐ 单击切除或合并之后的形状，会在形状周围出现一个变换框，变换框上的指示控件为⊞，再次单击该形状可以选中切除或合并之后的形状的表面，这时可以对该表面的颜色进行更改，如图3-78所示。

📇 课堂案例

使用Shaper工具制作首页图标

素材位置	无
实例位置	实例文件>CH03>课堂案例：使用Shaper工具制作首页图标
教学视频	课堂案例：使用Shaper工具制作首页图标.mp4
学习目标	掌握Shaper工具的用法、图标的剪切思路

本例的最终效果如图3-81所示。

图3-81

01 新建一个尺寸为500px×500px的画板，然后使用"Shaper工具" 在画板中绘制一个等腰三角形，接着使用"选择工具"选中三角形，在控制栏中设置"宽"为200px、"高"为85px、"填色"为浅灰色（R:234，G:234，B:234）、"描边"为黑色，最后使用"直接选择工具"选择等腰三角形上方的顶点，并在控制栏中设置"圆角半径"为15px，如图3-82所示。

02 使用"Shaper工具" 在画板中绘制一个矩形，然后使用"选择工具"选中矩形，在控制栏中设置"宽"为200px、"高"为120px，接着使用"直接选择工具"选择矩形下方的两个顶点，在控制栏中设置"圆角半径"为15px，最后按快捷键Ctrl＋Y进入轮廓预览模式，使三角形的底部边缘和矩形的顶部边缘对齐并重合，如图3-83所示。

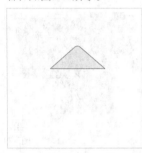 

图3-82　　　　　　　图3-83

03 按快捷键Ctrl＋Y退出轮廓预览模式，使用"Shaper工具" 在步骤02绘制的图形中绘制一个矩形，然后使用"选择工具"选中矩形，在控制栏中设置"宽"为40px、"高"为150px，接着使用"直接选择工具"选中矩形上方的两个顶点，在控制栏中设置"圆角半径"为15px，最后在智能参考线的辅助下使其相对于之前绘制的矩形居中对齐，并适当地调整该矩形在纵向上的位置，如图3-84所示。

图3-84

04 使用"Shaper工具" 将等腰三角形与大矩形进行合并，然后将小矩形从合并之后的图形中切除，如图3-85和图3-86所示。

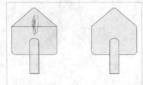 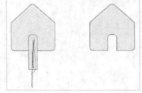

图3-85　　　　　　　图3-86

05 选中步骤04创建的图形，然后设置"填色"为蓝色（R:16，G:193，B:255）、"描边"为无，完成案例的制作，最终效果如图3-87所示。

图3-87

3.3.7 光晕工具

"光晕工具" 用于绘制类似于镜头光晕的图形，不过该工具在实际应用中的使用频率相对较少。在工具栏中选择"光晕工具"，然后在目标位置处单击并在弹出对话框中设置参数即可绘制光晕图形，不过通常我们会拖动鼠标绘制出光晕图形，如图3-88所示。选择工具后拖动时，按住Ctrl键可以控制光晕外圈的大小；按住Shift键可将射线限制在一定范围内；按↑键和↓键可增加或减少射线的数量，松开鼠标绘制出光晕后，再次单击并拖动，这时按↑键和↓键可增加或减少光环的数量，按~键可以随机地产生光环，最后松开鼠标即可完成整个光晕的绘制。绘制完成后，拖动光晕末端可以更改光环的方向。

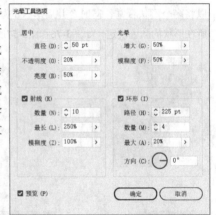

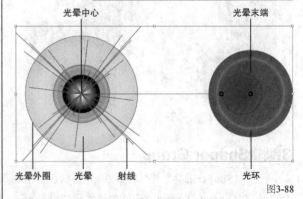

图3-88

📋 **技巧与提示**

在"光晕工具选项"对话框中完成了参数的设置后，需在目标位置处按住Alt键并单击，才可绘制出与"光晕工具选项"对话框参数相对应的光晕。

54

🞑 课堂练习

绘制多彩线面相机图标

素材位置　无
实例位置　实例文件>CH03>课堂练习：绘制多彩线面相机图标
教学视频　课堂练习：绘制多彩线面相机图标.mp4
学习目标　掌握形状工具的用法、线面图标的绘制方法

本例的最终效果如图3-89所示。

01 新建一个尺寸为500px×500px的画板，然后使用"矩形工具" □ 在画板中绘制一个矩形，并设置"宽度"为300px、"高度"为175px、"填色"为红色（R:244，G:64，B:116）、"描边"为无，同时在控制栏中设置"圆角半径"为20px，效果如图3-90所示。

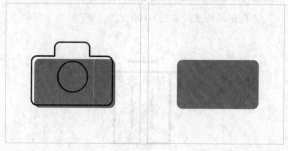

图3-89　　　　　　　图3-90

02 使用"矩形工具" □ 在画板中绘制一个矩形，并设置"宽度"为130px、"高度"为50px、"填色"为无、"描边"为黑色、"描边粗细"为5pt；再次使用"矩形工具" □ 在画板中绘制一个矩形，并设置"宽度"为300px、"高度"为175px、"填色"为无、"描边"为黑色、"描边粗细"为5pt，最后将它们放置在图3-91所示的位置。

03 使用"直接选择工具" ▷ 框选小矩形的上边缘的两个顶点，然后在控制栏中设置"圆角半径"为20px，接着使用"选择工具" ▶ 选中大矩形，在控制栏中设置"圆角半径"为20px，效果如图3-92所示。

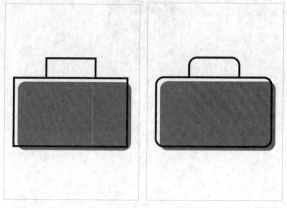

图3-91　　　　　　　图3-92

04 使用"Shaper工具" ✐ 将两个矩形进行合并，如图3-93所示。

05 使用"椭圆工具" ◯ 在步骤01绘制的图形中绘制一个圆，并设置"宽度"和"高度"均为110px、"描边"为黑色、"描边粗细"为5pt，最后将其放置在中心位置，完成案例的制作，最终效果如图3-94所示。

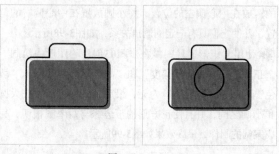

图3-93　　　　　　　图3-94

🞑 课堂练习

使用形状工具绘制面性图标

素材位置　无
实例位置　实例文件>CH03>课堂练习：使用形状工具绘制面性图标
教学视频　课堂练习：使用形状工具绘制面性图标.mp4
学习目标　熟练掌握形状工具的用法、面性图标的绘制方法

本例的最终效果如图3-95所示。

图3-95

01 绘制蓝天。新建一个尺寸为500px×500px的画板，然后使用"椭圆工具" ◯ 在画板中绘制一个圆，并设置"宽度"和"高度"均为220px、"填色"为蓝色（R:84，G:193，B:237）、"描边"为无，如图3-96所示。

02 绘制太阳。使用"椭圆工具" ◯ 在步骤01创建的图形中绘制一个圆，并设置"宽度"和"高度"均为70px、"填色"为黄色（R:239，G:239，B:67）、"描边"为无，最后将其放置在右上角，如图3-97所示。

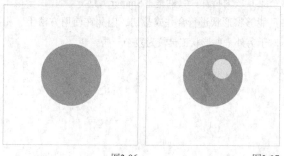

图3-96　　　　　　　图3-97

55

03 使用“椭圆工具”◯在步骤01创建的图形中绘制两个圆，并设置第1个圆的“宽度”和“高度”均为95px、第2个圆的“宽度”和“高度”均为60px，同时设置它们的“填色”均为白色、“描边”均为无，接着将大一点的圆放在中心偏左的位置，将小圆放置在中心偏右的位置，并使它们具有一定的遮挡关系，如图3-98所示。

04 使用“矩形工具”□在步骤03创建的图形中绘制一个正方形，并设置“宽度”和“高度”均为50px、“填色”为白色、“描边”为无，最后将正方形放置在大圆和小圆之间，并且使正方形的下边缘与两个圆相切，完成案例的制作，最终效果如图3-99所示。

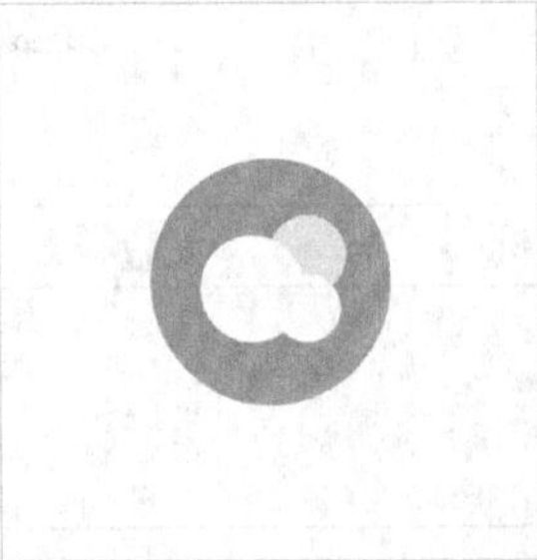

图3-98

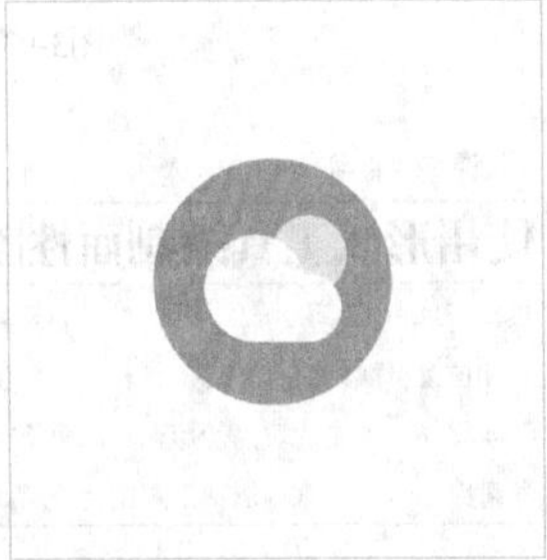

图3-99

3.4 本章小结

本章主要介绍了基本图形的绘制方法，涉及各种基本图形工具的使用，虽然这些工具的种类较多，但是它们的使用方式都大同小异，并且除个别特殊工具外，这些工具的用法都有一定的规律可循。

在介绍线条工具的使用时，讲解了直线、弧形和螺旋线等基础线条的绘制方法。我们需要重点注意“极坐标网格工具”⊛的用法，因为其他线条工具的使用频率并不高，另外该工具绘制的图形不能通过其他工具绘制得到。

在介绍形状工具的使用时，讲解了矩形、椭圆和多边形等基础形状的绘制方法。在这些形状工具中，有一个工具较为特殊，它就是“Shaper工具”✓，由于该工具能够将形状进行合并或裁切，因此在使用方法上，相对于另外一些形状工具较为复杂一些。

3.5 课后习题

本节安排了两个课后习题供读者练习，这两个习题综合了本章知识。如果读者在练习时有疑问，可以一边观看教学视频，一边学习基本图形的绘制技巧。

3.5.1 制作删除图标

素材位置	无
实例位置	实例文件>CH03>课后习题：制作删除图标
教学视频	课后习题：制作删除图标.mp4
学习目标	掌握矩形工具、直线段工具的用法

本例的最终效果如图3-100所示。

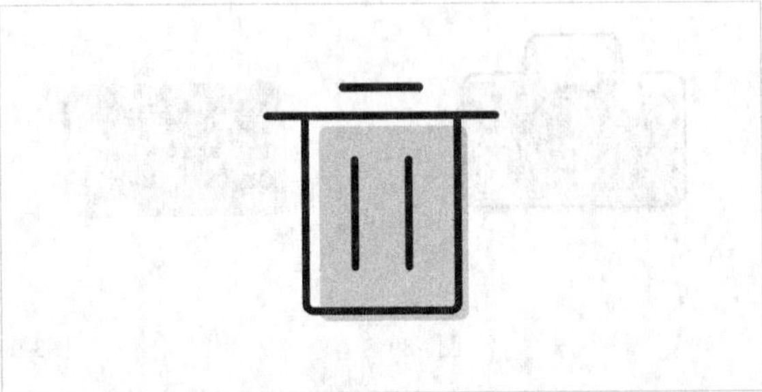

图3-100

3.5.2 制作相册图案

素材位置	无
实例位置	实例文件>CH03>课后习题：制作相册图案
教学视频	课后习题：制作相册图案.mp4
学习目标	掌握矩形工具、椭圆工具和Shaper工具的用法

本例的最终效果如图3-101所示。

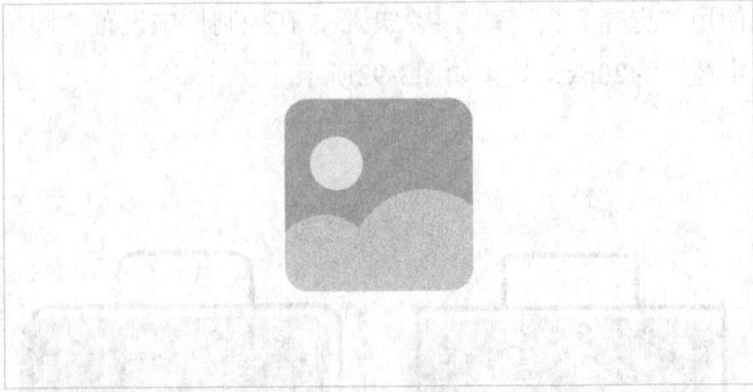

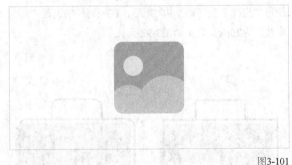

图3-101

第 4 章

对象的管理与编辑

当学会了基本图形的绘制后，还需要学会对对象进行管理和编辑，因为当我们在设计一些较为大型的作品时，经常会用到几十个甚至几百个元素，因此就需要采用更加便捷的方式对图形进行选择、变换，对部分元素进行编组、锁定和隐藏，这些操作都可以通过"图层"面板进行。对于某些操作，在实际的工作中还需要学会通过菜单命令的方式实现，读者需要重点掌握本章内容。

课堂学习目标

◇ 掌握对象的快捷选择
◇ 掌握图层的管理
◇ 掌握对齐与分布
◇ 掌握对象的变换

4.1 对象的选择

如果想要对对象进行管理、对齐和分布、变换等操作，就需要准确地对对象进行选择。选择对象主要分为两种方式：第1种方式是使用选择工具进行选择，选择工具有很多种，不同的选择工具具有不同的应用场景，本节将重点讲解Illustrator中的3种选择工具，如图4-1所示；第2种方式是通过执行菜单命令选择对象，主要针对对象的某一特征来进行选择。

图4-1

本节工具介绍

工具名称	工具作用	重要程度
编组选择工具	选择编组对象	高
魔棒工具	选择外观属性相似的对象	中
套索工具	框选对象或锚点	中

4.1.1 方便快捷的选择工具

▶ 视频云课堂：26 方便快捷的选择工具

当要选择整个对象时，使用"选择工具" ▶ 更加方便；当要选择对象中某一部分的路径、锚点时，"直接选择工具" ▷ 是首要选择；当要在不解除编组的情况下选择组内的对象，使用"编组选择工具" ▷ 是直接的办法；当图稿中具有很多相同的对象时，使用"魔棒工具" ✗ 能够节省大量的时间。前面章节中已经讲解了基础的选择工具，本节将继续讲解一些可以提高工作效率的选择工具。

1.编组选择工具

如果是编组的对象，使用"选择工具" ▶ 单击进行选择，选中的会是整个图形组，这时使用"编组选择工具" ▷ 就可以选中图形组中的单个对象。长按工具栏中的"直接选择工具" ▷ ，即可在弹出的工具组中选择"编组选择工具" ▷ ，然后单击图形组中的对象即可进行选择，如图4-2所示。

编组的对象　　　　　选择的对象

图4-2

2.魔棒工具

使用"魔棒工具" ✗ 可以快速将整个文档中属性相似的对象同时选中，因此该工具适用于选择文稿中大批量具有相似属性的图形。若要精确地识别选择对象，需要首先对魔棒工具进行设定，然后再单击选择对象。

⊙ **设定魔棒工具**

"魔棒"面板主要用于指定基于一种或多种外观属性来选择对象，这些外观属性包括"填充颜色"、"描边颜色"、"描边粗细"、"不透明度"和"混合模式"，当指定了基于某一外观属性来选择对象后，在"魔棒"面板中继续调整识别的容差值，可以更精准地选择对象。在工具栏中双击"魔棒工具" ✗ 或执行"窗口>魔棒"菜单命令均可显示或隐藏"魔棒"面板。"魔棒"面板如图4-3所示。

图4-3

重要参数介绍

◇ **填充颜色**：根据对象的填充颜色来选择对象。勾选该选项，然后指定"容差"值即可。对于RGB模式，该值应介于0~255像素之间；对于CMYK模式，该值应介于0~100像素之间。容差值越低，所选的对象与单击处的对象就越相似；容差值越高，所选的对象所具有的属性范围就越广。

◇ **描边颜色**：根据对象的描边颜色来选择对象。勾选该选项，然后指定容差值即可。对于RGB模式，该值应介于0~255像素之间；对于CMYK模式，该值应介于0~100像素之间。

◇ **描边粗细**：根据对象的描边粗细来选择对象，该值应介于0~100pt之间。

◇ **不透明度**：根据对象的不透明度来选择对象，该值应介于0~100%之间。

◇ **混合模式**：根据对象的混合模式来选择对象。

⊙ 选择对象

在工具栏中选择"魔棒工具" ✗（快捷键为 **Y**），然后单击某一对象即可选中当前文档中所有与该对象具有相似外观属性的对象，如图4-4所示。在此过程中，按住 **Shift** 键并单击其中的某一对象可对具有相同外观属性的对象进行加选；按住 **Alt** 键并单击其中的某一对象可对具有相同外观属性的对象进行减选。

编组的对象

选择的对象

图4-4

3.套索工具

"套索工具" ⚲ 也是一种选择工具，它不仅能够选择图形对象，还能够选择锚点和路径。在工具栏中选择"套索工具" ⚲（快捷键为 **Q**），然后在要选取的锚点区域拖动鼠标绘制一个范围，将要选中的对象选中，松开鼠标后即可完成对图形对象或对象锚点的选择，如图4-5所示。

编组的对象

框选的对象

选择的对象

图4-5

4.1.2 使用菜单命令选择对象

📹 视频云课堂：27 使用菜单命令选择对象

使用"选择"菜单中的命令能够实现多项选择操作，如图4-6所示。除了能够进行"全选""反选""重新选择""取消选择"这些基本的选择操作之外，我们还能够根据对象的堆叠顺序和特征来对对象进行选择，

这些操作都可以减少花在选择对象上的时间。

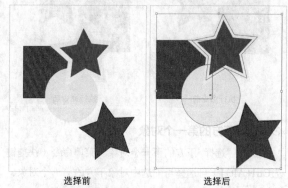
图4-6

1.全部选择

全部选择针对的是文档中或当前画板中的所有对象。

⊙ 全选所有对象

执行"选择>全部"菜单命令（快捷键为 **Ctrl+A**）可对当前文档中未被锁定的所有对象进行选择，如图4-7所示。

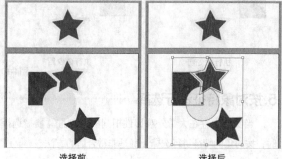
选择前　　　　　　　　选择后

图4-7

⊙ 全选当前画板上的所有对象

执行"选择>现用画板上的全部对象"菜单命令（快捷键为 **Ctrl+Alt+A**）可对当前画板中未被锁定的所有对象进行选择，如图4-8所示。

选择前　　　　　　　　选择后

图4-8

2.取消选择

执行"选择>取消选择"菜单命令（快捷键为 **Ctrl+Shift+A**）可取消对当前已选中对象的选择，也可以通过在画面中没有对象的空白区域单击的方式来取消选择。

3.重新选择

执行"选择>重新选择"菜单命令（快捷键为Ctrl+6）可恢复选择上次所选的对象。

4.按对象堆叠顺序进行选择

当对象发生重叠时，使用"选择工具"▶选择对象会遇到很多麻烦，此时按照对象的堆叠顺序来选择对象会十分便捷。

⊙ 选择上方的第一个对象

执行"选择>上方的下一个对象"菜单命令（快捷键为Ctrl+Alt+]）可选择当前选中对象上方的第一个对象，如图4-9所示。

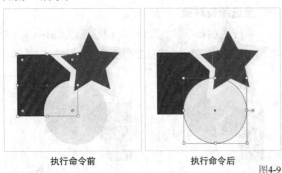

执行命令前　　　　　执行命令后

图4-9

⊙ 选择下方的第一个对象

执行"选择>下方的下一个对象"菜单命令（快捷键为Ctrl+Alt+[）可选择当前选中对象下方的第一个对象，如图4-10所示。

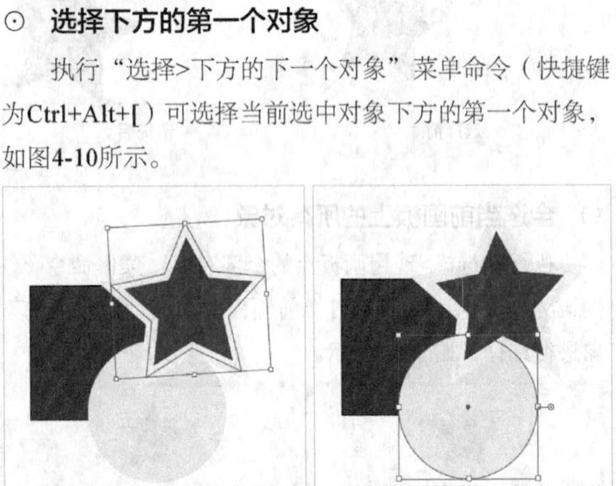

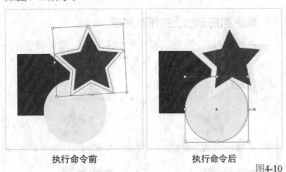

执行命令前　　　　　执行命令后

图4-10

5.按对象特征进行选择

当文档中存在大量外观属性相同的对象且需要被选择时，按对象的特征进行选择无疑是非常合适的方法。

⊙ 选择具有相同外观属性的对象

若要选择具有相同外观属性的对象，先选择一个具有所需属性的对象，然后执行"选择>相同"菜单命令，再在弹出的子菜单中选择所需属性的命令即可。图4-11所示是选择具有相同"描边颜色"属性对象的效果。

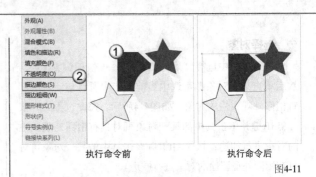

执行命令前　　　　　执行命令后

图4-11

⊙ 选择特定类型的对象

若要选择特定类型的对象，只需执行"选择>对象"菜单命令，再在弹出的子菜单中选择所需对象类型的命令即可。图4-12所示是选择所有"点状文字对象"的效果。

执行命令前　　　　　执行命令后

图4-12

6.反选

执行"选择>反向"菜单命令可选择除当前所选对象之外的其他对象，如图4-13所示。

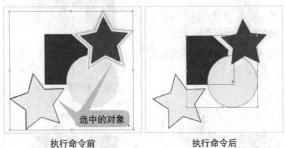

执行命令前　　　　　执行命令后

图4-13

7.存储或载入所选对象

如果某一对象选择起来比较困难并且需要多次进行选择，那么可以在选中该对象后，通过执行菜单命令将该选中的对象进行存储，当需要再次选择该对象的时候，只需执行相应的菜单命令载入即可。

⊙ 存储所选对象

选择一个或多个对象，执行"选择>存储所选对象"菜单命令，然后在弹出的对话框中输入名称，单击"确定"按钮即可对当前选中的对象进行存储，如图4-14所示。

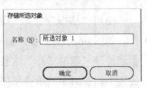

图4-14

⊙ 编辑所选对象

执行"选择>编辑所选对象"菜单命令，在弹出的"编辑所选对象"对话框中可对已经存储的对象进行重命名、删除等操作，如图4-15所示。

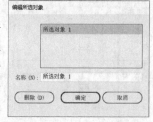

图4-15

⊙ 载入所选对象

执行"选择>存储的所选对象名称"菜单命令就能快速选中已经存储的所选对象。

4.2 图层或对象的管理

当图稿中存在较多对象时，如果不对对象进行管理，就会造成很多麻烦。因为一个完整的图稿往往都是由多个元素构成的，而这些元素可能又是通过多条路径绘制完成的，这时如果不把构成同一个元素的多条路径编组，不但会给选择对象造成干扰，而且还不利于工作的协同，若重新花时间去厘清各个对象之间的关系，就会大大降低工作的效率。图层的管理都是在"图层"面板中进行的，下面来认识一下Illustrator中的"图层"面板。

本节工具介绍

工具名称	工具作用	重要程度
"图层"面板	管理图层和对象	高
新建图层	新建图层或对象	高
复制图层或对象	对图层或对象进行复制	高
隐藏与显示图层与对象	隐藏或显示图层与对象	高
锁定与解锁图层与对象	锁定或解锁图层与对象	高
编组与解组图层与对象	编组或解组图层与对象	高
合并图层	简化图层结构	中
图层或对象堆叠顺序的调整	改变图层或对象之间的逻辑关系	高
删除图层或对象	删除图层或对象	高

4.2.1 图层面板

视频云课堂：28 图层面板

一个图层上可以包含多个对象，当存在较多对象时，往往就需要对图层或对象进行管理，"图层"面板能够很好地实现图层的复制、隐藏、锁定和编组等功能。

1.认识面板

"图层"面板能够进行新建图层、将图层或对象进

行复制、将多个对象进行编组和调整对象的堆叠顺序等多项操作。执行"窗口>图层"菜单命令可以显示或隐藏"图层"面板。"图层"面板如图4-16所示。单击该面板右上角的≡按钮，在弹出的菜单中执行相应的命令，可以进行更多的操作。

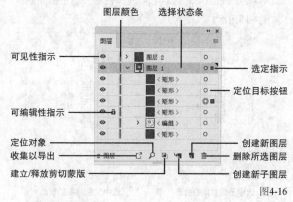

图4-16

重要参数介绍

◇ **图层颜色**：用于区分对象所属图层。一般情况下，不同的图层具有不同的颜色，且与位于该图层上的对象的路径、锚点和选中时的定界框的颜色保持一致。

◇ **可见性指示**：指示图层或对象的可见性。当显示为"显示"👁时，表示图层或对象是可见的；当显示为空白时，表示图层或对象是不可见的。

◇ **可编辑性指示**：指示对象或图层是否可以进行编辑，简单来说就是指示图层或对象是否被锁定。当显示为"锁定"状态🔒时，表示图层或对象是锁定的，因而不可被编辑；当显示为空白时，表示图层或对象是没有被锁定的，是可被编辑的。

◇ **选择状态条**：表示"图层"面板中图层或对象的选择状态。在"图层"面板中单击某图层或对象名称及后方的空白区域，该图层或对象上便可显示出"选择状态条"。

> 📝 技巧与提示
>
> 当按住Ctrl键并选择不同图层时，可以在不相邻的图层或对象上显示出"选择状态条"；当按住Shift键并选择不同图层时，可以在相邻的图层或对象上显示出"选择状态条"，如图4-17所示。

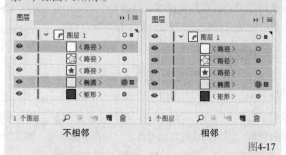

不相邻　　　　相邻

图4-17

◇ **选定指示**：指示已选中的对象或图层。

💬 **技巧与提示**

当选中子级对象时，父级对象的颜色框相对于子级对象的颜色框较小；当选中父级对象时，父级对象和子级对象同时被选中，而且它们的颜色框大小是相同的，如图4-18所示。

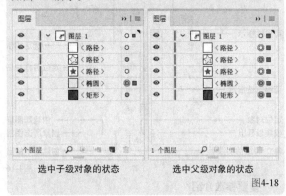

选中子级对象的状态　　选中父级对象的状态

图4-18

◇ **收集以导出**：用于将当前选中的对象或图层收集到"资源导出"面板中进行导出。

2.设置选项

双击图层名称后方的空白区域即可弹出"图层选项"对话框，在该对话框中可以设定图层的名称和颜色，同时还可以根据具体需求勾选"模板""锁定""显示"等多个选项，如图4-19所示。

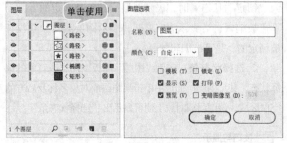

图4-19

3.选择对象

"图层"面板也可以用于选择对象，当要选择的对象相互重叠或我们要快速找到图稿中的某一路径时，使用"图层"面板选择对象会更加精准和高效。

⊙ **选定对象**

在"图层"面板中找到想要选择的对象，单击"定位目标按钮"或"选定指示"处的空白区域，这时"定位目标按钮"显示为◉或◎，同时"选定指示"处出现颜色框，即表示该对象已被选定，如图4-20所示。如果想选定多个对象，只需按住Shift键并选择其他对象即可。

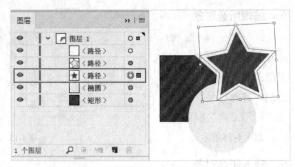

图4-20

⊙ **定位目标**

当使用"选择工具"▶选中某一对象后，在"图层"面板中单击"定位目标按钮"◎可以迅速定位到我们选择的对象上，如图4-21所示。

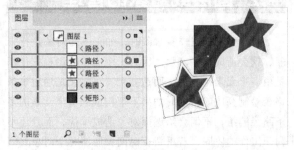

图4-21

4.2.2 新建图层

📹 视频云课堂：29 新建图层

当对象较多，且各个对象之间的关系复杂时，创建图层可以帮助我们厘清各个对象之间的所属关系，使得图层或对象之间的逻辑关系清晰，方便日后再次打开文档时能够快速定位想要找到的对象。通常情况下，我们会将同样属性的对象放置在同一个图层上，这样不仅方便选择这些对象，还有利于对对象进行管理。

1.创建新图层

在"图层"面板中单击"创建新图层"按钮▣即可创建一个父级图层，如图4-22所示。如果想要在创建图层的同时设置图层选项，只需按住Alt键并单击"创建新图层"按钮▣即可。

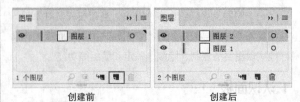

创建前　　　　　　创建后

图4-22

2.创建新子图层

在"图层"面板中单击"创建新子图层"按钮 可在当前父级图层下创建一个子级图层,如图4-23所示。如果想要在创建子图层时设置图层选项,可以按住Alt键并单击"创建新子图层"按钮 进行创建。

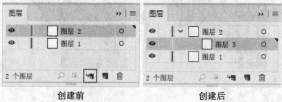

创建前　　　　　　　　　　创建后

图4-23

> 📝 **技巧与提示**
>
> 图层与图层之间存在从属关系,因此在新建图层时,需要考虑到底是创建新图层还是创建新子图层。

4.2.3 复制图层或对象

▣ 视频云课堂:30 复制图层或对象

"复制"又称为"拷贝",在绘制图形的过程中,对象的复制也是我们常用的技巧,通常与"粘贴"配合使用。选择的对象在进行复制操作后,画面中不会有什么变化,此时复制的对象被存入计算机的"剪贴板"中,当进行"粘贴"操作后,才能看到被复制的对象显示在画面中,且显示的位置可能位于画面的任何一处。下面介绍复制图层或对象的3种方法。

1.通过图层面板

在"图层"面板中选中想要复制的图层或对象,将其拖动到"创建新图层"按钮 上即可完成复制,如图4-24所示。另外,按住Alt键拖动图层或对象,待鼠标指针变成 时松开鼠标,同样也可以对其进行复制,如图4-25所示。

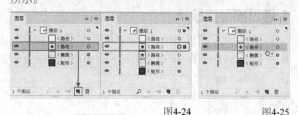

图4-24　　　　　　图4-25

2.通过在画板中拖动

在画板中选中目标对象,按住Alt键并拖动即可对该对象进行复制,如图4-26所示;按住Alt键并按键盘上的方向键也可完成复制操作,如图4-27所示。通过这两种

方式复制对象的原理都是相同的,区别只在于两者复制的对象相对于原对象的位移大小。

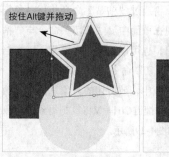

图4-26

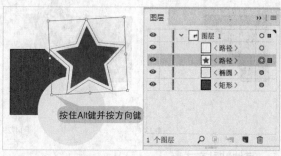

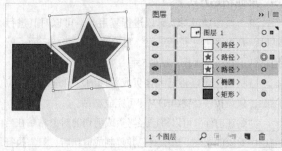

图4-27

3.执行菜单命令

在实际的应用中,我们常常会通过拖动来复制对象,但是如果想要将对象从当前文档复制到另外一个文档中,就需要执行菜单命令来完成复制了。在执行菜单命令对对象进行复制时,需要注意区分等位粘贴和非等位粘贴,以及粘贴时的层级关系。

⊙ 复制与粘贴

对于一些重复出现的对象,我们不用再次进行制作,只需将图形进行"复制"和"粘贴",即可轻松得到大量相同的对象。实现该操作的命令位于"编辑"菜单中,但在实际的工作中,我们一般使用快捷键来完成操作。选择目标对象,按快捷键Ctrl + C复制对象,按快捷键Ctrl + V将复制得到的对象进行粘贴。这项操作不仅限于同一份文档中的复制与粘贴,在两份不同的文档中也可以实现。

⊙ 剪切与粘贴

"剪切"命令可以把选中的对象从当前位置清除，然后暂存于剪贴板中，再通过"粘贴"命令将该对象复制出来，使之重新出现在画面中。"剪切"命令与"粘贴"命令经常配合使用，也可以在同一文档或不同文档间进行剪切和粘贴。"剪切"命令的快捷键是Ctrl + X。将所选对象剪切到剪贴板中，被剪切的对象从画面中消失，如图4-28所示；按快捷键Ctrl + V将复制得到的对象重新粘贴到文档中，如图4-29所示。

图4-28　　　　　　　　　　图4-29

⊙ 其他粘贴方式

当一些图层或对象可以进行复用时，可以对其进行粘贴。粘贴的方式包括粘贴、贴在前面、贴在后面、就地粘贴、在所有画板上粘贴5种。

"粘贴"可以将已经拷贝或剪切的对象进行非等位粘贴，只需按快捷键Ctrl+V即可完成粘贴。

"贴在前面"可以将已经拷贝或剪切的对象粘贴在当前选中对象的上层。选中对象并复制或剪切后，只需执行"编辑>贴在前面"菜单命令（快捷键为Ctrl+F）即可将剪贴板中的内容粘贴到文档中原始对象所在的位置，并将其置于当前图层上对象堆叠的顶层。我们常常称它为"原位复制"，操作完成后，通过智能参考线可以有目的地移动，该操作在实际工作中非常常用。

"贴在后面"可以将已经拷贝或剪切的对象粘贴在当前选中对象的下层，只需执行"编辑>贴在后面"菜单命令（快捷键为Ctrl+B）即可，如图4-30所示。

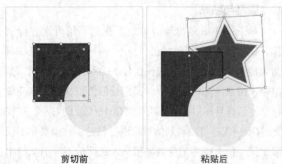

剪切前　　　　　　　　粘贴后

图4-30

"就地粘贴"可以将已经拷贝或剪切的对象进行等位粘贴，只需执行"编辑>就地粘贴"菜单命令（快捷键为Ctrl+Shift+V）即可，如图4-31所示。

剪切前　　　　　　　　粘贴后

图4-31

"在所有画板上粘贴"可以将已经拷贝或剪切的对象在所有画板上都进行粘贴，只需执行"编辑>在所有画板上粘贴"菜单命令（快捷键为Ctrl+Shift+Alt+V）即可，如图4-32所示。

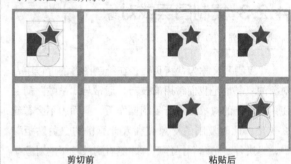

剪切前　　　　　　　　粘贴后

图4-32

4.2.4　隐藏与显示图层或对象

视频云课堂：31 隐藏与显示图层或对象

为了避免在绘图过程中产生干扰，可以将暂时不用编辑的对象进行隐藏，当我们编辑完成后再将其显示出来。下面介绍隐藏与显示图层或对象的方法。

1.通过图层面板

在"图层"面板中单击目标对象的"可见性指示"按钮或该处的空白区域，即可完成对象的隐藏或显示，如图4-33所示。

隐藏

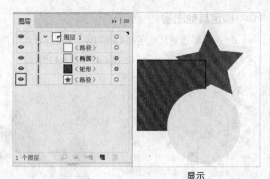

显示

图4-33

在"图层"面板的面板菜单中选择"隐藏所有图层"命令或"显示所有图层"命令，即可将所有图层或对象进行隐藏或显示，如图4-34所示。

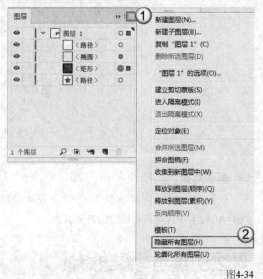

图4-34

2.执行菜单命令

除了可以通过"图层"面板显示或隐藏对象，还可通过执行菜单命令的方式对对象进行显示或隐藏，如图4-35所示。

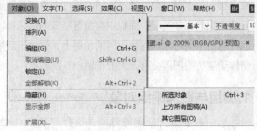

图4-35

⊙ **隐藏对象**

选中想要隐藏的对象，执行"对象>隐藏>所选对象"菜单命令（快捷键为Ctrl+3）即可对该对象进行隐藏，如图4-36所示。

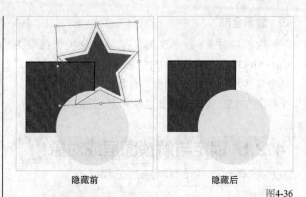

隐藏前   隐藏后

图4-36

⊙ **隐藏上方所有图稿**

如果想要隐藏选中对象上方的所有对象，可以执行"对象>隐藏>上方所有图稿"菜单命令，如图4-37所示。

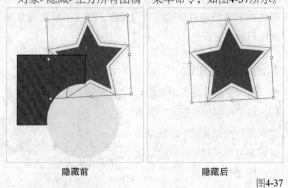

隐藏前   隐藏后

图4-37

⊙ **隐藏其他图层**

如果想要隐藏所有未选定图层上的对象，可以执行"对象>隐藏>其他图层"菜单命令，如图4-38和图4-39所示。

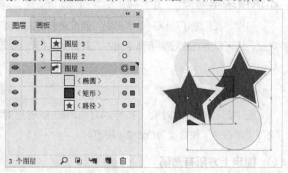

图4-38

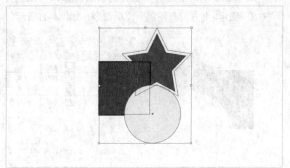

图4-39

⊙ 显示全部

执行"对象>显示全部"菜单命令（快捷键为Ctrl+Alt+3）即可将隐藏的对象全部显示出来。这种方式适合显示大批量的隐藏对象，若需要显示少数几个或某个特定的对象，还是需要通过"图层"面板来操作。

4.2.5 锁定与解锁图层或对象

▣ 视频云课堂：32 锁定与解锁图层或对象

与隐藏对象作用相似，我们可以将某些对象锁定，这样在编辑特定对象时，这些被锁定的对象将不会被编辑，当编辑完特定对象后再将其解锁即可。这样就可以避免在编辑特定对象时产生误操作，这在绘制比较复杂的图形时非常好用。

1.通过图层面板

在"图层"面板中单击目标图层"可编辑性指示"处的"锁定"按钮 🔒 或单击该空白区域即可完成对象的解锁或锁定，如图4-40所示。

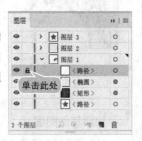

图4-40

2.执行菜单命令

同样，我们除了可以通过"图层"面板来锁定或解锁对象，还可以通过执行菜单命令的方式对对象进行锁定或解锁。

⊙ 锁定对象

选中想要锁定的对象，执行"对象>锁定>所选对象"菜单命令（快捷键为Ctrl+2）即可。

⊙ 锁定上方所有图稿

如果想要锁定所选对象上方的所有对象，可以执行"对象>锁定>上方所有图稿"菜单命令，如图4-41所示。

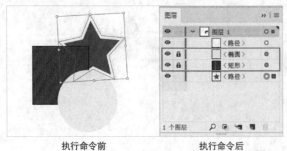

执行命令前　　　　执行命令后

图4-41

⊙ 锁定其他图层

如果想要锁定其他图层上的对象，可以执行"对象>锁定>其他图层"菜单命令，如图4-42和图4-43所示。

图4-42

图4-43

⊙ 解锁对象

执行"对象>全部解锁"菜单命令（快捷键为Ctrl+Alt+2）即可将所有锁定的对象解锁。

4.2.6 编组与解组对象

▣ 视频云课堂：33 编组与解组对象

一个图稿元素是由各对象组成的，这时候将这些对象进行编组是明智的选择，因为编组后的对象是一个整体，这样方便管理和选择。当然，如果想要将编组后的整体还原成原有的多个对象，通过取消编组可以很容易地实现。另外，我们在"图层"面板中将编组释放的话，可以轻易地将编组中的对象放置到不同的图层上，这对于后期将要制作动画类的图稿会有很大的帮助。

1.编组与取消编组对象

选中想要进行编组的对象，执行"对象>编组"菜单命令（快捷键为Ctrl+G）即可将这些对象进行编组，也可以单击鼠标右键，在弹出的菜单中选择"编组"命令，效果如图4-44所示。编组后使用"选择工具" ▶ 选择时将只能选择该组，而使用"编组选择工具" ⊠ 能够选中组中的某个对象。想要取消编组时，选中目标对象组，执行"对象>取消编组"菜单命令（快捷键为Ctrl+Shift+G）即可。

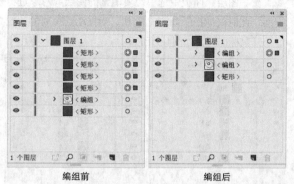

编组前　　　　　　　　编组后

图4-44

知识点：选中编组中的对象

在使用"选择工具"▶的情况下，想要选中编组中的对象，可以在编组图形上多次单击进入隔离模式将其选中。当编辑完成，想要退出隔离模式时，可以在画板空白处多次单击，或多次单击文档窗口左上角的退出按钮◁。

2.释放到图层

释放到图层有两种方式，一种是将每个项目都释放到新的图层中，另一种是将项目释放到图层并复制对象以创建累积顺序，在应用时根据实际需要进行选择即可。

⊙ 释放到图层（顺序）

在"图层"面板选中想要释放的图层或编组，在"图层"面板的面板菜单中选择"释放到图层（顺序）"命令即可将该图层或编组中的每一个对象都放置到一个新的图层上，如图4-45所示。

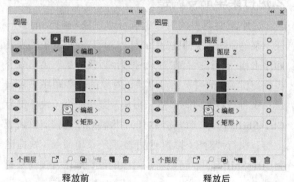

释放前　　　　　　　　释放后

图4-45

⊙ 释放到图层（累积）

在"图层"面板选中想要释放的图层或编组，在"图层"面板的面板菜单中选择"释放到图层（累积）"命令即可将该图层或编组中的对象按累积顺序依次放置在新图层上，如在一个图层中按从下至上的堆叠

顺序有蓝色、紫色和红色3个矩形，按这种方式释放将会从下至上创建3个图层：第1个图层中只有蓝色矩形，第2个图层中有蓝色、紫色两个矩形，第3个图层中有蓝色、紫色和红色3个矩形。这种方式对于制作动画类的图稿很有帮助，如图4-46所示。

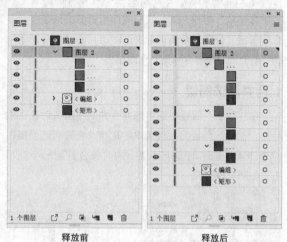

释放前　　　　　　　　释放后

图4-46

知识点：扩展对象

扩展对象有"扩展"和"扩展外观"两种操作方式，它们的作用大致相同，都是将单个对象拆解成多个对象，如对一个具有填色和描边的对象进行扩展可以将其拆解成填色和描边两部分，如图4-47所示。它们的不同之处是如果对象具有某些特定的外观属性，那么便只能对对象进行"扩展外观"操作，而不能对对象进行"扩展"操作。

原有对象　　　　　扩展后的对象

图4-47

执行"对象>扩展"或"对象>扩展外观"菜单命令均可对对象进行扩展。如果执行"对象>扩展"菜单命令，那么在弹出的"扩展"对话框中可以指定相关选项进行扩展，如图4-48所示。

当对象中具有实时上色、符号和封套等复杂属性时，可以通过勾选"对象"选项对这些对象进行扩展；当对象具有渐变属性时，可以将其扩展成"渐变网格"或具有不同颜色的多个对象。

图4-48

67

4.2.7 合并图层

当图层结构比较复杂的时候，我们可以将不必要的图层合并，从而简化图层结构，使我们更容易厘清对象与对象之间的关系。合并图层有"合并所选图层"和"拼合图稿"两种方式，它们的作用相似，只是"合并所选图层"合并的是我们选中的图层，而"拼合图稿"会将所有的对象拼合到同一个图层上。

1.合并所选图层

在"图层"面板中选中想要合并的图层或对象，然后在"图层"面板的面板菜单中选择"合并所选图层"命令即可将选中的多个图层上的对象合并到一个图层上，如图4-49所示。

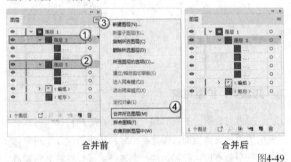

合并前　　　　　　　　　合并后

图4-49

2.拼合图稿

在"图层"面板的面板菜单中选择"拼合图稿"命令即可将文档中的所有对象合并到一个图层上，如图4-50所示。

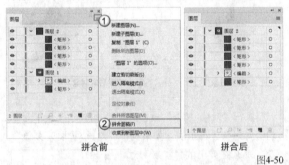

拼合前　　　　　　　　　拼合后

图4-50

4.2.8 图层或对象堆叠顺序的调整

🖳 视频云课堂：34 图层或对象堆叠顺序的调整

各个图层或对象之间具有层级关系，有的位于上层，有的位于下层，上层的图层或对象将会对下层的图层或对象产生遮挡，同时没有被遮挡的部分将会正常显示，因此调整了图层或对象的堆叠顺序会使图稿发生改变，在调整的时候需要特别注意。

1.通过图层面板调整

在"图层"面板中选中想要调整的图层或对象进行拖动，此时鼠标指针会变成 状，当拖动到想要的位置时松开鼠标即可，如图4-51所示。

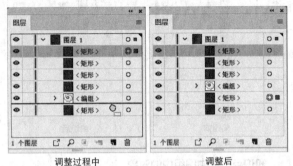

调整过程中　　　　　　　调整后

图4-51

在"图层"面板的面板菜单中选择"反向顺序"命令可以将选中的多个图层或对象按与原来相反的堆叠顺序依次排列，如图4-52所示。

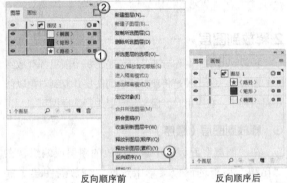

反向顺序前　　　　　　　反向顺序后

图4-52

2.执行菜单命令调整

选中想要调整的对象，执行"对象>排列>前移一层"菜单命令（快捷键为Ctrl+]），可以将该对象的堆叠顺序上移一层；执行"对象>排列>后移一层"菜单命令（快捷键为Ctrl+[），可以将该对象的堆叠顺序下移一层；执行"对象>排列>置于顶层"菜单命令（快捷键为Ctrl+Shift+]），可以将该对象的堆叠顺序直接调整到最上层；执行"对象>排列>置于底层"菜单命令（快捷键为Ctrl+Shift+[），可以将该对象的堆叠顺序直接调整到最下层。

📝 技巧与提示

选中想要调整的对象并单击鼠标右键，在弹出的菜单中选择"排列"命令，通过其子菜单中的命令也可以调整图层对象的堆叠顺序，如图4-53所示。

图4-53

知识点：将图层或对象移动到其他图层

如果想将某图层或对象移动到别的图层，可以在"图层"面板中选中想要调整的图层或对象，然后将其拖动到目标图层即可，如图4-54所示。另外，也可以通过执行菜单命令将对象移动到别的图层，只需选中想要移动的对象，然后执行"对象>排列>发送至当前图层"菜单命令即可。

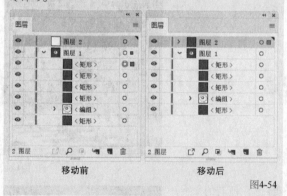

移动前　　　　　　移动后

图4-54

4.2.9 删除图层或对象

当不再需要某图层或对象时，可以将其删除。

1.通过图层面板删除

在"图层"面板中选中想要删除的图层或对象，单击"删除所选图层"按钮 即可完成删除。另外，选中想要删除的图层或对象进行拖动，此时鼠标指针会变成 状，当拖动到"删除所选图层"按钮 上时松开鼠标，同样也可以将其删除，如图4-55所示。

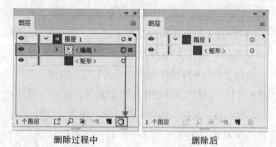

删除过程中　　　　　删除后

图4-55

技巧与提示

当我们删除一个图层时，在该图层上的对象也会被删除；当图稿中只有一个图层时，"图层"面板中的"删除所选图层"按钮 将会被禁用。

2.执行菜单命令删除

选中想要删除的对象，执行"编辑>清除"菜单命令即可完成删除。当然，我们也可以在选中对象后直接按Delete键。

课堂案例

制作文化沙龙海报

素材位置	素材文件>CH04>课堂案例：制作文化沙龙海报
实例位置	实例文件>CH04>课堂案例：制作文化沙龙海报
教学视频	课堂案例：制作文化沙龙海报.mp4
学习目标	掌握对象的选择及管理的方法

本例的最终效果如图4-56所示。

图4-56

01 新建一个尺寸为210mm×297mm的画板，然后执行"文件>置入"菜单命令，置入素材"素材文件>CH04>课堂案例：制作文化沙龙海报>茶道.png"，接着使用"选择工具"▶将其移动到合适的位置，如图4-57所示。

02 打开"素材文件>CH04>课堂案例：制作文化沙龙海报>文字.ai"文件，如图4-58所示，使用"选择工具"▶选中从右边起的第一组文字并对它们进行编组，同时将它们移动到图4-59所示的位置。

图4-57　　　　　　　　　　　图4-58

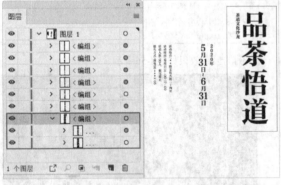

图4-59

03 使用"选择工具"▶选中从右边起的第3组文字并对它们进行编组，同时将它们移动到合适的位置，如图4-60所示。

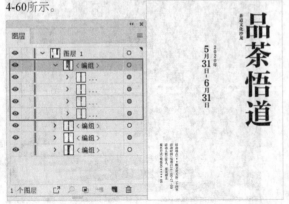

图4-60

04 使用"选择工具"▶选中从右边起的第2组文字并对它们进行编组，同时将它们移动到合适的位置，然后使用"选择工具"▶选中所有的文字，同样也进行编组，如图4-61所示。

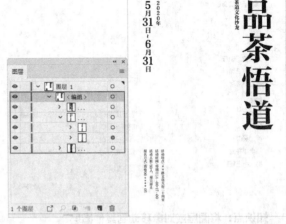

图4-61

05 使用"选择工具"▶选中所有的文字，执行"编辑>复制"菜单命令，然后回到原文档中，执行"编辑>就地粘贴"菜单命令，效果如图4-62所示。

图4-62

06 选中所有的文字，并设置"填色"为淡黄色（R:255，G:202，B:166），完成案例的制作，最终效果如图4-63所示。

图4-63

4.3 对象的对齐与分布

在进行海报设计、版式设计的过程中，往往需要考虑多个对象的放置方式，如果不考虑对象与对象之间的关系，随意放置对象，就会显得十分混乱。这就好像我们的房间一样，我们可以在里面放置很多东西，但是有的人的房间会让人感觉井井有条，而有的人的房间则让人感觉混乱不堪，造成这种感觉的原因就是放置物品的方式不同。同样的道理，我们在设计时也需要考虑各个对象的关系，那么就需要对对象进行对齐和分布。

本节工具介绍

工具名称	工具作用	重要程度
"对齐"面板	对齐与分布对象	高

4.3.1 对齐对象

视频云课堂：35 对齐对象

"对齐"是将多个图形对象进行整齐排列。一般而言，在工作的过程中都会使用控制栏对齐对象，如图4-64所示。

图4-64

重要参数介绍

◇ **水平左对齐**：将所选对象的中心像素与当前对象左侧的中心像素对齐。

◇ **水平居中对齐**：将所选对象的中心像素与当前对象水平方向的中心像素对齐。

◇ **水平右对齐**：将所选对象的中心像素与当前对象右侧的中心像素对齐。

◇ **垂直顶对齐**：将所选对象顶端的像素与当前对象顶端的像素对齐。

◇ **垂直居中对齐**：将所选对象的中心像素与当前对象垂直方向的中心像素对齐。

◇ **垂直底对齐**：将所选对象底端的像素与当前对象底端的像素对齐。

◇ **对齐所选对象**：该选项用于相对于所有选定对象的定界框对齐或分布对象。

◇ **对齐关键对象**：该选项用于相对于关键对象对齐或分布对象。

◇ **对齐画板**：可用于相对于画板对齐或分布对象。

选中想要进行对齐或分布的对象，然后按住Shift键单击要使用的画板将其激活，接着在控制栏中选择"对齐画板"选项，再单击所需的对齐或分布类型按钮即可。

4.3.2 分布对象

视频云课堂：36 分布对象

"分布"是对图形之间的距离进行调整，通常在"对齐"面板中进行设置，与使用控制栏对齐对象的方式基本一致。执行"窗口>对齐"菜单命令可以显示或隐藏"对齐"面板。"对齐"面板如图4-65所示，我们可以看到"对齐对象"、"分布对象"和"分布间距"3个选项组，每个选项组中都有多个控制按钮，单击相应的按钮，即可进行对齐和分布操作。由于前文已经介绍过"对齐对象"选项组和"分布间距"选项组，因此下面仅对"分布对象"选项组进行介绍。

图4-65

重要参数介绍

◇ **垂直顶分布**：将平均每一个对象顶部基线之间的距离，调整对象的位置。

◇ **垂直居中分布**：将平均每一个对象水平中心基线之间的距离，调整对象的位置。

◇ **垂直底分布**：将平均每一个对象底部基线之间的距离，调整对象的位置。

◇ **水平左分布**：将平均每一个对象左侧基线之间的距离，调整对象的位置。

◇ **水平居中分布**：将平均每一个对象垂直中心基线之间的距离，调整对象的位置。

◇ **水平右分布**：将平均每一个对象右侧基线之间的距离，调整对象的位置。

技巧与提示

默认情况下，"对齐"面板中未显示"分布间距"选项组，可以在"对齐"面板的面板菜单中选择"显示选项"命令显示出完整的面板，如图4-66所示。

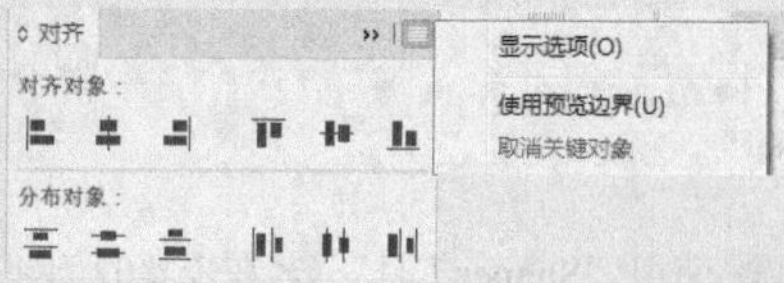

图4-66

🖥 课堂案例

Tab Bar图标设计

素材位置　素材文件>CH04>课堂案例：Tab Bar图标设计
实例位置　实例文件>CH04>课堂案例：Tab Bar图标设计
教学视频　课堂案例：Tab Bar图标设计.mp4
学习目标　掌握对齐和分布对象的方法

本例的最终效果如图4-67所示。

图4-67

01 新建一个尺寸为800px×600px的画板，然后使用"矩形工具" ▢在画板中绘制一个矩形，并设置"宽度"为800px、"高度"为600px、"填色"为黄色（R:242，G:242，B:242）、"描边"为无，最后使其相对于画板进行"水平居中对齐" ▤ 和"垂直居中对齐" ▥，如图4-68所示。

图4-68

02 使用"圆角矩形工具" ▢在画板中绘制一个圆角矩形，并设置"宽度"为400px、"高度"为100px、"圆角半径"为20px、"填色"为浅灰色（R:244，G:244，B:244）、"描边"为无，然后将其相对于画板进行"水平居中对齐" ▤ 和"垂直居中对齐" ▥，接着选中这些图形并进行"锁定" 🔒，如图4-69所示。

图4-69

03 使用"Shaper工具" ✐在步骤02创建的图形中绘制一个等腰三角形，然后选中该图形并在控制栏中设置"宽

度"为30px、"高度"为20px，接着选中三角形的顶点，并在控制栏中设置"圆角半径"为5px，最后选中三角形并在控制栏中设置"描边粗细"为2pt，如图4-70所示。

04 使用"Shaper工具" ✐绘制一个矩形，选中该矩形并在控制栏中调整"宽度"为30px、"高度"为20px，同时选中矩形下半部分的两个锚点，在控制栏中设置"圆角半径"为5px，接着选中矩形并在控制栏中设置"描边粗细"为2pt，最后使用"Shaper工具" ✐将矩形和三角形进行合并，如图4-71所示。

图4-70　　　　　　　　　　　图4-71

05 按住Shift键并使用"直线段工具" ╱绘制一条水平直线，选中该直线并在控制栏中设置"宽度"为10px、"描边粗细"为2pt，然后将其相对于步骤04创建的图形进行"垂直居中对齐" ▥，最后将绘制好的图形进行编组并设置"填色"为无，完成首页图标的绘制，如图4-72所示。

图4-72

06 使用"Shaper工具" ✐在步骤02创建的图形中绘制一个圆，选中该圆并在控制栏中设置"宽度"为25px、"高度"为25px、"描边粗细"为2pt，然后按住Shift键并使用"直线段工具" ╱绘制一条倾斜的直线，接着选中该直线并在控制栏中设置"宽度"为10px、"描边粗细"为2pt，最后将绘制好的图形进行编组并设置"填色"为无，完成搜索图标的绘制，如图4-73所示。

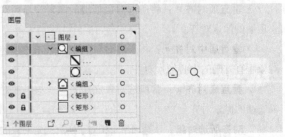

图4-73

07 使用"Shaper工具" ✐在步骤02创建的图形中绘制一个矩形，选中该矩形并在控制栏中设置"宽度"为30px、"高度"为16px、"圆角半径"为2px、"描边粗细"

为2pt，然后将刚刚绘制的矩形复制一份，选中复制得到的矩形并在控制栏中设置"宽度"为26px、"高度"为16px，接着选中矩形下半部分的两个锚点，在控制栏中设置"圆角半径"为5px，并适当调整它们的位置，如图4-74所示。

图4-74

⑧ 按住Shift键并使用"直线段工具" ╱ 在步骤07创建的图形中绘制一条直线，选中该直线并在控制栏中设置"宽度"为10px、"描边粗细"为2pt，然后将其相对于绘制好的图形进行"垂直居中对齐" ▮，最后将图标进行编组，并设置"填色"为无，完成商店图标的绘制，如图4-75所示。

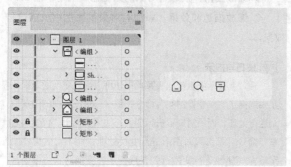

图4-75

⑨ 使用"Shaper工具" ✐ 绘制一个圆，选中该圆并在控制栏中设置"宽度"为15px、"高度"为15px、"描边粗细"为2pt，将该图形复制一份，选中复制得到的图形并在控制栏中设置"宽度"为30px、"高度"为30px，如图4-76所示。

图4-76

⑩ 使用"Shaper工具" ✐ 在步骤02创建的图形中绘制一个矩形，然后将矩形的上边缘放置在与大圆圆心同一水平线上的位置，再使用"Shaper工具" ✐ 切除大圆的下半部分和矩形，接着将绘制好的图标进行编组，并设置"填色"为无，完成用户图标的绘制，如图4-77所示。

图4-77

⑪ 适当地调整各个图标的位置，然后选中这些图标并进行"水平居中对齐" ▮ 和"水平居中分布" ▮，接着对它们进行编组，同时在"图层"面板中将圆角矩形解锁，并将图标编组相对于圆角矩形进行"水平居中对齐" ▮ 和"垂直居中对齐" ▮，如图4-78所示。

⑫ 执行"文件>置入"菜单命令，置入素材"素材文件>CH04>课堂案例：Tab Bar图标设计>投影.png"，然后将其放置在圆角矩形下方并错开一定位置，完成案例的制作，最终效果如图4-79所示。

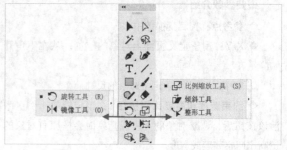

图4-78　　　　　　　　　　图4-79

4.4 对象的变换

在绘制图稿时，往往会存在我们绘制的图形大小、角度等与预期不一致的问题，这时候就需要对这些图像进行移动、缩放和旋转等变换操作。变换操作时，不仅可以通过拖动的方式进行变换，而且可以打开相应的变换对话框，通过设置精确的参数值进行变换。变换操作主要有3种方式：第1种是使用工具变换，Illustrator提供了多种用于变换的工具，如图4-80所示；第2种是使用控制栏或"变换"面板进行变换，常常用于需要进行精确变换的情况；第3种是通过执行菜单命令进行变换，通常会在选中目标对象后单击鼠标右键，然后在弹出的快捷菜单中进行选择。

图4-80

本节工具介绍

工具名称	工具作用	重要程度
"变换"面板	精确地对图形进行变换操作	高
比例缩放工具	缩放对象	中
旋转工具	旋转对象	中
倾斜工具	使对象倾斜	中
镜像工具	对对象进行镜像操作	高

4.4.1 变换面板

▣ 视频云课堂：37 变换面板

"变换"面板用于对图形进行精确的移动、缩放、旋转和倾斜等变换操作，而且对图形进行过一次变换操作后，可以使用"再次变换"命令重复执行上一次的变换操作。这在对图形进行大量相同的变换操作时非常方便。

执行"窗口>变换"菜单命令可以显示或隐藏"变换"面板。"变换"面板如图4-81所示。在这里可以查看一个或多个选定对象的位置、大小和方向等信息，并且通过输入数值即可改变对象的位置、大小、旋转角度、倾斜角度或变换参考点、锁定对象宽高比例等。除此之外，我们需要特别注意"缩放圆角"与"缩放描边和效果"这两个选项，它们在实际工作中会经常应用到。单击该面板右上角的按钮，在弹出的面板菜单中选择相应的命令，可以进行更多的操作。

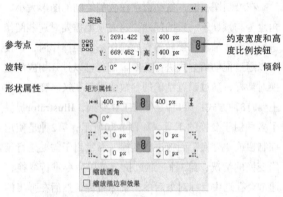

参考点

旋转

形状属性

约束宽度和高度比例按钮

倾斜

图4-81

重要参数介绍

◇ **参考点**：控制变换的中心。

◇ **X/Y**：用于定义页面上对象的位置，从左下角开始测量。

◇ **宽/高**：用于精确定义对象的尺寸。

◇ **约束宽度和高度比例按钮**：锁定缩放比例。激活该按钮后，调整对象的宽度或高度时会按原有对象的宽高比调整高度或宽度。

◇ **旋转**：按输入角度进行旋转，负值为顺时针旋转，正值为逆时针旋转。

◇ **倾斜**：使对象沿一条水平或垂直轴倾斜。

◇ **形状属性**：选中矩形、圆角矩形、椭圆和多边形等用形状工具绘制出的标准形状后，在"变换"面板中会显示与该形状对应的形状属性。形状不同，其所具有的形状属性（缩放、旋转除外）通常也不同，如矩形的

属性包括了缩放、旋转、圆角半径等，如图4-82所示。

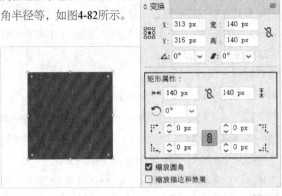

图4-82

◇ **缩放圆角**：按原有对象的比例缩放圆角半径。

◇ **缩放描边和效果**：按原有对象的比例缩放描边和效果。

▣ 技巧与提示

在"变换"面板的面板菜单中还可以设置变换的范围，如果选择了"仅变换图案"命令，那么只对图形中的图案填充进行处理，而不对图形进行变换；如果选择了"仅变换对象"命令，那么只对图形进行变换处理，而不对效果、图案填充等属性进行变换；如果选择了"变换两者"命令，那么会对图形中的图案填充和图形一起进行变换处理。

4.4.2 圆角变换

圆角变换是一项常用的变换操作，因为圆角的图形往往更加耐看、美观。在第3章中我们介绍了通过设置精确的参数值来进行圆角变换，这需要使用控制栏来进行操作。但是，在实际的工作中，"圆角半径"的取值通常无法事先精确获知，而是要通过多次的调试，并与整体的效果进行对比，才能得到合适的形状。因此在进行圆角变换时，我们通常会使用"直接选择工具" ▷选择图形的锚点，然后通过拖动圆角半径构件来切换不同效果的圆角，当预览到合适的效果时，松开鼠标即可，如图4-83所示。

图4-83

▣ 技巧与提示

如果拖动时没有显示圆角半径构件，可以执行"视图>显示圆角半径构件"菜单命令进行显示。

拖动进行圆角变换时，有时会显示红色的圆角效果，这表示当前圆角半径已经达到最大值，如图4-84所示。另外，勾选控制栏中的"圆角半径"选项，滚动鼠标滚轮也可以灵活地调整该数值。

图4-84

4.4.3 缩放对象

▶ 视频云课堂：38 缩放对象

当对象的大小不符合预期时，可对该对象进行缩放。在不需要精确缩放时，使用"选择工具" ▶缩放会更加高效。

1.使用选择工具缩放

使用"选择工具" ▶选中目标对象后，将鼠标指针放置在变换框的控制点上，待鼠标指针变成 ↙时拖动，当缩放到预期大小时松开鼠标即可完成缩放，如图4-85所示。在此过程中，按住Shift键并拖动可以进行等比例缩放，按住Alt键并拖动可以由对象中心向外进行缩放。

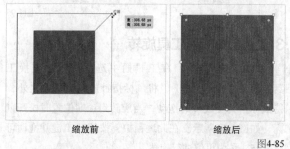

缩放前　　　　　　缩放后

图4-85

📝 技巧与提示

要缩放对象，使用"选择工具" ▶、"比例缩放工具" 🔲和"自由变换工具" 🔲都能够实现目的，通常情况下只要能够直接使用"选择工具" ▶进行的变换，我们都会优先使用"选择工具" ▶，因为这样会更加便捷。

2.使用比例缩放工具缩放

"比例缩放工具" 🔲可对图形进行任意的缩放。选中目标对象，然后在工具栏中选择"比例缩放工具" 🔲并在画面中拖动，将对象缩放到预期大小时松开鼠标即可，如图4-86所示。在此过程中，按住Shift键并在垂直方向上拖动可仅对对象高度进行缩放；按住Shift键并在水平方向上拖动可仅对对象的宽度进行缩放；向以45°

角为单位的方向上拖动可等比例缩放对象。另外，如果想更改变换中心进行缩放，可以按住Alt键拖动变换中心到预期位置后松开鼠标，再在打开的"比例缩放"对话框中设置相关参数。

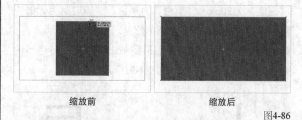

缩放前　　　　　　缩放后

图4-86

3.使用自由变换工具缩放

选中目标对象，然后在工具栏中选择"自由变换工具" 🔲（快捷键为E），将鼠标指针放置在变换框的控制点上，待鼠标指针变成 ↙时拖动，当缩放到预期大小时松开鼠标即可完成缩放，如图4-87所示。在此过程中，按住Shift键并拖动可等比例进行缩放，按住Alt键并拖动可由对象中心向外进行缩放。

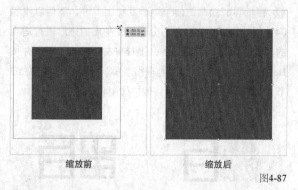

缩放前　　　　　　缩放后

图4-87

📖 课堂案例

通过变换对象设计字体

素材位置	无
实例位置	实例文件>CH04>课堂案例：通过变换对象设计字体
教学视频	课堂案例：通过变换对象设计字体.mp4
学习目标	掌握缩放对象的方法、对齐对象的方法

本例的最终效果如图4-88所示。

01 新建一个800px×600px的画板，然后使用"矩形工具" 🔲绘制一个矩形，并设置"宽度"为800px、"高度"为600px、"填色"为浅灰色（R:232，G:232，B:232）、"描边"为无，如图4-89所示。

图4-88　　　　　　　　　　图4-89

02 使用"矩形工具"■在画板中绘制一个矩形，并设置"宽度"为30px、"高度"为250px、"填色"为黑色、"描边"为无，然后将其放置在合适的位置，接着再次使用"矩形工具"■绘制一个"宽度"为210px、"高度"为20px、"填色"为黑色、"描边"为无的矩形，同样也将其放置在合适的位置，如图4-90所示。

03 将步骤02绘制的两个矩形复制出多份并进行适当的变换，制作出"白"字，如图4-91所示。

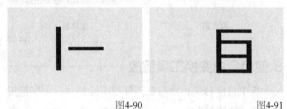

图4-90   图4-91

04 使用"矩形工具"■沿"白"字周围绘制一个与其大小相同的矩形，同时设置"填色"为红色（R:239，G:94，B:94）、"描边"为无，接着将这个矩形移动到"白"字的左侧并进行"锁定"🔒，如图4-92所示。

05 将步骤02绘制的两个矩形复制出多份，然后以步骤04绘制的矩形作为参考，分别对复制出的矩形进行适当的变换，制作出"留"字，接着将左侧的矩形解锁并按Delete键删除，同时适当地调整"留"字和"白"字的细节，完成案例的制作，最终效果如图4-93所示。

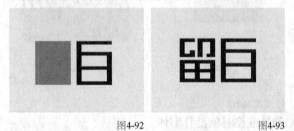

图4-92   图4-93

4.4.4 旋转对象

📹 视频云课堂：39 旋转对象

旋转对象是以对象的中心点为轴心进行旋转。当对象的角度不符合预期时，即可对该对象进行旋转。在实际工作中，除了改变对象角度的旋转操作外，还常常需要进行改变变换中心的旋转操作。

1.使用选择工具旋转

使用"选择工具"▶选中目标对象，然后将鼠标指针放置在对象之外，待鼠标指针变成↰时拖动，当旋转到预期位置时松开鼠标即可，如图4-94所示。在此过程中，按住Shift键并拖动，可以以45°角为单位进行旋转。

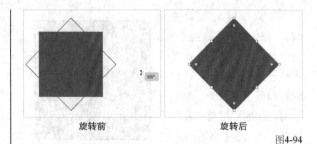

旋转前   旋转后

图4-94

2.使用旋转工具旋转

选中目标对象，在工具栏中选择"旋转工具"⟳（快捷键为R），然后在画面中拖动，待对象旋转到预期位置时松开鼠标，如图4-95所示。在此过程中，按住Shift键并拖动可以以45°角为单位进行旋转；如果想更改变换中心进行旋转，可以按住Alt键拖动变换中心到预期位置后松开鼠标，再在弹出的"旋转"对话框中设置相关参数。

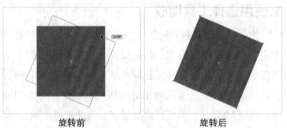

旋转前   旋转后

图4-95

3.使用自由变换工具旋转

选中目标对象，在工具栏中选择"自由变换工具"⤢（快捷键为E），将鼠标指针放置在对象之外，待鼠标指针变成↰时拖动，当旋转到预期位置时松开鼠标，如图4-96所示。在此过程中，按住Shift键并拖动可以以45°角为单位进行旋转。

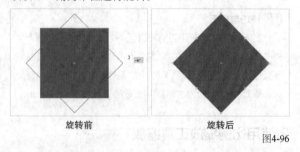

旋转前   旋转后

图4-96

4.4.5 倾斜对象

📹 视频云课堂：40 倾斜对象

在设计字体的过程中，有时为了突显字体的个性，我们可能会对设计出的字体进行倾斜变换。

1.使用倾斜工具倾斜 ·················

"倾斜工具" 🔗可以将所选对象沿水平方向或垂直方向进行倾斜处理，也可以按照特定角度的轴向倾斜对象。选中目标对象，在工具栏中选择"倾斜工具" 🔗，然后在画面中拖动，待倾斜到预期角度时松开鼠标即可，如图4-97所示。在此过程中，按住Shift键并拖动可以保持对象的高度或宽度；如果想要更改变换中心进行倾斜，可以按住Alt键拖动变换中心到预期位置后松开鼠标，再在弹出的"倾斜"对话框中设置相关参数。

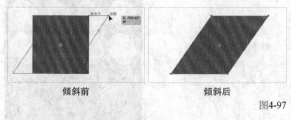

倾斜前   倾斜后

图4-97

2.使用自由变换工具倾斜 ········

选中目标对象，然后在工具栏中选择"自由变换工具" 🔗（快捷键为E），将鼠标指针放置在变换框的控制点上，待鼠标指针变成 ↔ 状时拖动，当倾斜到预期角度时松开鼠标即可，如图4-98所示。在此过程中，按住Shift键并拖动可以保持对象的高度或宽度。

倾斜前   倾斜后

图4-98

📖 课堂案例

通过旋转制作图案

素材位置	无
实例位置	实例文件>CH04>课堂案例：通过旋转制作图案
教学视频	课堂案例：通过旋转制作图案.mp4
学习目标	掌握旋转对象的方法

本例的最终效果如图4-99所示。

图4-99

01▶ 新建一个尺寸为210mm×297mm的画板，然后使用"矩形工具" 🔲在画板中绘制一个矩形，并设置"宽度"为210mm、"高度"为297mm、"填色"为深蓝色（R:27，G:40，B:80）、"描边"为无，如图4-100所示。

02▶ 使用"椭圆工具" 🔵在画板中绘制一个椭圆，并设置"宽度"为30mm、"高度"为45mm、"填色"为蓝色（R:62，G:189，B:224）、"描边"为无，如图4-101所示。

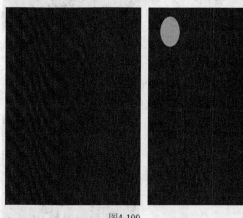

图4-100   图4-101

03▶ 选中步骤02中绘制的图形，在"变换"面板中设置"旋转"为315°，参数及效果如图4-102所示。

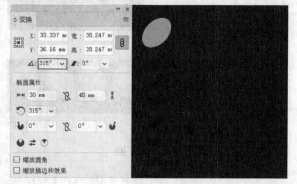

图4-102

📝 技巧与提示

除了通过"变换"面板对对象进行旋转外，使用"旋转工具" ⭕也是不错的方法，读者可以尝试操作。

04▶ 按住Alt键移动复制步骤03创建的图形，并设置"填色"为红色（R:223，G:110，B:130），如图4-103所示。

05▶ 按住Alt键移动复制步骤04创建的图形，并设置"填色"为黄色（R:236，G:196，B:102），如图4-104所示。

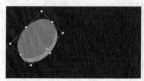   

图4-103   图4-104

06 选中所有的椭圆并进行"水平居中分布" ⊞ 和"垂直居中分布" ≡，然后将它们进行编组，如图4-105所示。

图4-105

07 执行"对象>变换>移动"菜单命令，在弹出的"移动"对话框中设置"水平"为50mm、"垂直"为0mm，单击"复制"按钮 复制(C) 将图形进行复制，如图4-106所示。

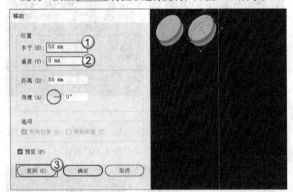

图4-106

08 按快捷键Ctrl+D执行"再次变换"命令，然后再次执行该命令，效果如图4-107所示。

图4-107

知识点：再次变换和分别变换

当完成移动、缩放、旋转、倾斜和镜像等变换操作后，可以执行"对象>变换>再次变换"菜单命令（快捷键为Ctrl+D）进行再次变换。除此之外，如果想一次变换多个对象，那么可以执行"对象>变换>分别变换"菜单命令（快捷键为Ctrl+Shift+Alt+D），然后在"分别变换"对话框中设置相关参数即可，如图4-108所示。

图4-108

在"分别变换"对话框中，如果想进行镜像变换，可以在"选项"选项组中勾选"对称X"或"对称Y"选项；如果想让变换具有随机性，可以在"选项"选项组中勾选"随机"选项。

09 选中所有椭圆并编组，然后执行"对象>变换>移动"菜单命令，在弹出的"移动"对话框中设置"水平"为0mm、"垂直"为60mm，单击"复制"按钮 复制(C) 对图形编组进行复制，参数及效果如图4-109所示。

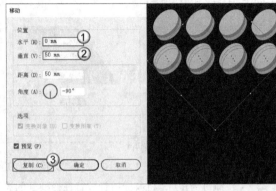

图4-109

10 通过按快捷键Ctrl+D执行"再次变换"命令4次，效果如图4-110所示。

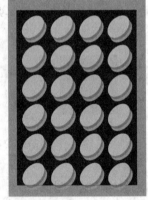

图4-110

11 选中所有的椭圆编组并再次进行编组，然后将该编组图形进行适当的放大，如图4-111所示。

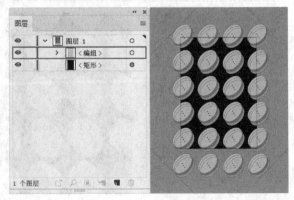

图4-111

⑫ 按快捷键Ctrl + F将底层的矩形原位复制一份,并将复制得到的矩形置于最上层,如图4-112所示。

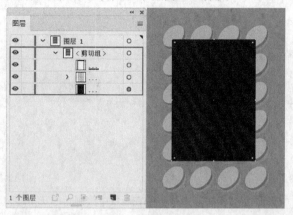

图4-112

⑬ 选中所有图形,执行"对象>剪切蒙版>建立"菜单命令建立剪切蒙版,完成案例的制作,最终效果如图4-113所示。

技巧与提示

"剪切蒙版"命令常用于剪切画面中不需要的部分,这里主要是将画板外的图形删除,它的具体用法将在第5章讲解。

图4-113

4.4.6 镜像对象

▶ 视频云课堂:41 镜像对象

对于一些具有对称性的图形,我们可以先绘制图形的一半,然后通过对这一半进行镜像变换来完成整个图形的绘制,也可用来对对象进行垂直或水平方向的翻转。

1.使用镜像工具

使用"镜像工具" 能够绕一条不可见的轴来翻转对象。选中目标对象,然后在工具栏中选择"镜像工具" (快捷键为O),在预期位置单击指定第1个位于对称轴上的点,再次单击指定第2个位于对称轴上的点,这时即可将对象沿这条不可见的对称轴进行镜像变换,如图4-114所示。在此过程中,如果想在进行镜像变换的同时复制对象,可以在指定第2个位于对称轴上的点时按住Alt键。

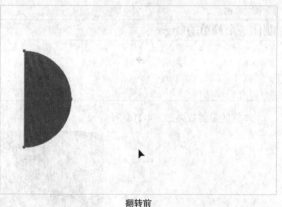

翻转前

翻转后

图4-114

2.执行菜单命令

选中目标对象,执行"对象>变换>镜像"菜单命令,在弹出的"镜像"对话框中设置相关参数即可完成镜像变换,如图4-115所示。"镜像"对话框的使用频率非常高,因为我们常常需要精确地设置镜像的角度和镜像轴的位置。

图4-115

重要参数介绍

◇ 水平:进行水平方向的翻转。

◇ 垂直:进行垂直方向的翻转。

◇ 角度:自定义轴的角度。

🖥 课堂案例

制作一个简单的Logo

素材位置	素材文件>CH04>课堂案例：制作一个简单的Logo
实例位置	实例文件>CH04>课堂案例：制作一个简单的Logo
教学视频	课堂案例：制作一个简单的Logo.mp4
学习目标	掌握镜像对象的方法

本例的最终效果如图4-116所示。

图4-116

01 新建一个尺寸为800px×600px的画板，然后使用"矩形工具" ▣ 在画板中绘制一个矩形，并设置"宽度"为800px、"高度"为600px、"填色"为浅灰色（R:242，G:242，B:242）、"描边"为无，如图4-117所示。

02 使用"矩形工具" ▣ 在画板中绘制一个矩形，并设置"宽度"为100px、高度"为100px、"填色"为蓝色（R:0，G:119，B:255）、"描边"为无，如图4-118所示。

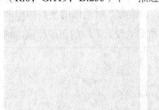

图4-117

图4-118

03 使用"直接选择工具" ▷ 选中步骤02中绘制的矩形除右下方的其他3个锚点，然后在控制栏中设置"圆角半径"为50px，效果如图4-119所示。

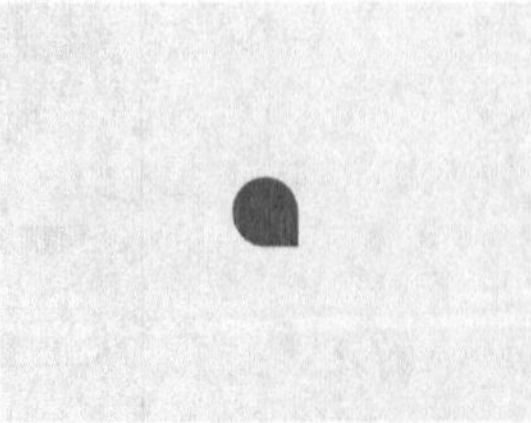

图4-119

04 选中步骤03创建的图形并单击鼠标右键，然后选择"变换>镜像"命令进行镜像变换，在弹出的"镜像"对话框中选中"垂直"选项，然后单击"复制"按钮 复制(C) 完成设置，接着将变换得到的图形移动到步骤

03的图形旁，并设置"填色"为浅蓝色（R:0，G:193，B:253），如图4-120所示。

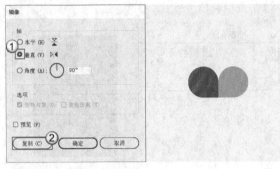

图4-120

05 使用"多边形工具" ⬡ 在画板中绘制一个三角形，并设置"半径"为80px、"边数"为3、"填色"为黄色（R:0，G:193，B:253），然后将其旋转180°并移动到步骤04创建的图形的下方，接着使用"直接选择工具" ▷ 选中最下方的锚点，并在控制栏中设置"圆角半径"为40px，效果如图4-121所示。

06 选中绘制完成的图形并进行编组，执行"文件>置入"菜单命令，置入素材"素材文件>CH04>课堂案例：制作一个简单的Logo>Vector字体.png、背景.png"，然后对素材进行变换，完成案例的制作，最终效果如图4-122所示。

图4-121 　　　　　　　　　图4-122

📖 课堂练习

使用基础图形制作海报

素材位置	素材文件>CH04>课堂练习：使用基础图形制作海报
实例位置	实例文件>CH04>课堂练习：使用基础图形制作海报
教学视频	课堂练习：使用基础图形制作海报.mp4
学习目标	掌握旋转对象的方法、对齐和分布对象的方法

本例的最终效果如图4-123所示。

图4-123

01 新建一个尺寸为600px×300px的画板，然后使用"矩形工具" ▣ 在画板中绘制一个矩形，并设置"宽度"为600px、"高度"为300px、"填色"为黑灰色（R:30，G:30，B:35）、"描边"为无，如图4-124所示。

02 使用"矩形工具" ▣ 绘制一个正方形，并设置"宽度"和"高度"均为200px、"填色"为紫色（R:100，G:67，B:239）、"描边"为无，如图4-125所示。

图4-124　　　　　　　　　　　图4-125

03 使用"矩形工具" ▣ 在画板中绘制一个矩形，并设置"宽度"为300px、"高度"为30px、"填色"为紫色（R:100，G:67，B:239）、"描边"为无，如图4-126所示。

图4-126

04 按住Alt键移动复制步骤03创建的矩形，并将其复制出3份，然后选中原有的矩形和复制得到的矩形进行"水平居中对齐" ▣ 和"垂直居中分布" ≡，最后将这些矩形进行编组，如图4-127所示。

图4-127

05 将步骤04中的编组旋转45°，然后将其与步骤02创建的图形进行"水平居中对齐" ▣ 和"垂直居中对齐" ▣，如图4-128所示。

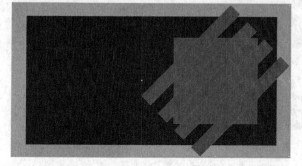

图4-128

06 选中步骤05创建的图形，执行"窗口>路径查找器"菜单命令，在打开的"路径查找器"面板中应用"减去顶层" ▣ 形状模式，如图4-129所示。

图4-129

技巧与提示

"路径查找器"的具体用法将在第5章讲解，这里主要是用于剪切形状。

07 打开"素材文件>CH04>课堂练习：使用基础图形制作海报>图形海报文字.ai"，并将该文档中的文字复制到当前文档中，然后放置在图4-130所示的位置，完成案例的制作。

图4-130

4.5 本章小结

本章主要介绍了多种对象管理和编辑的方法，在具体应用时我们需要注意选择合适的方法，因为针对同样的操作可能有多种方法，但选择最合适、便捷的方法能够节省大量时间和精力。

在介绍对象的选择时，讲解了各种选择工具的用法。除了常用的"选择工具" ▶ 和"直接选择工具" ▷，还有一些选择操作，必须通过特殊命令才能完成。这样尽管操作起来相对烦琐，但是就整个图形绘制过程而言，这一点牺牲是值得的，而且我们可以对已经选择的对象进行存储，以提高工作效率。

在介绍对象的管理时，主要介绍了"图层"面板。"图层"面板具有大部分对象管理方面的功能，甚至对于某些操作，只有在"图层"面板中才能够进行，因此我们需要重点掌握"图层"面板的用法。

在介绍对象的对齐与分布时，讲解了通过控制栏和"对齐"面板对对象进行对齐与分布的方法。此外我们还可以在"属性"面板中对对象进行对齐与分布，其操作方法与在"对齐"面板中的操作方法是一致的。

在介绍对象的变换时，详细讲解了移动、缩放、旋转、倾斜和镜像等变换操作的方法，每一种变换都有多种实现方式，因此我们要根据实际情况进行选择。

4.6 课后习题

本节安排了两个课后习题供读者练习，这两个习题综合了本章知识。如果读者在练习时有疑问，可以一边观看教学视频，一边学习如何管理与编辑对象。

4.6.1 制作"西西里"文字

素材位置	无
实例位置	实例文件>CH04>课后习题：制作"西西里"文字
教学视频	课后习题：制作"西西里"文字
学习目标	熟练掌握缩放对象的方法

本例的最终效果如图4-131所示。

图4-131

4.6.2 制作标志辅助图形

素材位置	素材文件>CH04>课后习题：制作标志辅助图形
实例位置	实例文件>CH04>课后习题：制作标志辅助图形
教学视频	课堂习题：制作标志辅助图形.mp4
学习目标	掌握图形的绘制，以及变换对象的方法

本例的最终效果如图4-132所示。

图4-132

第 5 章

复杂图形的绘制

掌握了基本图形的绘制方法还不够，因为这些知识只是用来绘制一些较为规则的图形的，在绘制一些不规则的图形时就要用到一些复杂的绘图技法。本章将会介绍填色、描边和绘图模式等有关绘图的基础知识，还将介绍编辑路径的方法，其中涉及各种绘图工具的使用。读者在学习的过程中需要区分各个工具在使用方法上的异同，以便更快、更准确地绘制出所需路径。当掌握了更为复杂的合并路径及图像描摹等操作后，我们就能轻易地绘制出各种图稿了。

课堂学习目标

◇ 了解绘图的基础知识

◇ 掌握绘制及编辑路径的方法

◇ 掌握图像描摹的方法

5.1 绘图基础知识

在正式介绍绘图技法之前，我们首先需要弄清楚怎样给对象应用填色和描边，其中包括指定、互换和删除填色和描边等知识，其次我们还需要理解不同绘图模式的应用场景及剪切蒙版的用法，合理地选择绘图模式可以有效简化绘图过程中的操作步骤。

本节工具介绍

工具名称	工具作用	重要程度
标准颜色控制器	设置基本外观属性	高
"颜色"面板	设置基本外观属性	中
"色板"面板	设置基本外观属性	中
"描边"面板	设置描边属性	中
绘图模式	切换不同的绘图模式	中

5.1.1 对象的基本外观属性

▣ 视频云课堂：42 对象的基本外观属性

"填色"和"描边"都可以指定以纯色、渐变和图案进行填充，此外通过"描边"还可以调整描边宽度及指定画笔描边。对于画笔描边、渐变和图案等复杂外观的应用方法，后面将会进行详细的介绍。

1.指定填充或描边的颜色 ……………………

在Illustrator中绘制的每一个对象都具有填色和描边两种基本的外观属性，如图5-1所示。

填色

描边

图5-1

⊙ **详解"标准颜色控制器"**

第3章提到过"标准颜色控制器"，通过该控件我们可以对图稿进行填充和描边，使一些通过基本绘图工具制作的图形具有可见的外观属性。当然除了填充和描边等基础的用法外，我们还可以通过"标准颜色控制器"来改变填充方式（即纯色、渐变色）或去除填充、描边，以赋予图形丰富的外观。"标准颜色控制器"位于工具栏的底部，如图5-2所示。

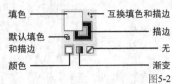

图5-2

填色　互换填色和描边
默认填色和描边　描边
颜色　无
　渐变

重要参数介绍

◇ **填色：** 双击该方框，可使用拾色器来选择填充颜色。

◇ **描边：** 双击该方框，可使用拾色器来选择描边颜色。

◇ **互换填色和描边：** 单击 ↰ 按钮，可以在填充和描边之间互换颜色（快捷键为X）。

◇ **默认填色和描边：** 单击 ⬒ 按钮，可以恢复默认颜色设置，即白色填充和黑色描边（快捷键为D）。

◇ **颜色：** 单击 □ 按钮，可以将上次选择的纯色应用于具有渐变填充或者没有描边或填充的对象，如图5-3所示。

◇ **渐变：** 单击 ▩ 按钮，可以将当前选择的填充更改为上次选择的渐变，如图5-4所示。

◇ **无：** 单击 ⊘ 按钮，可以删除选定对象的填充或描边，如图5-5所示。

图5-3 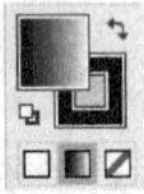　　图5-4 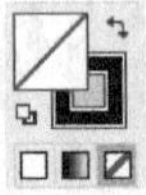　　图5-5

⊙ **使用"颜色"面板**

除了可以使用"标准颜色控制器"来选择颜色外，"颜色"面板也具有选择颜色的功能，执行"窗口>颜色"菜单命令即可显示或隐藏"颜色"面板。"颜色"面板如图5-6所示。选中图形对象，在"颜色"面板中单击"填色"方框或"描边"方框以确定更改的是填充还是描边，然后调整滑块指定一种想要的颜色即可。单击该面板右上角的 ≡ 按钮，在弹出的菜单中执行相应的命令，可以进行更多的操作。

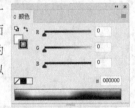

图5-6

📝 **技巧与提示**

在"颜色"面板的面板菜单中可以更改颜色模式或对选取的颜色进行反相操作或设置互补色，如图5-7所示。若"颜色"面板中未能显示详细的参数，则只需在面板菜单中选择"显示选项"命令即可。

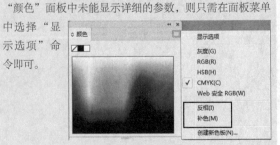

图5-7

⊙ 使用"色板"面板

使用"色板"面板选择颜色的方法非常简单，选中图形对象，在"色板"面板中单击"填色"方框或"描边"方框以确定是更改填充还是描边，然后选择一种想要的颜色即可。执行"窗口>色板"菜单命令可以显示或隐藏"色板"面板。"色板"面板如图5-8所示。

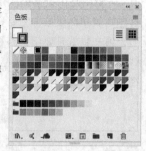

图5-8

2.为对象应用描边 ·············

为对象应用描边会用到"描边"面板，执行"窗口>描边"菜单命令可以显示或隐藏"描边"面板。"描边"面板如图5-9所示。通过"描边"面板，我们能够对描边的宽度、对齐方式、端点样式及连接形式进行调整，此外还可以将描边指定为虚线或箭头。

图5-9

重要参数介绍

◇ 端点：调整描边的端点样式，有"平头端点"、"圆头端点"和"方头端点"3种。

◇ 边角：调整描边的连接形式，有"斜接连接"、"圆角连接"和"斜角连接"3种。

◇ 对齐描边：调整描边的对齐方式，有"使描边居中对齐"、"使描边内侧对齐"和"使描边外侧对齐"3种。

◇ 虚线：将描边指定为虚线，其中创建虚线的方式有"保留虚线和间隙的精确长度"和"使虚线与边角和路径终端对齐，并调整到适合长度"两种，两者的区别在于是否会将虚线与路径的终端对齐。

◇ 箭头：将描边指定为箭头。

◇ 配置文件：调整描边的宽度，如图5-10所示。当想要为对象应用相同宽度的描边并对宽度做出调整时，可以先选中图形对象，然后选择"等比"选项，接着设置"粗细"数值即可；当想要为对象应用不同宽度的描

边并对整体宽度做出调整时，可以先选中图形对象，然后选择一种非等比的配置文件，接着设置"粗细"数值即可。

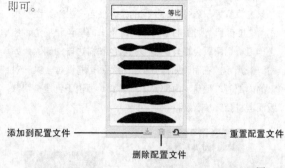

添加到配置文件　　　　　　重置配置文件

删除配置文件

图5-10

📝 技巧与提示

选择工具栏中的"宽度工具"（快捷键为Shift+W）后在对象的描边上拖动，也可以为对象应用不同宽度的描边，在"配置文件"子面板中单击"添加到配置文件"按钮可将该设置进行保存。

5.1.2 绘图模式

▶ 视频云课堂：43 绘图模式

"标准颜色控制器"的下方就是绘图模式切换按钮，如图5-11所示，有"正常绘图"、"背面绘图"和"内部绘图"3种方式。在工具栏中单击相应的绘图模式按钮（快捷键为Shift+D）即可对绘图模式进行更改。默认状态下使用的是"正常绘图"模式，如果在"背面绘图"模式下选中了对象，那么绘制的新图形将位于该对象的下一层，如果没有选中任何对象，那么绘制的新图形将位于当前图层的最下层；在"内部绘图"模式下，我们能够在选中的对象内部绘制新的图形，如图5-12所示。

图5-11

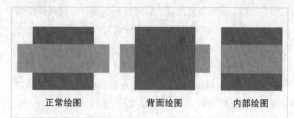

正常绘图　　　　背面绘图　　　　内部绘图

图5-12

📝 技巧与提示

"内部绘图"模式只有在选中对象的前提下才能够启用。

知识点：剪切蒙版

剪切蒙版与"内部绘图"模式的作用相似，即用一个对象去裁剪另一个对象。不同的是，使用"内部绘图"模式◉能够保留剪切图形（选中的对象）的填色和描边，但是创建剪切蒙版会将剪切图形的填色和描边自动删除，如图5-13所示。在明确知道我们绘制的图形将要位于某一对象的内部时，使用"内部绘图"模式◉相较于创建剪切蒙版而言将会更加高效。

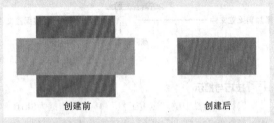

创建前　　　　　　创建后

图5-13

如果想要创建剪切蒙版，那么可以先将剪切图形放置在被剪切图形的上层，如图5-14所示，然后执行"对象>剪切蒙版>建立"菜单命令（快捷键为Ctrl+7）。另外，在"图层"面板中也可以创建剪切蒙版，同样需要将剪切图形放置在被剪切图形的上层，同时还需要将它们进行编组或置于同一图层中，然后选中组或图层并单击"建立/释放剪切蒙版"按钮◙即可，如图5-15所示。

图5-14

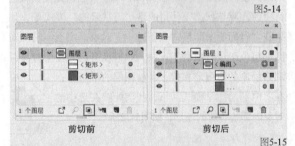

剪切前　　　　　　剪切后

图5-15

当剪切蒙版创建完成后，可以通过多种方式对剪切蒙版进行编辑。第1种方式是双击剪切蒙版进入隔离模式进行编辑，这一种方式相对来说比较便捷；第2种方式是使用"图层"面板进行编辑，这种方式常用于向剪切组内增加对象，只需将想要剪切的对象移动到剪切组即可；第3种方式是通过执行"对象>剪切蒙版>编辑内容"菜单命令对剪切蒙版进行编辑，但是这种方式很少使用。

如果想要将剪切蒙版进行释放，执行"对象>剪切蒙版>释放"菜单命令即可。另外，在"图层"面板中选定剪切组或图层后，再次单击"建立/释放剪切蒙版"按钮◙也可以完成剪切蒙版的释放。

5.2 绘制路径

矢量图是由数学公式定义的直线和曲线构成的，这些直线和曲线被称为路径，若要绘制较为复杂的图形，第一步就是要学会路径的绘制方法。工具栏中的"Shaper工具"组和"画笔工具"组都可以用于绘制路径，如图5-16所示。

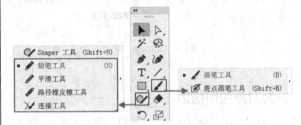

图5-16

本节工具介绍

工具名称	工具作用	重要程度
钢笔工具	绘制路径	高
曲率工具	绘制平滑路径	中
画笔工具	使用不同的画笔描边绘制路径	高
铅笔工具	像用铅笔绘图一样绘制路径	高
斑点画笔工具	绘制具有填色的闭合路径	中

5.2.1 钢笔工具

▣ 视频云课堂：44 钢笔工具

"钢笔工具" ✐是绘制路径的主要工具，因为相较于其他工具而言，它的可控性更好，例如在绘制路径的过程中，将鼠标指针放置在目标位置的同时还可以通过快捷键临时调用一些编辑路径的工具，可随时调整不符合预期的路径，这一点是其他绘制工具无法比拟的。

1.绘制直线路径 ·········

在工具栏中选择"钢笔工具" ✐（快捷键为P），在画板中通过单击指定第1个锚点，在其他位置处再次单击即可指定第2个锚点，完成一条直线的绘制，重复操作完成直线路径的绘制，如图5-17所示。

图5-17

在此过程中，按住Ctrl键可以临时调用"直接选择工具" ▷对锚点进行选择和移动；按住Shift键并再次指定锚点可以将直线路径的角度限制为45°的倍数；按住Ctrl键并单击路径之外的区域（或按Esc键）可以结束路径的绘制并保持路径为开放状态；在绘制过程中将鼠标指针移动到第1个锚点上，待鼠标指针变成 ◔.时单击，可以结束绘制并保持路径为闭合状态。

2.绘制曲线路径

在工具栏中选择"钢笔工具" ✐.（快捷键为P），在画板中拖动鼠标指定第1个锚点，这时锚点上会出现两个控制柄，控制柄决定了曲线路径的走向，当调整好控制柄的角度后，在其他位置处再次拖动鼠标即可指定第2个锚点，完成一条曲线的绘制，重复操作即可完成曲线路径的绘制，如图5-18所示。

图5-18

> 💬 技巧与提示
>
> "钢笔工具" ✐.既能够绘制开放路径，又能够绘制闭合路径。绘制曲线路径时尽量使用较少的锚点，这样更容易编辑曲线，并且系统可更快速地显示和打印它们。

5.2.2 曲率工具

"曲率工具" ✎ 的使用方法与钢笔工具类似，但是由"曲率工具" ✎ 绘制的路径更为平滑，并且灵活性也更高。不过在实际应用中，除了一些特殊的情况，一般很少使用"曲率工具" ✎ 绘制路径。在工具栏中选择"曲率工具" ✎ （快捷键为Shift + ~），分别在两个不同的位置指定两个锚点，这时移动鼠标可以控制路径的走向，当确定好路径的走向后，再次单击可以指定下一个锚点，重复操作即可完成路径的绘制，如图5-19所示。

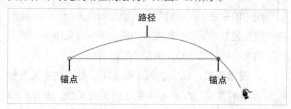

图5-19

在此过程中，将鼠标指针放置在锚点上可以移动锚点；双击或按住Alt键并指定下一个锚点，能够绘制出一条直线；按住Ctrl键并单击路径之外的区域（或按Esc键）可以结束绘制并保持路径为开放状态；在绘制过程中将鼠标指针放置在第1个锚点上，待鼠标指针变成 ◔.时单击，可以结束绘制并保持路径为闭合状态。

5.2.3 画笔工具

🎬 视频云课堂：45 画笔工具

由"画笔工具" ✐ 绘制的路径较为随机，因此如果我们不具备绘画功底，那么绘制出的路径往往不尽如人意。不过"画笔工具" ✐ 的作用并不表现在绘制路径这一方面，其主要作用在于我们可以指定不同的画笔描边，使绘制的路径具有不同的描边效果。另外，当我们使用其他工具绘制路径后，也可以为这些路径指定画笔描边。

1."画笔"面板

在使用"画笔工具" ✐ 之前，我们要先指定一个画笔描边，因此需要在"画笔"面板中选择一个预设的或自定义的描边效果，执行"窗口>画笔"菜单命令可以显示或隐藏"画笔"面板，如图5-20所示。除了应用一个画笔样式外，我们还能在该面板中完成画笔的新建、复制、存储和导入等多项操作。单击该面板右上角的 ≡ 按钮，在弹出的菜单中执行相应的命令，可以进行更多的操作。

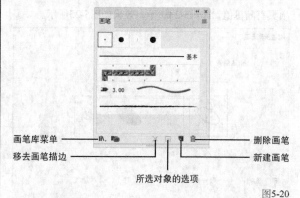

图5-20

重要参数介绍

◇ **画笔库菜单** ⊪.：存放了一些预设的画笔。除此之外，还可以进行画笔的存储和导入。选择"保存画笔"选项，然后选择保存的路径即可存储画笔；选择"其他库"选项，按路径找到存放的画笔即可完成画笔的导入，如图5-21所示。

图5-21

◇ **移去画笔描边** ✕：移除某一个画笔描边。

⊙ **新建画笔**

如果预设的画笔不适用于我们的图稿，那么我们就需要对其自定义或从外部导入。这里先掌握如何对画笔进行自定义，也就是新建画笔。选中想要创建为画笔的图稿（矢量图或者位图），然后将其拖动到"画笔"面板中，如图5-22所示。此时会弹出"新建画笔"对话框，如图5-23所示，其中画笔的类型一共有"书法画笔""散点画笔""图案画笔""毛刷画笔"和"艺术画笔"5种，根据实际需要选择预期的画笔类型进行创建即可。在"画笔"面板中单击"新建画笔"按钮 ▣ 也可以打开"新建画笔"对话框。

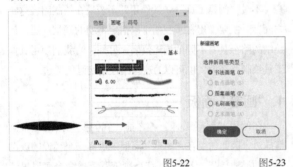

图5-22   图5-23

重要参数介绍

◇ **书法画笔**：在"书法画笔选项"对话框中设置书法画笔选项。在此过程中，可以在各个选项后方的下拉列表中选择"随机"选项并调整"变量"值，使各个选项具有随机值，如图5-24所示，效果如图5-25所示。

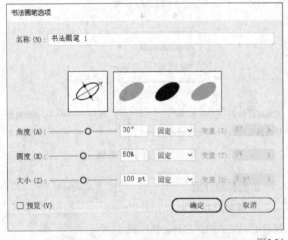

图5-24

图5-25

◇ **散点画笔**：在"散点画笔选项"对话框中设置和散点画笔的大小、间距、分布等相关的属性，如图5-26所示，效果如图5-27所示。

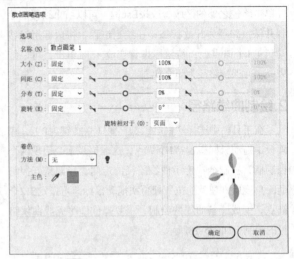

图5-26

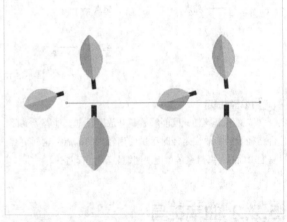

图5-27

» **着色**：指定该画笔描边被指定到路径上时使用的着色方法。当指定为画笔的图稿是位图时，"着色"选项不起作用。如果选择"色调"选项，那么将保留图稿中的白色，图稿中的黑色和其他颜色会用当前描边颜色和当前描边颜色的淡色进行着色；如果选择"淡色和暗色"选项，那么将保留图稿中的白色和黑色，图稿中其他颜色会用当前描边颜色的淡色或暗色进行着色；如果选择"色相转换"选项，那么将保留图稿中的黑色、灰色和白色，图稿中使用的主色的区域会用当前描边颜色进行着色，而图稿中的其他颜色则按照图稿中的主色与这些颜色的关系使用和当前描边颜色相关的颜色进行着色。

◇ **图案画笔**：在"图案画笔选项"对话框中设置和图案画笔的方向、颜色和间距等相关的属性，如图5-28所示，效果如图5-29所示。

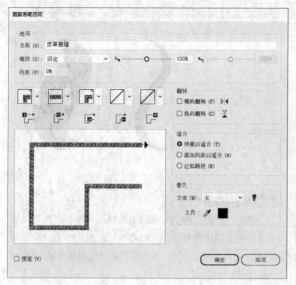

图5-28

图5-29

» 适合：指定适合画笔描边路径的方式。如果选择"伸展以适合"选项，那么会对图案拼贴（第6章将详细介绍）进行拉伸来适合路径的长度；如果选择"添加间距以适合"选项，那么会在图案拼贴之间添加空白间隔来适合路径的长度；如果选择"近似路径"选项，那么会将图案拼贴向内侧或外侧偏移来适合路径的长度。

◇ 毛刷画笔：在"毛刷画笔选项"对话框中设置和毛刷画笔的形状、尺寸和硬度等相关的属性，如图5-30所示，效果如图5-31所示。

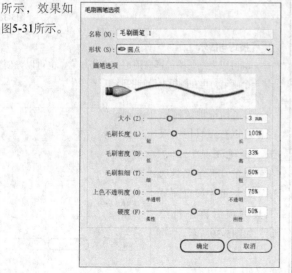

图5-30

图5-31

◇ 艺术画笔：在"艺术画笔选项"对话框中设置和艺术画笔的宽度、比例等相关的属性，如图5-32所示，效果如图5-33所示。

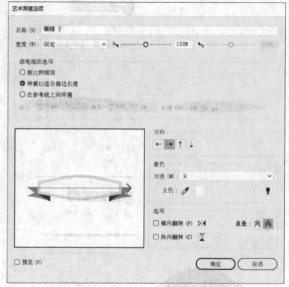

图5-32

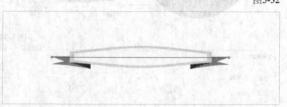

图5-33

» 画笔缩放选项：指定缩放方式来缩放图稿，以适应画笔描边路径的长度。如果选择"按比例缩放"选项，那么会等比例缩放图稿来适应路径的长度；如果选择"伸展以适合描边长度"选项，那么会对图稿进行拉伸来适应路径的长度；如果选择"在参考线之间伸展"选项，那么仅对指定区域的图稿进行拉伸来适应路径的长度。

» 方向：指定图稿相对于画笔描边路径的方向。

📝 **技巧与提示**

新建画笔后，在"画笔"面板中双击某一个画笔即可打开相应的画笔选项对话框，可对其中的参数进行重设。另外，选中想要设置画笔选项的画笔，然后在"画笔"面板的面板菜单中选择"画笔选项"命令也可以进行同样的操作。

⊙ **修改画笔**

如果想要对画笔进行修改，那么可以将画笔从"画笔"面板拖动到画板上，然后对其进行修改，接着按住Alt键并将修改后的画笔重新拖动到"画笔"面板中的原有画笔之上，将原有画笔进行覆盖，如图5-34所示，待设置好相应的画笔选项后即可完成修改，如图5-35所示。

应用到之前使用该画笔绘制的路径上，如图5-36所示。

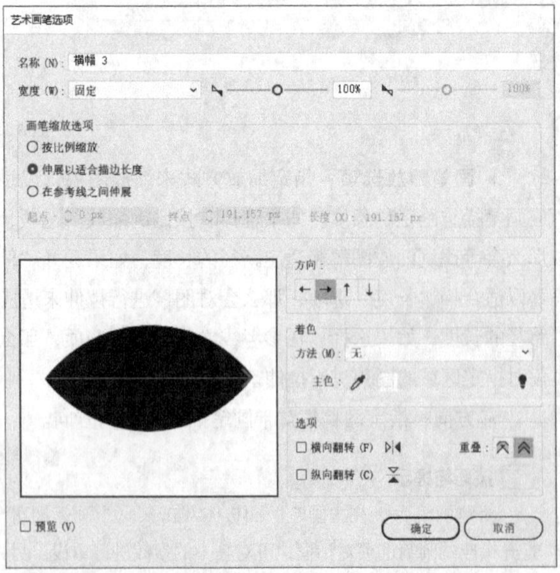

图5-36

📝 **技巧与提示**

如果只想修改特定对象画笔的描边效果，那么可以选中具有画笔描边的对象，在"画笔"面板中单击"所选对象的选项"按钮 ▥ 或在"画笔"面板的面板菜单中选择"所选对象的选项"命令即可。

2.绘制路径 ······························

在工具栏中单击"画笔工具" ✐（快捷键为B），然后在控制栏或"画笔"面板中单击某一画笔描边，这时如果想绘制直线，按住Shift键并拖动即可绘制直线，且能将直线的角度限制为45°的倍数，如图5-37所示；如果要绘制曲线，直接拖动即可进行绘制，如图5-38所示。在此过程中，按住Alt键，待鼠标指针变成 ✐ 时松开鼠标左键可以使路径保持闭合状态。

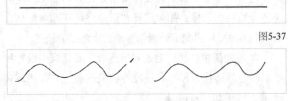

图5-37

图5-38

📝 **技巧与提示**

既可以先绘制路径再应用定义的新画笔，也可以先创建一个画笔，再在画板上绘制图形。

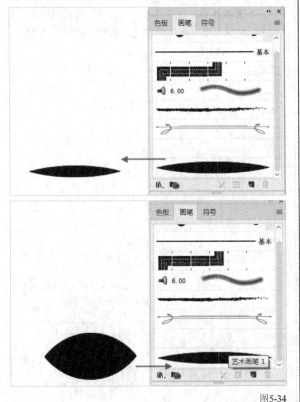

图5-34

图5-35

为了精准地绘制路径，可以在工具栏中双击"画笔工具" ✐，在弹出的"画笔工具选项"对话框中设置画笔工具选项后再进行绘制，如图5-39所示。

图5-39

当修改完成后，我们还可以决定是否将修改后的画笔

重要参数介绍

◇ **保真度**：控制使用画笔工具绘制出的路径的平滑度，如果将其调至左端，那么这时绘制的路径会较为粗糙；如果将其调至右端，那么这时绘制的路径会较为平滑。

◇ **填充新画笔描边**：决定是否对使用画笔工具绘制的路径进行填色。

◇ **保持选定**：控制使用画笔工具绘制出的路径是否处于选中状态。

◇ **编辑所选路径**：控制能否使用画笔工具对绘制出的路径进行编辑。当选中该选项后，调整"范围"滑块可控制编辑的路径与鼠标指针之间的最大距离。

🖵 课堂案例

使用画笔描边制作连续纹样

素材位置	素材文件>CH05>课堂案例：使用画笔描边制作连续纹样
实例位置	实例文件>CH05>课堂案例：使用画笔描边制作连续纹样
教学视频	课堂案例：使用画笔描边制作连续纹样.mp4
学习目标	掌握画笔描边的应用

本例的最终效果如图5-40所示。

图5-40

01 新建一个尺寸为1000px×1000px的画板，然后使用"钢笔工具" ✎ 在画板中绘制一条垂直的直线路径，如图5-41所示。

图5-41

02 选中步骤1中创建的路径并执行"对象>变换>移动"菜单命令，在弹出的"移动"对话框中设置"水平"为40px、"垂直"为0px，单击"复制"按钮 将路径进行复制，然后按快捷键Ctrl+D执行"再次变换"命令，并连续操作9次复制出9条路径，如图5-42所示。

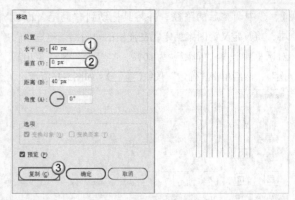

图5-42

03 选中步骤02创建的直线路径并对它们进行编组，然后双击"旋转工具" ↻，在弹出的"旋转"对话框中设置"角度"为90°，单击"复制"按钮 ，将编组的图形进行旋转复制，如图5-43所示。

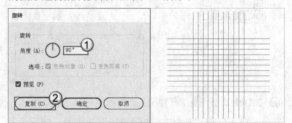

图5-43

04 选中步骤03中创建完成的路径，执行"视图>参考线>建立参考线"菜单命令将它们创建为参考线，然后执行"视图>参考线>锁定参考线"命令，接着使用"钢笔工具" ✎ 并根据参考线绘制如图5-44所示的路径，同时设置"填色"为无、"描边粗细"为6pt，完成纹样的绘制。

图5-44

05 执行"视图>参考线>隐藏参考线"菜单命令隐藏画板中所有的参考线，然后选中步骤04绘制的路径，在"变换"面板中设置"宽度"为80px，如图5-45所示。

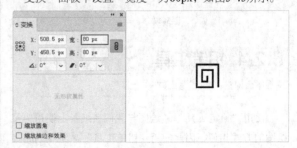

图5-45

06 选中调整后的路径，并将其拖动到"画笔"面板中，将其定义为图案画笔，在弹出的"图案画笔选项"对话框中设置"间距"为10%、"着色"为"色相转换"，然后单击"确定"按钮 确定 ，如图5-46所示。

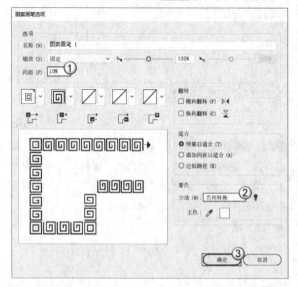

图5-46

07 按Delete键删除原有路径，然后执行"文件>置入"命令，置入素材"素材文件>CH05>课堂案例：使用画笔描边制作连续纹样>文字.ai"，并适当地调整其大小，如图5-47所示。

08 使用"椭圆工具" ◯ 在画板中绘制一个圆，并设置"填色"为无，然后在"画笔"面板中单击前面定义的图案画笔进行描边，最后设置"描边"为红色（R:199，G:56，B:45），同时适当地调整描边宽度，完成案例的制作，最终效果如图5-48所示。

图5-47

图5-48

5.2.4 铅笔工具

▶ 视频云课堂：46 铅笔工具

使用"铅笔工具" ✎ 绘图与我们在纸张上使用铅笔绘图的方式相似，因此使用"铅笔工具" ✎ 绘制的路径可控性较差，需要具有一定绘画基础才能驾驭它。在工具栏中选择"铅笔工具" ✎ （快捷键为N），在目标位置拖动即可，如图5-49所示。在此过程中，按住Alt键并拖动鼠标，可以在画板中绘制一条直线；按住Shift键并拖动鼠标，可以在画板上绘制一条直线，且该直线的角度被限制为45°的倍数；在绘制过程中将鼠标指针拖动到起始位置或指定范围之内，待鼠标指针变成 ✎ 时松开鼠标，可以使路径保持闭合状态。

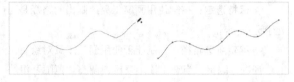

图5-49

为了精准地绘制路径，可以双击工具栏中的"铅笔工具" ✎ ，在弹出的"铅笔工具选项"对话框中设置铅笔工具的相关参数后再进行绘制，如图5-50所示。

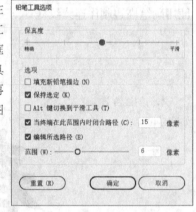

图5-50

📝 **技巧与提示**

"铅笔工具选项"对话框中的参数与"画笔工具选项"对话框中的参数相似，其中如果勾选"Alt键切换到平滑工具"选项，那么在使用"铅笔工具" ✎ 时按住Alt键可以临时切换到"平滑工具" ✎ ；如果勾选"当终端在此范围内时闭合路径"选项，那么在使用"铅笔工具" ✎ 时，当路径的终端与起始位置在指定范围内，路径将会自动闭合。

📖 课堂案例

使用铅笔工具制作音乐节海报

素材位置	素材文件>CH05>课堂案例：使用铅笔工具制作音乐节海报
实例位置	实例文件>CH05>课堂案例：使用铅笔工具制作音乐节海报
教学视频	课堂案例：使用铅笔工具制作音乐节海报.mp4
学习目标	掌握铅笔工具的使用方法

本例的最终效果如图5-51所示。

01 新建一个尺寸为210mm×297mm的画板，然后使用"矩形工具" ▢ 在画板中绘制一个矩形，并设置该矩形的"宽度"为210mm、"高度"为297mm、"填色"为浅灰色（R:226，G:226，B:226）、"描边"为无，使其与画板对齐并进行"锁定"🔒，如图5-52所示。

图5-51　　　　　　　　　　图5-52

02 使用"铅笔工具"✏在画板中绘制一条闭合路径，然后设置"填色"为深蓝色（R:31，G:79，B:153）、"描边"为无，该路径的大致形状如图5-53所示。

03 选中步骤02创建的路径并适当放大，然后将其放置在合适的位置并进行"锁定"🔒，作为音乐节海报的背景，如图5-54所示。

 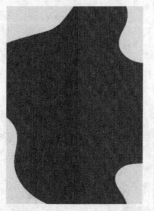

图5-53　　　　　　　　　　图5-54

04 使用"矩形工具"▭在画板中绘制一个矩形，并设置该矩形的"宽度"为150mm、"高度"为210mm、"填色"为浅灰色（R:245，G:245，B:245）、"描边"为无，然后将其放置在画板中心并进行"锁定"🔒，作为展示文案的部分，如图5-55所示。

图5-55

05 使用"铅笔工具"✏在画板中绘制一条闭合路径，然后设置"填色"为红色（R:212，G:100，B:102）、"描边"为无，作为音乐节海报的"红色海藻"元素，该路径的大致形状如图5-56所示。

图5-56

06 使用"铅笔工具"✏在步骤05创建的形状中绘制一条开放路径，然后设置"描边"为浅灰色（R:233，G:215，B:213）、"填色"为无，作为"红色海藻"的叶脉纹路，接着在控制栏中调整描边宽度，设置"配置文件"为"宽度配置文件1"，如图5-57所示，再将其放置在图5-58所示的位置，最后将其与步骤05创建的闭合路径进行编组，如图5-59所示。

图5-57

 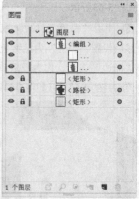

图5-58　　　　　　　　　　图5-59

07 使用"铅笔工具"✏在画板中绘制一条闭合路径，然后设置"填色"为绿色（R:71，G:179，B:112）、"描边"为无，作为音乐节海报的"绿色海藻1"元素，该路径的大致形状如图5-60所示。

图5-60

08 使用"铅笔工具" 📝 在步骤07创建的形状中绘制一条开放路径，然后设置"描边"为浅灰色（R:233，G:215，B:213）、"填色"为无，作为"绿色海藻1"的叶脉纹路，接着在控制栏中设置"配置文件"为"宽度配置文件1"，再将其放置在图5-61所示的位置，最后将其与步骤07创建的闭合路径进行编组，如图5-62所示。

图5-61 图5-62

09 使用"铅笔工具" 📝 在画板中绘制一条闭合路径，然后设置"填色"为黄色（R:232，G:181，B:75）、"描边"为无，作为音乐节海报的"黄色海藻1"元素，如图5-63所示。

10 使用"铅笔工具" 📝 在画板中绘制一条闭合路径，然后设置"填色"为蓝紫色（R:89，G:114，B:165）、"描边"为无，作为音乐节海报的"蓝色海藻"元素，该路径的大致形状如图5-64所示。

图5-63 图5-64

11 使用"铅笔工具" 📝 在画板中绘制一条闭合路径，然后设置"填色"为绿色（R:71，G:179，B:112）、"描边"为无，作为音乐节海报的"绿色海藻2"元素，该路径的大致形状如图5-65所示。

12 使用"铅笔工具" 📝 在画板中绘制一条闭合路径，然后设置"填色"为黄色（R:232，G:181，B:75）、

"描边"为无，作为音乐节海报的"黄色海藻2"元素，该路径的大致形状如图5-66所示。

图5-65 图5-66

13 使用"铅笔工具" 📝 在画板中绘制一条闭合路径，然后设置"填色"为黑色、"描边"为无，作为音乐节海报的"音符"元素，该路径的大致形状如图5-67所示。

图5-67

14 分别对步骤05~13创建的图形进行适当的变换，并将其放置在图5-68所示的位置，同时适当地调整它们之间的堆叠顺序，如图5-69所示。

图5-68 图5-69

15 复制"绿色海藻2"元素，并将复制得到的图形进行适当的变换，然后将其放置在海报的顶部，如图5-70所示。

16 复制"红色海藻"元素，并将复制得到的图形进行适当的变换，然后将其放置在海报的顶部，如图5-71所示。

图5-70　　　　　　　　　　　　　　图5-71

⑰ 复制"黄色海藻1"和"黄色海藻2"元素，并将复制得到的图形进行适当的变换，然后将其分别放置在图5-72所示的位置。

⑱ 复制多个"音符"元素，然后将其放置在合适的位置，如图5-73所示。

 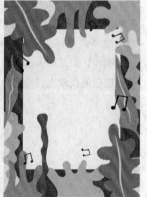

图5-72　　　　　　　　　　　　　　图5-73

⑲ 打开"素材文件>CH05>课堂案例：使用铅笔工具制作音乐节海报>海报文案.ai"，然后将该文档中的文字复制到当前文档，并将其放置在画板的中心位置，如图5-74所示。

⑳ 适当地调整部分海藻的位置，使其不再与文本发生重叠，最终效果如图5-75所示。

图5-74　　　　　　　　　　　　　　图5-75

5.2.5 斑点画笔工具

"斑点画笔工具" 有别于前面所介绍的那些绘制路径的工具，使用"斑点画笔工具" 只能够绘制出具有填色的闭合路径。"斑点画笔工具" 的用途也很多，有些设计师主要使用它来绘制路径，而有些设计师则主要使用它上色，这取决于不同设计师的使用习惯。在工具栏中选择"斑点画笔工具" （快捷键为Shift + B），在想要绘制路径的位置拖动即可，如图5-76所示。

图5-76

为了精准地绘制路径，可以在工具栏中双击"斑点画笔工具" ，在弹出的"斑点画笔工具选项"对话框中设置斑点画笔工具的相关参数后再进行绘制，如图5-77所示。与前面的工具的用法相同，都需要设置"保真度""大小""角度"等参数，其中"斑点画笔工具" 的"大小"可通过快捷键进行修改，按]键可以增大"大小"值，按[键可以减小"大小"值。

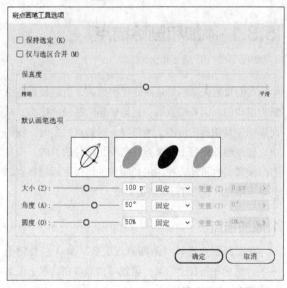

图5-77

95

5.3 编辑路径

当我们已经能够创建一个完整的路径后，摆在我们眼前的问题就是怎样去编辑这些路径，因为我们绘制出的路径大多数时候是不符合我们的预期的，这时候我们便可以使用各种工具对路径进行调整，以便达到预期的效果。工具栏中的"钢笔工具"组和"橡皮擦工具"组都可以用于编辑路径，如图5-78所示。

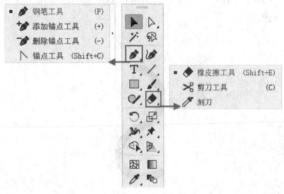

图5-78

本节工具介绍

工具名称	工具作用	重要程度
添加/删除锚点工具	用于添加或删除锚点	高
锚点工具	用于转换角点和平滑点	中
连接工具	用于连接路径	中
路径橡皮擦工具	用于擦除单条路径	中
橡皮擦工具	用于擦除图稿	高
剪刀工具	用于分割单条路径	高
刻刀	用于分割图稿	高

5.3.1 添加和删除锚点

▷ 视频云课堂：47 添加和删除锚点

我们知道矢量图形是由路径构成的，而路径则是由锚点组成的。调整锚点的位置能够影响路径的形态，从而影响矢量图形的形态，当路径上的锚点过多时，我们可以通过删除路径上的锚点达到简化路径的目的，但是有时候我们也可能会在已经绘制好的路径上添加锚点，并对所添加的锚点进行适当的调整。

1.添加锚点

在工具栏中选择"添加锚点工具"（快捷键为+），然后在路径上的某一位置单击即可在路径上添加一个锚点，如图5-79所示。

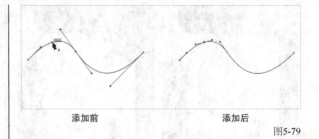

添加前	添加后

图5-79

> **技巧与提示**
>
> 除此之外，将"钢笔工具"的鼠标指针放置在路径上，待鼠标指针变成时单击也可以在路径上添加锚点，或选中对象路径，然后执行"对象>路径>添加锚点"菜单命令即可在该路径的每两个锚点之间添加一个锚点。

2.删除锚点

在工具栏中选择"删除锚点工具"（快捷键为-），然后单击想要删除的锚点即可将其删除，如图5-80所示。另外，需要注意这里删除的只是锚点本身，当删除某锚点后，与其相邻的两个锚点将会自动连接成一条线段，但是如果选中锚点后按Delete键删除，则由该锚点连接的线段也会被删除。

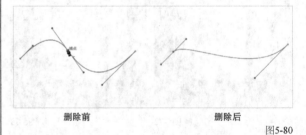

删除前	删除后

图5-80

> **技巧与提示**
>
> 除此之外，将"钢笔工具"的鼠标指针放置在锚点上，待鼠标指针变成时单击也可以删除路径上的锚点，或选中目标锚点，然后执行"对象>路径>移去锚点"菜单命令也可将其删除。

5.3.2 转换锚点类型

锚点分为平滑点和角点两种类型，平滑点的两个控制柄在同一条直线上，连接的线段较为平滑，而角点没有控制柄或两条控制柄不在同一条直线上，连接线段会具有棱角。另外，在绘制曲线路径的过程中，如果某一段是直线，那么其实这条直线的两个锚点就都是角点，但是这一种角点较为特殊，仅在绘制过程中才会产生这样的角点。

1.将角点转换为平滑点

在工具栏中选择"锚点工具" ▷（快捷键为Shift＋C），然后在目标角点上拖动，即可将角点转换为平滑点，如图5-81所示。

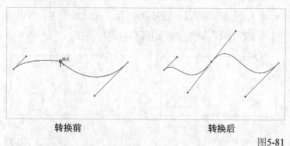

转换前　　　　　　　　转换后

图5-81

2.将平滑点转换为角点

我们可以将平滑点转换为两种类型的角点，一种是没有控制柄的角点，另外一种则是两条控制柄不在一条直线上的角点。

⊙ **转换为没有控制柄的角点**

在工具栏中选择"锚点工具" ▷（快捷键为Shift＋C），然后在目标平滑点上单击，即可将平滑点转换为没有控制柄的角点，如图5-82所示。

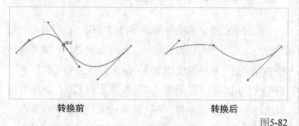

转换前　　　　　　　　转换后

图5-82

⊙ **转换为两条控制柄不在一条直线上的角点**

在工具栏中选择"锚点工具" ▷（快捷键为Shift＋C），然后拖动目标平滑点的其中一条控制柄，即可将平滑点转换为两条控制柄不在一条直线上的角点，如图5-83所示。

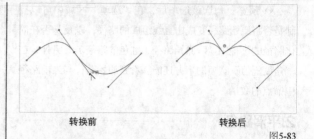

转换前　　　　　　　　转换后

图5-83

5.3.3 简化与平滑路径

路径上的锚点数量较多，路径也会较为复杂，这时如果再使用"删除锚点工具" ✐或"钢笔工具" ✐简化路径显然不是一个明智的选择，可以通过执行菜单命令来摆脱这样的窘境。当然如果觉得这样的操作依旧过于烦琐，我们也可以直接通过"平滑工具" ✐对路径进行平滑处理，该操作和"简化"命令有着异曲同工之妙。

1.简化路径

"简化"命令与"平滑工具" ✐都能对路径进行平滑处理，应用效果如图5-84所示。选中目标路径，执行"对象>路径>简化"菜单命令，在弹出的"简化"对话框中调整相关参数即可对该路径进行简化，如图5-85所示。

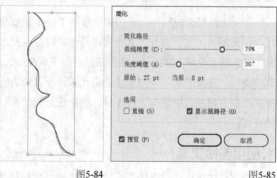

图5-84　　　　　　　　　　　　　图5-85

重要参数介绍

◇ **曲线精度**：控制锚点的数量。向右拖动滑块将会增加锚点的数量，这时路径更接近于原始路径；向左拖动滑块将减少锚点的数量，这时路径与原始路径差别较大。

◇ **角度阈值**：控制路径中角点的平滑度，向右拖动滑块路径将会变得锐利，向左拖动滑块路径将变得平滑。

◇ 预览：勾选该选项后，在"选项"区域中可以控制是否将原始路径变成由直线组成的路径，以及是否在简化路径的过程中显示原始路径（红色的路径）。另外，在"角度阈值"选项的下方还能够看到原始路径与当前路径中锚点的数量。

2.平滑路径

选中目标路径，然后在工具栏中选择"平滑工具" ，在路径上拖动即可对该路径进行平滑处理，如图5-86所示。另外，使用"画笔工具" 时按住Alt键可以临时调用"平滑工具" 对路径进行平滑，这种操作往往需要重复多次才能达到我们预期的效果。

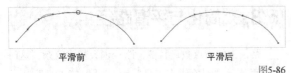

平滑前   平滑后

图5-86

📖 知识点：清理路径

清理路径能够清除图稿中的游离点、未上色对象和空文本路径。执行"对象>路径>清理"菜单命令，在弹出的"清理"对话框中选择想要清除的对象即可，如图5-87所示。该功能常用于图稿绘制完成后清理一些干扰对象。

图5-87

5.3.4 连接路径

📹 视频云课堂：48 连接路径

在绘制路径的过程中，我们可能绘制了一些开放路径，但是随着工作的展开，就会将这些开放路径连接起来，目的是上色时更加方便。连接路径有以下3种方式，其中使用"连接工具" 连接路径会比较智能，因为它能够根据当前路径的走向进行计算，然后进行较为准确的连接。

1.使用连接工具

在工具栏中选择"连接工具" 后，将开放路径其中一个端点处的锚点拖动到另一个端点处的锚点上，松开鼠标即可完成连接，如图5-88所示。

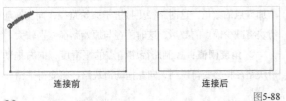

连接前   连接后

图5-88

2.使用钢笔工具

在工具栏中选择"钢笔工具" （快捷键为P），然后单击目标路径的一个端点，接着将鼠标指针放置在这条路径的另一个端点或其他路径的端点上，待鼠标指针变成 或 时单击即可，如图5-89所示。在此过程中，可以使用"钢笔工具" 绘制新路径后再进行连接。

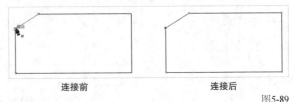

连接前   连接后

图5-89

3.执行菜单命令

选中想要连接的路径或两个锚点，执行"对象>路径>连接"菜单命令（快捷键为Ctrl + J）即可连接路径，如图5-90所示。当选中路径进行连接时，如果只选择一条路径，那么该命令会将这条路径变成闭合路径；如果选择了多条路径，那么该命令会连接路径与路径较近一端的锚点。

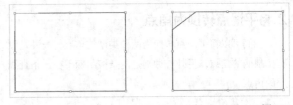

图5-90

5.3.5 擦除与分割路径

📹 视频云课堂：49 擦除与分割路径

有时我们绘制的路径可能不符合预期，且对其调整耗时费力，这时便可以擦除这一段不理想的路径，而擦除路径主要使用"路径橡皮擦工具" 和"橡皮擦工具" 。它们的作用相似，区别在于"路径橡皮擦工具" 的作用范围局限于某一条路径，而"橡皮擦工具" 的作用范围可以是图稿所在的区域。另外，我们有时还会遇到这样一种情况，即我们可能并不想擦除路径，而只是想将路径分割开。那么这时可以使用"剪刀工具" 或"刻刀" 对路径进行分割，它们的作用相似，区别在于"剪刀工具" 能够分割任意一条路径，而"刻刀" 只能够对闭合路径进行分割。

1.擦除路径

擦除路径可用"路径橡皮擦工具" 和"橡皮擦工具" 这两种工具来实现。

⊙ 路径橡皮擦工具

选中目标路径，然后在工具栏中选择"路径橡皮擦工具" ，沿想要删除的某一段路径拖动，即可将该段路径擦除，如图5-91所示。

擦除前　　　　　　　　擦除后

图5-91

⊙ 橡皮擦工具

在工具栏中选择"橡皮擦工具" （快捷键为Shift + E），然后在想要擦除的区域拖动鼠标即可，如图5-92所示。在此过程中，按住Shift键并拖动可以将擦除的角度限制为45°的倍数；按住Alt键并拖动可以擦除选框选中的区域；如果想将选框限制为正方形，那么可以按住Alt + Shift键进行拖动。

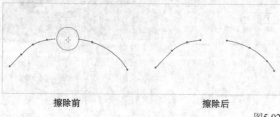

擦除前　　　　　　　　擦除后

图5-92

为了更精准地擦除路径，可在工具栏中双击"橡皮擦工具" ，在弹出的"橡皮擦工具选项"对话框中设置"角度"、"圆度"和"大小"等选项，如果读者有数位板，那么还可以对这些选项进行更进一步的设置，如图5-93所示。

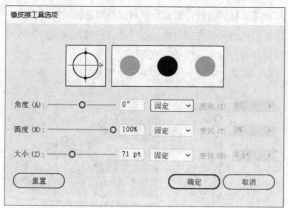

图5-93

2.分割路径

分割路径用"剪刀工具" 和"刻刀" 这两种工具来实现。

⊙ 剪刀工具

在工具栏中选择"剪刀工具" （快捷键为C），在目标路径上单击，即可将该路径进行分割，分割完成后，在分割处会创建两个重合的锚点，如图5-94所示。

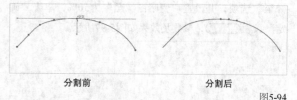

分割前　　　　　　　　分割后

图5-94

⊙ 刻刀

在工具栏中选择"刻刀" ，在目标路径上拖动即可完成分割，如图5-95所示。在此过程中，按住Alt键并拖动可以直线来分割路径；按住Alt + Shift键并拖动可将直线的角度限制为45°的倍数。

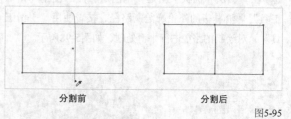

分割前　　　　　　　　分割后

图5-95

🗐 课堂案例

通过编辑路径绘制球鞋

素材位置	素材文件>CH05>课堂案例：通过编辑路径绘制球鞋
实例位置	实例文件>CH05>课堂案例：通过编辑路径绘制球鞋
教学视频	课堂案例：通过编辑路径命令绘制球鞋.mp4
学习目标	熟练掌握路径工具的用法、静物的绘制方法

本例的最终效果如图5-96所示。

图5-96

01 新建一个500px×500px的画板，然后置入"素材文件>CH05>课堂案例：通过编辑路径绘制球鞋>鞋子.png"，接着在"图层"面板中双击"图层1"，在弹出的"图层选项"对话框中勾选"锁定"和"变暗图像至"选项，并设置"变暗图像至"为50%，单击"确定"按钮，参数及效果如图5-97所示。

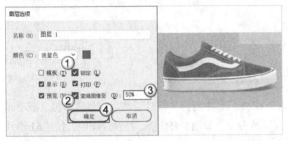

图5-97

02 在"图层"面板中新建一个图层，然后使用"铅笔工具"沿鞋子的外轮廓绘制路径，接着使用"平滑工具"对绘制的路径进行平滑处理，如图5-98所示。

图5-98

03 使用"刻刀"沿鞋底的边缘线的路径进行分割，使其分割为鞋身和鞋底两部分，然后设置鞋身的"填色"为深灰色（R:53，G:53，B:53），鞋底的"填色"为浅灰色（R:234，G:234，B:234），如图5-99所示。

04 隐藏鞋身和鞋底，然后使用"铅笔工具"沿鞋舌边缘线绘制路径，完成鞋舌的绘制，接着设置"填色"为深灰色（R:53，G:53，B:53），如图5-100所示。

R:53 G:53 B:53

R:234 G:234 B:234

图5-99   图5-100

05 选中步骤04创建的路径并设置"绘图模式"为"内部绘图"，然后使用"铅笔工具"沿鞋舌的上端绘制一条闭合路径，设置"填色"为黑灰色（R:35，

G:35，B:35），如图5-101所示；使用"铅笔工具"，再次沿鞋舌的上端绘制一条开放路径，然后在"描边"面板中勾选"虚线"选项，并设置"虚线"和"间隙"均为2pt，最后设置"描边"为白色，完成鞋舌细节的绘制，如图5-102所示。

图5-101

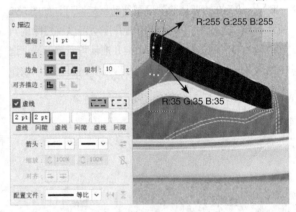

R:255 G:255 B:255

R:35 G:35 B:35

图5-102

06 隐藏鞋舌，然后使用"椭圆工具"在画板中绘制一个圆，并设置"宽度"和"高度"均为10px、"填色"为无、"描边"为暗灰色（R:76，G:76，B:76）、"描边粗细"为2pt，作为球鞋的鞋带孔，并根据实物图的鞋带孔数量将其复制多份，接着分别对这些圆进行适当的变换，使鞋带孔的形状更加自然，最后将这些椭圆放置到合适的位置并进行编组，如图5-103所示。

图5-103

07 隐藏鞋带孔，然后使用"铅笔工具" ✏ 沿鞋带边缘依次绘制路径，再设置"填色"为浅灰色（R:234，G:234，B:234）、"描边"为"无"，最后对这些路径进行编组，完成鞋带的绘制，如图5-104所示。

图5-104

08 隐藏鞋带，然后使用"铅笔工具" ✏ 沿鞋头绘制一条闭合路径，设置"填色"为黑灰色（R:35，G:35，B:35）。再次使用"铅笔工具" ✏ 绘制一条路径，在"描边"面板中勾选"虚线"选项，并设置"虚线"和"间隙"都为2pt，同时设置路径的"描边"为白色，最后将其复制一份并放置在适当的位置，完成鞋头的绘制，如图5-105所示。

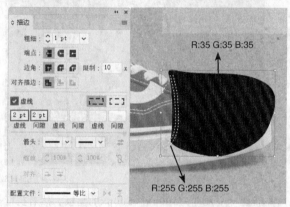

图5-105

09 完善球鞋的细节部分。使用和上面相同的方法绘制鞋身细节，沿鞋身轮廓线依次绘制路径，并分别对它们进行编组，然后适当调整这些路径的堆叠顺序，最后选中这些路径编组再次进行编组，如图5-106~5-110所示。

图5-106　　图5-107

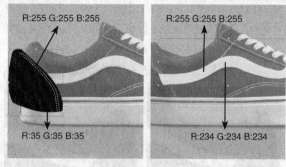

图5-108　　图5-109

图5-110

10 显示出鞋身并按快捷键Ctrl+F原位复制一份，然后将复制出的鞋身图层放置在鞋身细节所在图层的上一层，接着选中它们并执行"对象>剪切蒙版>建立"菜单命令创建剪切蒙版，如图5-111所示。

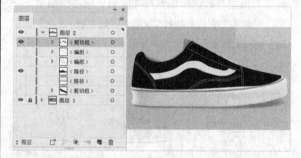

图5-111

11 显示出所有的路径，并适当调整它们之间的堆叠顺序，如图5-112所示。

图5-112

101

⑫ 使用"铅笔工具" ✐ 沿鞋后帮轮廓线绘制路径，设置"填色"为深灰色（R:96，G:96，B:96），如图5-113所示，最后将其所在图层置于底层，效果如图5-114所示。

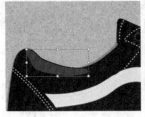

图5-113　　　　　　　　　　图5-114

⑬ 选中所有的路径并将其隐藏，然后使用"铅笔工具" ✐ 沿鞋底的轮廓线依次绘制路径，最后选中这些路径并编组，完成鞋底细节的绘制，如图5-115所示。

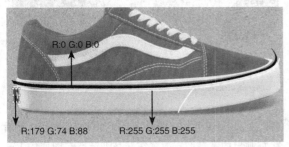

R:0 G:0 B:0

R:179 G:74 B:88　　　R:255 G:255 B:255

图5-115

⑭ 显示出鞋底并按快捷键Ctrl + F原位复制一份，然后将复制出的鞋底图层放置在鞋底细节所在图层的上一层，接着选中它们并执行"对象>剪切蒙版>建立"菜单命令创建剪切蒙版，如图5-116所示。

图5-116

⑮ 显示出所有的路径并隐藏"图层1"，然后使用"矩形工具" ▢ 绘制一个矩形，并设置"宽度"为500px、"高度"为500px、"填色"为黄色（R:255，G:239，B:41）、"描边"为无，将其放置在底层，同时与画板对齐，作为本例的背景；使用"椭圆工具" ○ 绘制一个黑色的椭圆，进行适当的变换后将其所在图层置于黄色矩形所在图层的上层，并放置在整个球鞋的下层，作为球鞋的投影，完成案例的制作，最终效果如图5-117所示。

图5-117

📝 课堂练习

绘制卡通头像

素材位置	素材文件>CH05>课堂练习：绘制卡通头像
实例位置	实例文件>CH05>课堂练习：绘制卡通头像
教学视频	课堂练习：绘制卡通头像.mp4
学习目标	熟练掌握编辑路径的方法、头像的绘制思路

本例的最终效果如图5-118所示。

图5-118

① 新建一个尺寸为500px × 500px的画板，然后执行"文件>置入"菜单命令，置入素材"素材文件>CH05>课堂练习：绘制卡通头像>人像.jpg"，接着在"变换"面板中设置"宽度"为500px，最后将其锁定 🔒，如图5-119所示。

图5-119

02 使用"铅笔工具" ✐沿人物的头部轮廓绘制一条闭合路径，然后设置"填色"为黄色（R:254，G:200，B:156）、"描边"为无，该路径的大致形状如图5-120所示。

03 隐藏步骤02中的路径，使用"铅笔工具" ✐沿发际线绘制一条闭合路径，然后设置"填色"为深蓝色（R:51，G:88，B:159）、"描边"为无，该路径的大致形状如图5-121所示。

图5-120　　　　　　　　图5-121

技巧与提示

这条闭合路径不用绘制得很精细，将头发区域覆盖完整即可。

04 显示出步骤02中的路径并复制一份，同时将复制得到的路径放置在步骤03绘制的路径的上层，然后选中所有的图形并执行"对象>剪切蒙版>建立"菜单命令创建剪切蒙版，完成头部的绘制，如图5-122所示。

图5-122

05 隐藏所有路径，然后使用"铅笔工具" ✐沿眉毛的轮廓绘制两条闭合路径，接着设置"填色"为深灰色（R:30，G:30，B:30）、"描边"为无，路径的大致形状如图5-123所示。

06 使用"椭圆工具" ◯绘制一个椭圆，并设置"宽度"为30px、"高度"为15px、"填色"为浅灰色（R:239，G:239，B:239）、"描边"为无，如图5-124所示。

图5-123　　　　　　　　图5-124

07 选中步骤06中的椭圆，单击左右两侧的锚点，接着在控制栏中单击"将所选锚点转换为尖角"按钮，将它们转换为角点，同时在控制栏中设置"圆角半径"为1px，如图5-125和图5-126所示。

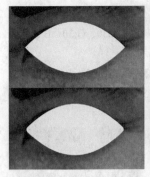 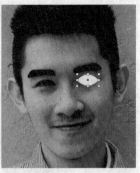

图5-125　　　　　　　　图5-126

08 使用"椭圆工具" ◯在步骤07创建的图形中绘制一个圆，并设置"宽度"和"高度"均为12px、"填色"为深灰色（R:13，G:41，B:50）、"描边"为无，如图5-127所示。

09 使用"椭圆工具" ◯在步骤08创建的图形中绘制一个圆，并设置"宽度"和"高度"均为8px、"填色"为暗灰色（R:76，G:76，B:76）、"描边"为无，如图5-128所示。

图5-127　　　　　　　　图5-128

10 使用"椭圆工具" ◯在步骤09创建的图形中绘制一个圆，并设置"宽度"和"高度"均为4px、"填色"为浅灰色（R:226，G:226，B:226）、"描边"为无，完成眼睛的绘制，如图5-129所示。

图5-129

11 选中组成眼睛的所有组件并进行编组，然后将该编组复制一份并放置在与之对应的位置，如图5-130所示。

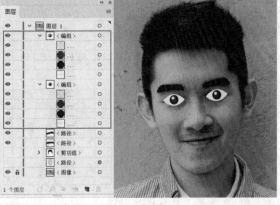

图5-130

⑫ 使用"铅笔工具" ✐沿鼻子的轮廓绘制两条闭合路径，然后设置"填色"为深灰色（R:30，G:30，B:30）、"描边"为无，如图5-131所示。

⑬ 使用"铅笔工具" ✐沿鼻子轮廓绘制一条闭合路径，然后设置"填色"为黄色（R:221，G:174，B:140）、"描边"为无，如图5-132所示。

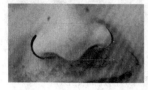 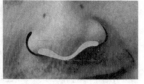

图5-131　　　　　　　　图5-132

⑭ 使用"铅笔工具" ✐绘制两条闭合路径，并设置"填色"为深灰色（R:30，G:30，B:30）、"描边"为无，完成鼻子的绘制，该路径的大致形状如图5-133所示。

⑮ 使用"铅笔工具" ✐沿嘴巴轮廓绘制一条闭合路径，然后设置"填色"为黄色（R:221，G:174，B:140）、"描边"为无，如图5-134所示。

图5-133　　　　　　　　图5-134

⑯ 使用"铅笔工具" ✐在步骤15绘制的图形中绘制一条闭合路径，并设置"填色"为深灰色（R:30，G:30，B:30）、"描边"为无，如图5-135所示。

图5-135

⑰ 使用"铅笔工具" ✐沿人物左耳轮廓绘制两条闭合路径，然后设置"填色"为黄色（R:221，G:174，B:140）、"描边"为无，如图5-136所示。

⑱ 使用"铅笔工具" ✐沿人物右耳轮廓绘制两条闭合路径，然后设置"填色"为黄色（R:221，G:174，B:140）、"描边"为无，如图5-137所示。

图5-136　　　　　　　　图5-137

⑲ 显示所有被隐藏的路径，同时选中画板上的所有路径并进行编组，如图5-138所示。

图5-138

⑳ 使用"椭圆工具" ◯在"头部"之下绘制一个椭圆，并设置"宽度"为150px、"高度"为110px、"填色"为浅灰色（R:242，G:242，B:242）、"描边"为无，如图5-139所示。

图5-139

㉑ 使用"椭圆工具" ◯绘制一个圆，并设置"宽度"和"高度"均为68px、"填色"为浅紫色（R:182，G:171，B:244）、"描边"为无，然后按快捷键Ctrl + F将其原位复制一份，并在"变换"面板中设置"宽度"为48px，如图5-140所示。

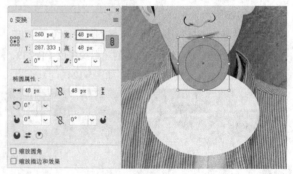

图5-140

㉒ 选中步骤20和步骤21创建的图形，然后使用"Shaper工具" ✐将它们切除，完成胸部的绘制，效果如图5-141所示。

㉓ 使用"矩形工具"▭在头部和胸部之间绘制一个矩形，并设置"宽度"为42px、"高度"为44px、"填色"为黄色（R:240，G:191，B:151）、"描边"为无，然后适当调整该矩形的堆叠顺序，将其置于头部的下一层，完成脖子的绘制，如图5-142所示。

图5-141　　　　　　　　图5-142

㉔ 使用"椭圆工具"◯在画板中绘制一个圆，并设置"宽度"和"高度"均为310px，去除填色和描边，如图5-143所示。

图5-143

㉕ 选中所有的路径并执行"对象>剪切蒙版>建立"菜单命令创建剪切蒙版，如图5-144所示。

图5-144

㉖ 选中步骤24中绘制的路径并设置"填色"为浅绿色（R:218，G:56，B:63），效果如图5-145所示。

图5-145

㉗ 隐藏置入的素材图像，然后使用"矩形工具"▭在画板中绘制一个矩形，并设置"宽度"为500px、"高度"为500px、"填色"为深蓝色（R:51，G:88，

B:159）、"描边"为无，最后将其放置在"剪切组"的下层，如图5-146所示。

㉘ 双击"剪切组"进入隔离模式，将头部进行适当的旋转，完成案例的绘制，最终效果如图5-147所示。

图5-146　　　　　　　　图5-147

📝 技巧与提示

在做完本例的图形后，读者也可以按照同样的方法为自己绘制一个自画像。

5.4 合并路径

合并路径的方法主要有两种：一种是通过"形状生成器工具"◈进行合并，这种方式的操作比较高效，但是该操作是不可逆的，即路径合并后便不可释放；另一种是使用"路径查找器"面板进行合并，这种方式相较于使用"形状生成器工具"◈合并更加灵活，因为它的实现方法更加多样，而且还能够完成一些"形状生成器工具"◈完成不了的合并操作。

本节工具介绍

工具名称	工具作用	重要程度
形状生成器工具	用于合并路径	高
"路径查找器"面板	用于合并路径	高

5.4.1 形状生成器工具

▶ 视频云课堂：50 形状生成器工具

"形状生成器工具"◈可以便捷地对多条路径进行合并，它的用途非常广泛。对于UI设计师来说，他们可能会使用"形状生成器工具"◈来绘制图标；对于字体设计师来说，他们可能会使用"形状生成器工具"◈来修饰设计好的字体，使其具有个性；对于插画师来说，他们可能会使用"形状生成器工具"◈并配合"斑点画笔工具"✎进行上色，可以说"形状生成器工具"◈是大多数设计师都喜欢使用的工具。

选中目标路径，然后在工具栏中选择"形状生成器工具" （快捷键为Shift＋M），这时直接在路径之间拖动或按住Shift键并框选可以将指定区域合并，如图5-148所示；如果按住Alt键并在路径之间拖动或按住Alt＋Shift键并框选则可以将指定区域抹除，如图5-149所示。

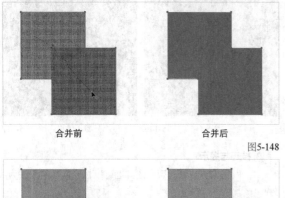

合并前　　　　　合并后

图5-148

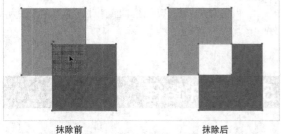

抹除前　　　　　抹除后

图5-149

在此过程中，在工具栏中双击"形状生成器工具" ，可在弹出的"形状生成器工具选项"对话框中设置形状生成器工具的相关参数，如图5-150所示。

图5-150

重要参数介绍

◇ **间隙检测**：控制是否检测间隙并允许进行合并。

◇ **拾色来源**：控制合并后路径的颜色。

» **颜色色板**：合并后路径的填充颜色可以在色板中指定，而描边颜色与开始拖动时所在路径的描边颜色保持一致。

» **图稿**：合并后路径的填色和描边与开始拖动时所

在路径的填色和描边一致。

◇ **高光**：控制使用形状生成器工具合并路径时选中的区域的显示效果。

知识点：通过斑点画笔工具合并路径

使用"斑点画笔工具" 也可以对路径进行合并。因此可以结合"斑点画笔工具" 和"形状生成器工具" 进行上色。但值得注意的是，"斑点画笔工具" 只能合并填色与当前描边颜色相同且不具有描边的路径，如图5-151所示。

图5-151

进行合并操作时，只需在工具栏中选择"斑点画笔工具" （快捷键为Shift＋B），然后设置当前描边颜色与目标路径的填色一致，在绘制时就能将绘制出的路径与目标路径合并。另外，在一些特殊情况下，为了避免在操作过程中与其他路径产生干扰，可以在"斑点画笔工具选项"对话框中勾选"保持选定"和"仅与选区合并"选项，以限定只有选中的路径才会与绘制的路径进行合并。

课堂案例

使用形状生成器工具绘制滑板车

素材位置	无
实例位置	实例文件>CH05>课堂案例：使用形状生成器工具绘制滑板车
教学视频	课堂案例：使用形状生成器绘制滑板车.mp4
学习目标	掌握形状生成器工具的用法

本例的最终效果如图5-152所示。

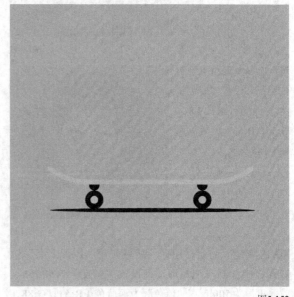

图5-152

01 新建一个尺寸为800px×600px的画板，然后使用"矩形工具"▢在画板中绘制一个矩形，并设置"宽度"为800px、"高度"为600px、"填色"为蓝色（R:61，G:214，B:234）、"描边"为无，最后将其与画板对齐，如图5-153所示。

02 使用"椭圆工具"◯在画板中绘制一个圆，并设置"宽度"和"高度"均为240px、"填色"为无、描边为黑色，然后按快捷键Ctrl+F将其原位复制一份，选中复制的圆并调整其"宽度"和"高度"均为220px，如图5-154所示。

图5-153　　　　　　　　　　图5-154

03 将步骤02创建的图形复制一份，并适当地调整图形的位置，使其与步骤02创建的图形相切，如图5-155所示。

04 使用"钢笔工具"✐分别在步骤04创建的图形中沿大圆的下边缘和小圆的下边缘绘制一条直线，该直线均与圆相切，如图5-156所示。

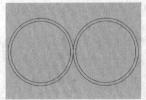

图5-155　　　　　　　　　　图5-156

05 使用"钢笔工具"✐绘制一条水平直线路径，并将其放置在合适的位置，如图5-157所示。

06 选中绘制好的图形，使用"形状生成器工具"🖉将不需要的部分切除，再将需要的部分合并，效果如图5-158所示。

07 选中步骤06创建的图形，使用"直接选择工具"▷选中两端的锚点，并在控制栏中设置"圆角半径"为5pt、"填色"为黄色（R:242，G:200，B:65），完成板身的绘制，如图5-159所示。

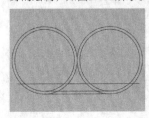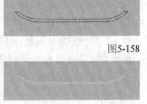

图5-157　　　　　　　　　　图5-158

图5-159

08 使用"椭圆工具"◯绘制一个圆，并设置"宽度"和"高度"均为20px、"填色"为黑色（R:0，G:0，B:0）、"描边"为无，并将其放置在板身的下方，如图5-160所示。

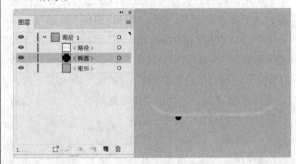

图5-160

09 使用"椭圆工具"◯绘制一个圆，并设置"宽度"和"高度"均为35px、"填色"为黑色、"描边"为无，然后按快捷键Ctrl+F将其原位复制一份，接着选中复制的圆并设置其"宽度"和"高度"均为15px、"填色"为黄色（R:242，G:200，B:65），最后将这些圆编组，完成轮子的绘制，如图5-161所示。

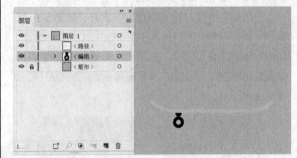

图5-161

10 将轮子编组复制一份并放置在合适的位置，完成滑板车的绘制，如图5-162所示。

11 使用"椭圆工具"◯绘制一个椭圆，并设置"宽度"为395px、"高度"为8px、"填色"为黑色、"描边"为无，然后将其放置在滑板车的底部并进行适当的变换，作为滑板车的投影，完成案例的绘制，最终效果如图5-163所示。

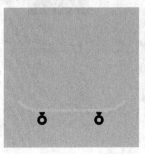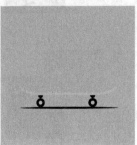

图5-162　　　　　　　　　　图5-163

5.4.2 "路径查找器"面板

▣ 视频云课堂：51 路径查找器面板

使用"路径查找器"面板可以通过对路径进行运算，从而将路径合并。执行"窗口>路径查找器"菜单命令可以显示或隐藏"路径查找器"面板。"路径查找器"面板如图5-164所示。其中"形状模式"选项组包括"联集""减去顶层""交集""差集"4种运算方式，主要用于创建复合形状；"路径查找器"选项组包括"分割""修边""合并""裁剪""轮廓""减去后方对象"6种运算方式，可用于其他操作。

图5-164

1.创建复合形状

选中要创建为复合形状的路径，按住Alt键并在"路径查找器"面板中单击"形状模式"选项组中相应的运算方式即可完成创建。

"联集"可对所有路径进行合并，如图5-165所示；"减去顶层"可以从下层路径中减去上层路径，如图5-166所示；"交集"可删除非重叠区域的路径，如图5-167所示；"差集"可删除重叠区域的路径，如图5-168所示。

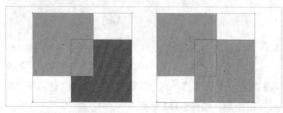

图5-165

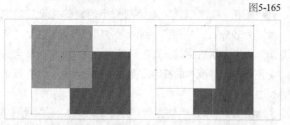

图5-166

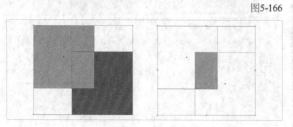

图5-167

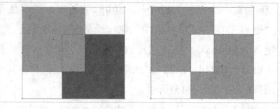

图5-168

释放复合形状可将原有的图形还原。选中要释放的复合形状，然后在"路径查找器"面板的面板菜单中选择"释放复合形状"命令即可完成释放，如图5-169所示。

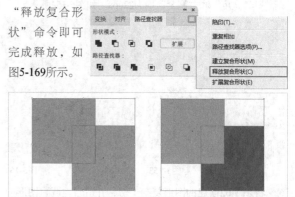

图5-169

扩展复合形状可将复合形状转化为一个与当前外观一致的图形。选中要扩展的复合形状，然后在"路径查找器"面板中单击"扩展"按钮或在"路径查找器"面板的面板菜单中选择"扩展复合形状"命令即可完成扩展，如图5-170所示。

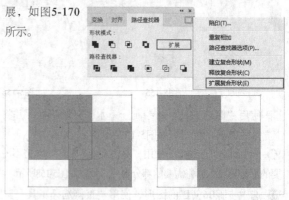

图5-170

📙 知识点：复合路径

创建的复合路径也可以对路径进行合并，但是它与复合形状有着本质的区别，建立复合路径仅删除与最下层重叠区域路径的填色，如图5-171所示。如果要创建复合路径，只需选中目标路径，执行"对象>复合路径>建立"菜单命令（快捷键为Ctrl+8）即可；当创建了复合路径之后，如果想释放复合路径，只需执行"对象>复合路径>释放"菜单命令（快捷键为Ctrl+Shift+Alt+8）即可。

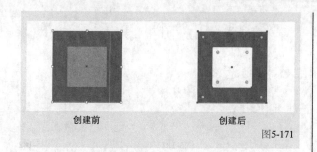

创建前　　　　　　　　创建后

图5-171

2.应用路径查找器效果

选中想要应用路径查找器效果的路径，在"路径查找器"面板中单击"路径查找器"选项组中相应的运算方式即可对路径应用路径查找器效果。

⊙ 分割

"分割" 用于对路径进行分割，如图5-172所示。

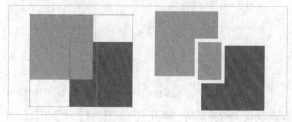

图5-172

⊙ 修边

"修边" 用于删除被遮挡住的部分路径和所有描边，如图5-173所示。

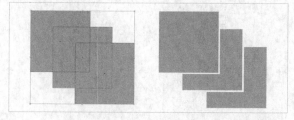

图5-173

⊙ 合并

"合并" 用于删除被遮挡住的部分路径和所有描边并合并填色相同的路径，如图5-174所示。

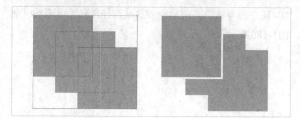

图5-174

⊙ 裁剪

"裁剪" 用于对路径进行分割，同时删除除最上

层路径之外的所有路径和所有描边，同时保留重叠区域的填色，如图5-175所示。

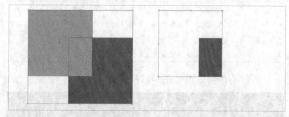

图5-175

⊙ 轮廓

"轮廓" 用于对路径进行分割并删除填色或描边，如图5-176所示。

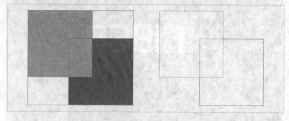

图5-176

⊙ 减去后方对象

"减去后方对象" 用于从上层路径中减去下层路径，如图5-177所示。

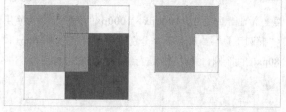

图5-177

3.设置路径查找器选项

在"路径查找器"面板的面板菜单中选择"路径查找器选项"命令，然后在弹出的"路径查找器选项"对话框中可对路径查找器选项进行设置，如图5-178所示。

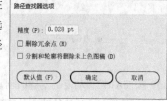

图5-178

重要参数介绍

◇ **精度**：控制应用路径查找器效果时的计算精度。

◇ **删除冗余点**：在应用路径查找器效果时删除一些不必要的锚点。

◇ **分割和轮廓将删除未上色图稿**：在应用"分割" 和"轮廓" 时会删除未填色的路径。

课堂案例

使用"路径查找器"面板制作广告灯箱标志

素材位置	素材文件>CH05>课堂案例：使用"路径查找器"面板制作广告灯箱标志
实例位置	实例文件>CH05>课堂案例：使用"路径查找器"面板制作广告灯箱标志
教学视频	课堂案例：使用"路径查找器"面板制作广告灯箱标志.mp4
学习目标	掌握"路径查找器"面板的用法

本例的最终效果如图5-179所示。

图5-179

01▶ 新建一个尺寸为1000px×1000px的画板，然后使用"椭圆工具" ◯.在画板中分别绘制"直径"为160px和80px的两个圆，并对它们进行编组，如图5-180所示。

图5-180

02▶ 按住Alt键移动复制步骤01创建的图形，并将复制后的编组放置在合适的位置，然后选中这两个编组并进行"垂直居中对齐" ▥，如图5-181所示。

03▶ 按快捷键Ctrl+Y进入轮廓预览模式，然后使用"矩形工具" ▭.，按住Alt+Shift键分别从两个圆环的中心点向外绘制两个"宽度"和"高度"均为160px的正方形，如图5-182所示。

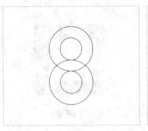
图5-181

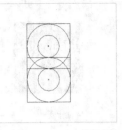
图5-182

04▶ 使用"钢笔工具" ✐.分别沿两个圆环的内圈的上下边缘绘制两条水平直线路径，如图5-183所示；再次使用"钢笔工具" ✐.分别沿两个圆环的内圈的左右边缘绘制两条垂直直线路径，如图5-184所示。

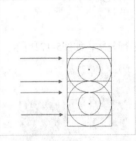
图5-183

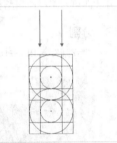
图5-184

05▶ 使用"钢笔工具" ✐.分别从矩形的4个对角出发绘制直线路径，然后选中绘制好的路径进行编组，同时按快捷键Ctrl+Y退出轮廓预览模式，如图5-185所示。

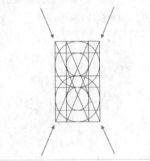

图5-185

06▶ 将步骤05创建的路径编组复制4份，然后选中所有的路径编组并调整它们之间的间距，接着执行"视图>参考线>建立参考线"菜单命令将这些路径转换为参考线，如图5-186所示。

图5-186

07 使用"钢笔工具" ✒.沿参考线依次绘制"FIBER"字样的路径,当绘制到字母"B"和"R"时,需要执行"窗口>路径查找器"菜单命令,在弹出的"路径查找器"面板中应用"减去顶层" ■ 来创建一个复合形状,如图5-187所示。

图5-187

08 隐藏参考线,同时适当调整各个字符之间的距离,然后将这些字符进行"锁定" 🔒,接着使用"钢笔工具" ✒.绘制一个三角形将字母"B"的切口补齐,如图5-188所示。

图5-188

09 按快捷键Ctrl + Y进入轮廓预览模式,然后将步骤08绘制的三角形复制多份,并放置在图5-189所示的位置。

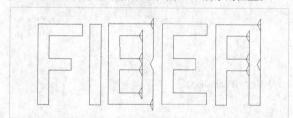

图5-189

10 按快捷键Ctrl + Y退出轮廓预览模式,选中全部的图形并应用"修边" ■,然后使用"直接选择工具" ▷ 选中多余的部分并删除,最后再次选中这些图形,在"路径查找器"面板中应用"修边" ■,效果如图5-190所示。

图5-190

11 执行"文件>置入"菜单命令,置入素材"素材文件 > CH05>课堂案例:使用'路径查找器'面板制作广告灯箱标志>背景.png"图片,然后将背景与画板对齐并放置在底层,同时进行"锁定" 🔒,如图5-191所示。

图5-191

12 选中"FIBER"字样并设置"填色"为白色,然后使用"矩形工具" ▢ 在"F"字样上绘制一个矩形,并设置"宽度"为200px、"高度"为280px、"填色"为紫色(R:175,G:77,B:232)、"描边"为无,同时适当地调整该矩形的位置和堆叠顺序,如图5-192所示。

13 选中这些图形并进行适当的变换,然后双击图形进入隔离模式,调整字符之间的距离,完成案例的制作,最终效果如图5-193所示。

图5-192   图5-193

5.5 图像描摹

"图像描摹"常用在绘制插画的工作流程中,通常先在纸上绘制线稿,然后通过拍照,将拍照后的图像置入Illustrator中进行描摹,这样便可以将纸上的线稿描摹成路径,再将这些路径进行适当的编辑,即可绘制出一幅作品。由此可知,"图像描摹"的优势就是能将位图转换为矢量图,以便编辑与图像形状相似的矢量图形,快速完成图形的绘制。

本节工具介绍

工具名称	工具作用	重要程度
图像描摹	描摹位图轮廓	高

5.5.1 编辑原稿

在进行图像描摹之前，往往还需要对原稿进行处理，因为大部分图像中主体边缘的对比度较小，需要在图像处理软件中加大主体边缘的对比度，这样才能够在进行图像描摹的时候更好地识别主体边缘，从而有效简化在编辑路径时的操作步骤。

将图像置入Illustrator后，选中链接图像，然后在控制栏中单击"编辑原稿"按钮 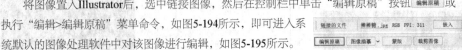 或执行"编辑>编辑原稿"菜单命令，如图5-194所示，即可进入系统默认的图像处理软件中对该图像进行编辑，如图5-195所示。

图5-194

图5-195

📝 **技巧与提示**

为了更好地对图像进行描摹，这里建议将系统默认的图像处理软件更改为Photoshop。

■ **知识点：调整置入图像的大小**

将图像置入Illustrator后，通常会对图像的大小进行调整，如果直接使用"选择工具" ▶ 调整图像的大小，那么图像就会产生形变，这明显不是我们想要达到的效果。这里主要有两种方式可以解决置入图像大小调整的问题。第1种方式是在置入图像后，单击控制栏中的"裁剪图像"按钮 或执行"对象>裁剪图像"菜单命令进行裁剪，然后在控制栏中单击"应用" 应用 按钮或按Enter键确认，如图5-196所示。

第2种方式是在置入图像后，单击控制栏中的"蒙版"按钮 蒙版 ，这时系统会自动创建一个与图像大小相同的剪切蒙版，如图5-197所示，调整蒙版的大小即会调整置入的图像的大小。在实际的应用中常常会使用这一种方式对置入的图像的大小进行调整。

调整前

调整后

调整前

调整后

图5-196   图5-197

5.5.2 描摹图像

▶ 视频云课堂：52 描摹图像

对于不需要追求细节的场景，我们可能只需要绘制出图像的主体轮廓，这时候通过图像描摹来操作就相对比较简单，如描摹一辆汽车，由于汽车的轮廓能够被轻易地识别，因此只需加大汽车轮廓的对比度描摹出汽车轮廓即可，大可不必将所有细节都描摹成路径；对于需要追求细节的应用场景，我们便需要保证描摹到更多的路径，这时候描摹的难度也会有所增加，但是我们也不必担心，只需要掌握图像描摹的各项参数，便能轻而易举地描摹出各种图像的路径。

📝 技巧与提示

使用"图像描摹"来绘制图像的轮廓特别消耗计算机的性能，因此我们只需要保证能够描摹出想要的路径即可，不必过分追求图像的细节。

1. "图像描摹" 面板

选中置入的图像，在控制栏中单击"图像描摹"按钮 图像描摹 开始进行图像描摹，然后单击"图像描摹面板"按钮 🗏，在弹出的"图像描摹"面板中进行参数的设置，最后单击"描摹"按钮 描摹 即可完成图像的描摹，如图5-198所示。

图5-198

重要参数介绍

◇ 预设：指定描摹预设对图像进行描摹。

◇ 视图：指定查看描摹结果的方式。

◇ 模式：指定进行图像描摹时的颜色模式。

» 黑白：描摹结果显示为黑白图像，这时可以调整"阈值"滑块，使亮度级别比阈值小的像素都变成黑色。

» 灰度：描摹结果显示为灰度图像，这时可以拖动"灰度"滑块，调整允许存在的灰度级别。

» 彩色：描摹结果将显示为彩色图像，这时可以在"调板"下拉列表中指定颜色的来源方式，同时还可

以调整"颜色"滑块来控制颜色的数量，但是如果"调板"选择的是"文档库"，那么颜色的数量将从色板中选取，因此颜色数量会是固定的。

◇ 路径：指定描摹出的路径与原始图像之间的拟合程度。

◇ 边角：指定圆角半径处的锚点为角点的可能性。

◇ 杂色：指定描摹时忽略的区域，较高的值说明杂色较少，如图5-199所示。

彩色　　　　　灰度　　　　　黑白

图5-199

◇ 管理预设 ≡：单击该按钮，可进行预设的存储、删除和重命名等管理操作。

📝 技巧与提示

除了上面介绍的方法外，选中置入的图像后，执行"对象>图像描摹>建立"菜单命令也可以对图像进行描摹，这时系统会自动以默认的预设进行描摹，如果想要更改预设，那么需要在控制栏中设置，如图5-200所示。

图5-200

2.扩展描摹结果

扩展描摹结果可以将描摹结果转换为路径。选中图像描摹后的结果，在控制栏中单击"扩展"按钮 扩展 或执行"对象>图像描摹>扩展"菜单命令即可完成扩展，如图5-201所示。

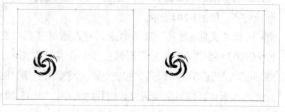

图5-201

3.释放描摹结果 ••••••••••••••••••••••••••••••

释放描摹结果可以将描摹后的图像进行还原。选中图像描摹后的结果，执行"对象>图像描摹>释放"菜单命令即可完成释放，如图5-202所示。

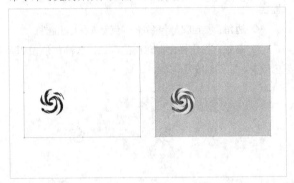

图5-202

📒 课堂案例

使用图像描摹制作名片纹路

素材位置	素材文件>CH05>课堂案例：使用图像描摹制作名片纹路
实例位置	实例文件>CH05>课堂案例：使用图像描摹制作名片纹路
教学视频	课堂案例：使用图像描摹制作名片纹路.mp4
学习目标	掌握图像描摹的用法

本例的最终效果如图5-203所示。

图5-203

01 新建一个尺寸为800px×600px的画板，然后使用"矩形工具" ▣在画板中绘制一个矩形，并设置"宽度"为800px、"高度"为600px、"填色"为浅灰色（R:234，G:234，B:234）、"描边"为无，最后将其与画板对齐，如图5-204所示。

02 执行"文件>置入"菜单命令，置入素材"素材文件>CH05>课堂案例：使用图像描摹制作名片纹路>纹路.png"，然后单击"嵌入"按钮 嵌入 将提供的素材图片嵌入画板中，同时适当调整该图片的大小，如图5-205所示。

图5-204   图5-205

03 选中嵌入的图片，在控制栏中单击"图像描摹"按钮 图像描摹 ，然后在"图像描摹"面板中设置"模式"为"彩色"、"调板"为"自动"，这时素材图片已经描摹成功，接着在控制栏中单击"扩展"按钮 扩展 将描摹结果扩展成路径，如图5-206所示。

图5-206

04 选中扩展得到的路径，设置"填色"为无、"描边"为蓝色（R:33，G:108，B:216）、"描边粗细"为5pt，如图5-207所示。

05 使用"矩形工具" ▣在画板中绘制一个矩形，并设置"宽度"为250px、"高度"为400px，然后将其放置在步骤03描摹出的纹路的上一层，同时执行"对象>剪切蒙版>建立"菜单命令建立剪切蒙版，如图5-208所示。

图5-207   图5-208

06 在"变换"面板中确认没有勾选"缩放描边和效果"选项，然后双击"剪切组"进入隔离模式，对纹路进行适当的变换,调整成图**5-209**所示的形态。

07 使用"矩形工具"■在画板中绘制一个矩形,并设置"宽度"为250px、"高度"为400px、"填色"为淡黄色(R:248,G:249,B:225)、"描边"为无,并将其放置在"剪切组"的下层,效果如图**5-210**所示。

图5-209   图5-210

08 按住Alt键移动复制步骤07绘制的矩形,并适当地调整它们之间的位置,如图**5-211**所示。

09 执行"文件>置入"菜单命令,置入素材"素材文件>CH05>课堂案例:使用图像描摹制作名片纹路>投影.png",并将其放置在矩形的下一层,同时进行适当的变换,使其作为卡片的投影,最后将调整好的投影复制一份并放置在另外一个矩形的下一层,如图**5-212**所示。

图5-211   图5-212

10 执行"文件>置入"菜单命令,置入素材"素材文件>CH05>课堂案例:使用图像描摹制作名片纹路>文字.ai",将该文档中的文字复制到当前的编辑文档中,并适当地进行变换,完成案例的制作,最终效果如图**5-213**所示。

图5-213

5.6 本章小结

本章主要介绍了使用各种工具绘制路径的方法及多项编辑路径的操作,掌握好这些知识,基本上就能够绘制大多数图稿了。

在介绍绘图的基本知识时,讲解了对象具有"填色"和"描边"这两个基本的外观属性,以及不同的"绘图模式"。我们需要重点掌握各种"绘图模式"的特点,以便有针对性地选择"绘图模式"进行绘制,这在一定程度上能够简化许多操作步骤,提高工作效率。另外,我们还需要重点掌握"剪切蒙版"的应用,它能实现与"内部绘图"模式●相似的效果。在绘图过程中往往会忘记使用"内部绘图"模式,这时使用剪切蒙版即可轻松解决问题。

在介绍路径的绘制方法时,介绍了使用"钢笔工具"♦、"曲率工具"♦、"画笔工具"✓等工具绘制路径的方法。我们需要重点掌握"钢笔工具"♦的用法,原因主要体现在两个方面:一是使用"钢笔工具"♦绘制路径的可控性较强,同时还能结合一些快捷键实现绘制过程中编辑路径的操作;二是这种曲线的绘制方式在一些主流的视频处理软件和三维设计软件中也会有所应用,熟练掌握后也能够为学习这些软件奠定基础。

在介绍编辑路径及其他合并路径、图像描摹等操作时,讲解了连接路径、擦除与分割路径、简化与平滑路径等多项操作的应用方法。这里提到的每一种操作都可以由多种方法来实现,在具体的应用中我们需要区分各种方法的使用条件,合理应用才能高效地绘制出各种图稿。另外,我们需要重点掌握合并路径的方法,无论是使用"形状生成器工具"♦进行合并,还是使用"路径查找器"面板进行合并,这些操作都会在图稿的创作中频繁被用到,如果不熟悉这些操作,那么就容易四处碰壁。与此同时,"图像描摹"也是一项需要重点掌握的操作,因为它能够将位图矢量化,在很多工作流程中都有所涉及。

5.7 课后习题

本节安排了两个课后习题供读者练习,这两个习题综合了本章知识。如果读者在练习时有疑问,可以一边观看教学视频,一边学习复杂图形的绘制技巧。

5.7.1 制作粉色衣服

素材位置	素材文件>CH05>课后习题：制作粉色衣服
实例位置	实例文件>CH05>课后习题：制作粉色衣服
教学视频	课后习题：制作粉色衣服.mp4
学习目标	掌握绘制路径及编辑路径的方法

本例的最终效果如图5-214所示。

图5-214

5.7.2 工作室标志设计

素材位置	无
实例位置	实例文件>CH05>课后习题：工作室标志设计
教学视频	课后习题：工作室标志设计.mp4
学习目标	掌握绘制路径及编辑路径的方法

本例的最终效果如图5-215所示。

图5-215

ILLUSTRATOR

第 6 章

对象外观的变化

通过纯色对对象进行填充和描边是非常基础的用法，要想制作外观复杂、层次丰富的图形还需要掌握更多关于图形外观的知识。本章将会介绍图稿颜色的编辑和复杂外观属性的应用方法，在学习相关面板的使用时，我们可以对比各个面板之间的差异，如果仔细进行观察，这些操作和之前学过的某些知识点没有多大差别，读者只需稍加练习即可掌握。

课堂学习目标

◇ 了解对象的外观属性

◇ 掌握渐变的调节方法

◇ 掌握实时上色的应用

◇ 掌握网格工具的应用

6.1 对象的外观属性

对象的外观属性主要包括填色、描边、透明度和效果，其中填色和描边在第5章已经有所介绍，除了使用纯色对图形进行填充外，还可以使用渐变、图案等方式对图形进行填充；透明度也是一个十分重要的外观属性，在绘制图稿时可以通过修改对象的不透明度使位于下层的对象得以显示出来，此外创建的不透明度蒙版还可以控制对象局部的不透明度；效果的应用将单独在第9章进行详解，因此在介绍外观属性时不会进行阐述。

本节工具介绍

工具名称	工具作用	重要程度
"外观"面板	管理和编辑对象的外观属性	高
"色板"面板	编辑对象的颜色属性	中
"颜色参考"面板	创建颜色组	中
"渐变"面板	编辑对象的渐变属性	高
图案	编辑重复单元的图稿	高
"透明度"面板	使相互重叠的对象呈现特殊的外观属性	高

6.1.1 "外观"面板

📷 视频云课堂：53 外观面板

"外观"面板主要用于管理和编辑对象的外观属性，与"图层"面板的用法相似，我们能在"外观"面板中对外观属性进行基本的创建、添加、复制和删除等多项操作。在一些特殊情况下，我们还会为对象添加多个填色或描边，这些操作同样也需要借助"外观"面板才能实现。执行"窗口>外观"菜单命令即可显示或隐藏"外观"面板。"外观"面板如图6-1所示。单击该面板右上角的 ≡ 按钮，在弹出的菜单中执行相应的命令，可以进行更多的操作。

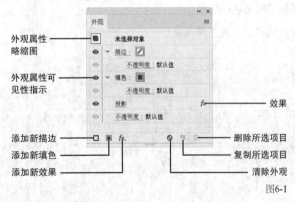

外观属性略缩图

外观属性可见性指示

添加新描边
添加新填色
添加新效果

删除所选项目
复制所选项目
清除外观

效果

图6-1

重要参数介绍

◇ **外观属性缩略图**：将外观属性指定给对象，将缩

略图拖动到目标对象上即可完成指定。

◇ **添加新填色** ▣：为目标外观属性添加新填色。

◇ **添加新描边** □：为目标外观属性添加新描边。

◇ **复制所选项目** ▣：对目标外观属性进行复制。

◇ **删除所选项目** 🗑：仅删除选中的外观属性。

◇ **清除外观** ◎：删除所有的外观属性。

📝 技巧与提示

如果想删除除填色和描边之外的所有外观属性，那么可以在"外观"面板的面板菜单中选择"简化至基本外观"命令，如图6-2所示。

删除前　　　　删除后

图6-2

🔲 知识点：在对象之间复制外观属性

在绘制图稿的过程中，有时候可能需要将某一个对象的外观属性复制到另外一个对象，这样就能节省再次调整外观的时间。要实现在对象之间复制外观属性，可以通过以下两种方法来完成。

第1种方式，在"图层"面板中复制。按住Alt键并拖动某一对象的"选定目标"按钮◎到目标对象的"选定目标"按钮◎上，如图6-3所示。另外，若想移动某一对象的外观属性，可以拖动目标对象的"选定目标"按钮◎到某一对象上。

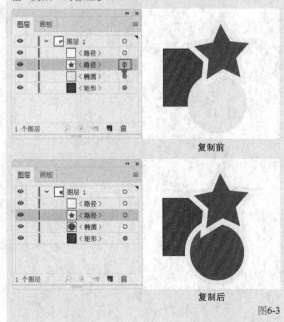

复制前

复制后

图6-3

第2种方式，使用"吸管工具" ✐复制。选中目标对象，然后使用"吸管工具" ✐单击某一对象即可将该对象的外观属性指定给目标对象，如图6-4所示。当然，在选中某一对象后，按住Alt键并使用"吸管工具" ✐单击目标对象同样也可以将该对象的外观属性指定给目标对象。

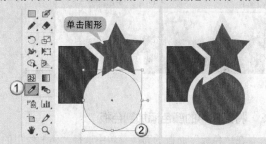

图6-4

另外，当对象中含有渐变或图案时，如果仅想对渐变或图案中的纯色取样，那么可以在选中目标对象后，按住Shift键并使用"吸管工具" ✐单击渐变或图案中的预期颜色即可完成应用，如图6-5所示。当然，在工具栏中双击"吸管工具" ✐，在弹出的"吸管选项"对话框中指定能够复制的属性也可以完成该操作，此外在该对话框中还可以设置"吸管工具" ✐的取样区域，如图6-6所示。

单击取色　选中填色部分

图6-5

吸管选项

栅格取样大小：点取样

吸管挑选：
- ▽ ☐ 外观
  - ☑ 透明度
  - ▽ ☑ 焦点填色
    - ☑ 颜色
    - ☑ 透明度
    - ☑ 叠印
  - ▽ ☑ 焦点描边
    - ☑ 颜色
    - ☑ 透明度
    - ☑ 叠印
    - ☑ 粗细
    - ☑ 端点
    - ☑ 连接
    - ☑ 斜接限制
    - ☑ 虚线样式
- ☑ 字符样式
- ☑ 段落样式

吸管应用：
- ▽ ☐ 外观
  - ☑ 透明度
  - ▽ ☑ 焦点填色
    - ☑ 颜色
    - ☑ 透明度
    - ☑ 叠印
  - ▽ ☑ 焦点描边
    - ☑ 颜色
    - ☑ 透明度
    - ☑ 叠印
    - ☑ 粗细
    - ☑ 端点
    - ☑ 连接
    - ☑ 斜接限制
    - ☑ 虚线样式
- ☑ 字符样式
- ☑ 段落样式

确定　取消

图6-6

6.1.2 编辑颜色

▣ 视频云课堂：54 编辑颜色

在创作的过程中，假如我们已经完成了图稿的绘制，但是对图稿的颜色并不满意时，就要面临对图稿中的颜色进行修改的问题。如果我们对每一个对象的填色和描边都逐一进行操作，可想而知这是一项多么艰巨的任务。针对上述问题，我们可以通过"重新着色图稿"命令解决，不过在此之前我们还需要掌握"色板"面板、"颜色参考"面板的使用方法，这样当我们在使用"重新着色图稿"命令时就能够快速指定颜色对图稿重新进行着色了。

1.色板面板

使用"色板"面板能够快速将颜色、渐变和图案等外观属性应用给对象，这也是常用的颜色编辑方式。

⊙ **认识面板**

"色板"面板主要用于色板的管理和编辑，而色板就是颜色、渐变和图案等外观属性的预设，执行"窗口>色板"菜单命令可以显示或隐藏"色板"面板。"色板"面板如图6-7所示。单击该面板右上角的 ≡ 按钮，在弹出的菜单中执行相应的命令，可以进行更多的操作。

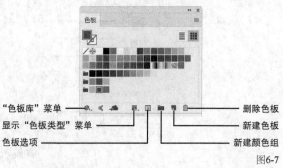

"色板库"菜单 ——　—— 删除色板
显示"色板类型"菜单 ——　—— 新建色板
色板选项 ——　—— 新建颜色组

图6-7

重要参数介绍

◇ **新建色板** ▤：在"新建色板"对话框中设置相关选项后即可完成色板的新建，如图6-8所示。

» **印刷色**：通过青色、品红色、黄色和黑色4种标准印刷颜色混合打印的颜色。

» **专色**：预先混合好的颜色，不会再使用青色、品红色、黄色和黑色这4种标准印刷颜色进行混合打印。

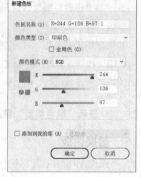

图6-8

» **全局色**：控制色板是否为全局色色板。对全局色色板的编辑操作将在应用了该色板的图稿中实时更新，在"色板"面板中显示为█。注意所有的专色色板都是全局色色板，在"色板"面板中显示为█，此外如果想对全局色色板进行合并，那么可以选中想要合并的全局色板，在"色板"面板的面板菜单中选择"合并色板"命令，需要特别注意只有全局色板才能进行合并。

◇ **"色板库"菜单**▥：内置了各种类型的色板，如图6-9所示。另外，在"色板库"菜单中选择"存储色板"命令可对色板进行存储；选择"其他库"命令可对色板进行导入。

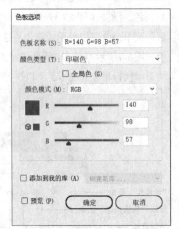

存储色板...	系统 (Windows)
VisiBone2	纺织品
Web	肤色
中性	自然 ▶
儿童物品	色标簿 ▶
公司	艺术史 ▶
图案 ▶	金属
大地色调	颜色属性 ▶
庆祝	食品 ▶
渐变 ▶	默认色板 ▶
科学 ▶	用户定义 ▶
系统 (Macintosh)	其它库 (O)...

图6-9

◇ **色板选项**▤：在"色板选项"对话框中对色板的各个属性进行更改，如图6-10所示。

色板选项

色板名称 (S)： R=140 G=98 B=57
颜色类型 (T)： 印刷色
☐ 全局色 (G)
颜色模式 (M)： RGB

R ———— 140
G ———— 98
B ———— 57

☐ 添加到我的库 (A)　创建新库...
☐ 预览 (P)　　（确定）（取消）

图6-10

◇ **新建颜色组**▣：对颜色色板进行编组。

📝 技巧与提示

如果想取消编组，只需在"色板"面板中选中目标色板组，在面板菜单中选择"取消色板组编组"命令即可；如果想编辑颜色组，只需在"色板"面板中单击"编辑颜色组"按钮●即可，但是注意"编辑颜色组"按钮●需要在使用"新建颜色组"▣后才能被激活。

◇ **显示"颜色类型"菜单**▦：显示特定类型的色板。

◉ **替换色板**

按住Alt键并在工具栏或"颜色"面板中拖动"填色"方框或"描边"方框到目标色板上即可，如图6-11所示。

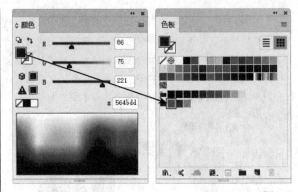

图6-11

◉ **将图稿中的颜色添加到色板**

在"色板"面板的面板菜单中选择"添加使用的颜色"命令，即可将整个文档中的颜色全部添加到"色板"面板，如图6-12所示；选中目标图稿，在"色板"面板中单击"新建颜色组"按钮▣或在面板菜单中选择"添加选中的颜色"命令即可将目标图稿中的颜色添加到"色板"面板，如图6-13所示。

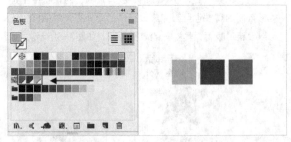

图6-12

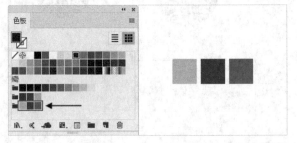

图6-13

2.颜色参考面板

在绘制插画时，使用"颜色参考"面板能够给我们的配色提供参考。

◉ **认识面板**

"颜色参考"面板能够基于某一特定的颜色指定一种协调规则来创建颜色组，因此"颜色参考"面板主要用于给配色提供参考。执行"窗口>颜色参考"菜单命令即可显示或隐藏"颜色参考"面板。"颜色参考"面板如图6-14所示。单击该面板右上角的▤按钮，在弹出的菜单中执行相应的命令，可以进行更多的操作。

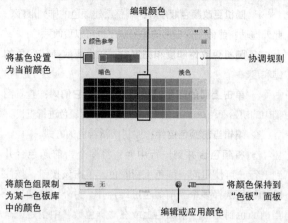

图6-14

重要参数介绍

◇ **协调规则** ⌄：指定预期协调规则。

◇ **将基色设置为当前颜色**■：将当前颜色指定为基础色并按指定的协调规则创建颜色组。

◇ **将颜色保存到"色板"面板** ⌐：将现用颜色组添加到"色板"面板。

◇ **编辑或应用颜色**❀：编辑或应用现用颜色组。

⊙ **设置参考选项**

在"颜色参考"面板的面板菜单中选择"颜色参考选项"命令，即可在打开的"颜色参考选项"对话框中对颜色的参考选项进行设置，如图6-15所示。

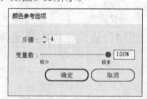

图6-15

重要参数介绍

◇ **步骤**：指定"颜色参考"面板现用颜色组中每种颜色的左侧和右侧具有的相关颜色数目，同时可以在"颜色参考"面板中指定相关颜色的类型。

◇ **变量数**：指定相关颜色的变化范围，如果数值较小，那么相关颜色与现用颜色较为近似；如果数值较大，那么相关颜色与现用颜色相差较大。

3.重新着色图稿

选中目标图稿，在控制栏中单击"重新着色图稿"按钮❀或执行"编辑>编辑颜色>重新着色图稿"菜单命令，在弹出的"重新着色图稿"对话框中指定并编辑颜色组，即可对图稿重新着色，如图6-16所示。

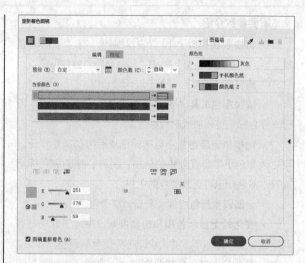

图6-16

重要参数介绍

◇ **从所选图稿获取颜色** ✐：重置图稿中的颜色。

◇ **颜色组**：显示"色板"面板中具有的颜色组，以供我们快速指定颜色组。如果想指定颜色组列表中的颜色组对图稿重新着色，那么可以直接在颜色组列表中单击该颜色组完成指定。

◇ **隐藏颜色组存储区** ◄/**显示颜色组存储区** ►：隐藏或显示"颜色组"列表。

◇ **新建颜色组**■：将编辑好的颜色组添加到"颜色组"列表和"色板"面板。

⊙ **编辑选项卡**

在"编辑"选项卡中可为当前选中的图稿编辑颜色组，如图6-17所示。

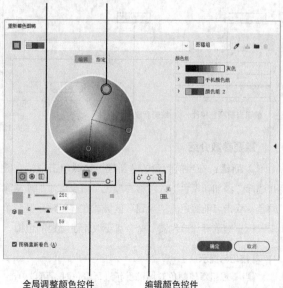

图6-17

重要参数介绍

◇ **切换视图控件**：切换编辑视图，有"平滑的色轮"⊙、"分段的色轮"⊛和"颜色条"▥3种视图。

◇ **编辑颜色控件**：可用于编辑颜色组。

» **添加颜色工具**✐/**移去颜色工具**✐：单击该选项后选择颜色标记可添加或删除颜色。

» **链接协调颜色**⅊：单击该选项后拖动颜色标记，可更改颜色组中所有颜色的色相。另外，拖动颜色标记或双击颜色标记可更改颜色的色相。

◇ **全部调整颜色控件**：全局调整颜色。

» **在色轮上显示色相和饱和度**◉：决定了滑块是否调整饱和度，拖动下方的滑块即可完成全局调整。

» **在色轮上显示色相和亮度**◉：决定了滑块是否调整亮度，拖动下方的滑块即可完成全局调整。

◇ **指定颜色调整滑块模式**≡：可调整模式为"全局调整"，拖动相应颜色属性的滑块也可以完成全局调整。

⊙ **指定选项卡**

在"指定"选项卡中可为当前选中的图稿指定新的颜色组，如图6-18所示。

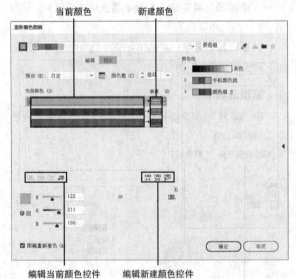

图6-18

重要参数介绍

◇ **新建**：在当前颜色的"新建"区域单击鼠标右键并选择"添加新颜色"或"移去颜色"命令可添加或删除颜色；双击当前颜色的"新建"区域或在"新建"区域单击鼠标右键选择"拾色器"命令可更改新建颜色的色相。

📝 **技巧与提示**

当不想用新建颜色对图稿重新进行着色时，可以单击"当前颜色"和"新建颜色"之间的➝进行控制。

◇ **编辑新建颜色控件**：对新建颜色进行编辑。

» **随机更改颜色顺序**▦：调整新建颜色的排列顺序，此外拖动新建颜色到预期的排列顺序也可以更改顺序。

» **随机更改饱和度和亮度**▦：随机更改新建颜色的饱和度。

» **单击上面的颜色以在图稿中查找它们**⬚：查看图稿中的初始颜色。单击该按钮后选择某一行颜色进行查找。

◇ **编辑当前颜色控件**：控制重新着色的方式。

» **将颜色合并到一行中**▭：将多个当前颜色合并到一行，可使用同一颜色重新着色。单击该按钮，按住Shift键可选择多个当前颜色进行合并。另外，拖动某一当前颜色到另一当前颜色上或在"颜色数"中指定一个选项也可以对当前颜色进行合并。

📝 **技巧与提示**

当对当前颜色进行合并后，可以在与该当前颜色对应的新建颜色上单击鼠标右键并选择"着色方法"命令或单击新建颜色后方的▤按钮对着色方法进行更改。

» **将颜色分离到不同的行中**▥：将合并后的当前颜色进行分离。单击当前颜色前方的▥按钮，然后选中需要分离的当前颜色，最后单击该按钮即可。

» **排除选定的颜色以便不会将它们重新着色**⬚：排除某一当前颜色而使其不重新着色。

» **新建行**⬚：新建一个当前颜色行。

▤ **课堂案例**

使用合适的色板库填充颜色

素材位置	素材文件>CH06>课堂案例：使用合适的色板库填充颜色
实例位置	实例文件>CH06>课堂案例：使用合适的色板库填充颜色
教学视频	课堂案例：使用合适的色板库填充颜色.mp4
学习目标	掌握使用色板库填充颜色的方法

本例的最终效果如图6-19所示。

图6-19

① 新建一个尺寸为800px×600px的画板，执行"文件>置入"菜单命令，置入素材"素材文件>CH06>课堂案例：使用合适的色板库填充颜色>石榴.jpg"，如图6-20所示。

② 选择工具栏中的"钢笔工具" ，去除描边和填色，然后沿着素材的外边缘绘制一个大致的轮廓，接着按快捷键Ctrl + Y进入轮廓预览模式，如图6-21所示。

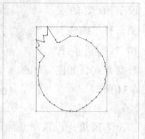

图6-20　　　　　　　　　　　图6-21

③ 按快捷键Ctrl + Y退出轮廓预览模式，然后在"图层"面板中新建一个图层，接着使用工具栏中的"钢笔工具" ，去除描边和填色，在新建的图层上根据素材的明暗关系绘制一个三角形，如图6-22所示。

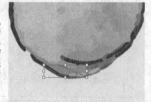

图6-22

④ 执行"窗口>色板库>色标簿>PANTONE + Solid Uncoated"菜单命令，在弹出的PANTONE + Solid Uncoated面板中选择一种与绘制的图形所在位置的图像相似的粉色，如图6-23所示。此时该图形的填充颜色发生改变，如图6-24所示。使用同样的方法绘制其他三角形，并在色板库中选择合适的颜色，如图6-25所示。

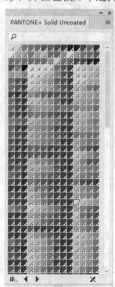

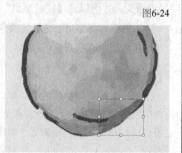

图6-23　　　　　　　　　　　图6-24

图6-25

⑤ 使用同样的方法绘制其他三角形，并依次在PANTONE + Solid Uncoated面板中选择颜色相近的粉色进行填充，如图6-26所示，然后使用同样的方法绘制其他图像，并在PANTONE + Solid Uncoated面板中选择颜色相似的棕色填充石榴的柄，最后隐藏"图层1"，如图6-27所示。

图6-26　　　　　　　　　　　图6-27

📝 技巧与提示

除了使用"色板"填充形状外，还可以使用"吸管工具" 在照片中相应的范围拾取纯色属性为图形上色，使用这种方式填充的"渐变"效果会更加自然。

⑥ 使用工具栏的"矩形工具" 在画板中绘制一个比图形略大的矩形，并在控制栏中设置"圆角半径"为30px，如图6-28所示。

图6-28

⑦ 此时绘制的图形显得有些单调，因此选中暗部的部分三角形色块，然后单击"描边"方框，并在PANTONE + Solid Uncoated面板中选择一个偏绿的浅色，如图6-29所示。

⑧ 选择工具栏中的"椭圆工具" ，设置"高度"和"宽度"均为5px，然后单击"填充"按钮，在PANTONE + Solid Uncoated面板中选择一个深一点的橘红色，接着将其复制出多份，并分别放置在被描边的图形的端点处，完成案例的制作，最终效果如图6-30所示。

图6-29　　　　　　　　　　　图6-30

6.1.3 渐变

▶ 视频云课堂：55 渐变

渐变是通过多种颜色间进行平滑过渡所呈现出的外观效果，它是除纯色之外较为常用的一种外观属性，我们可以使用"渐变工具" ■ 和"渐变"面板对渐变进行创建和编辑。

1.渐变的使用

渐变的使用方法比较特殊，需要先选中图形对象并在"渐变"面板中编辑渐变颜色，然后才能为对象赋予该渐变，之后可使用"渐变工具" ■ 调整渐变的角度和位置。

在"标准颜色控件"中单击"填色"方框将其置于前方，然后单击下方的"渐变"按钮，如图6-31所示。这时会弹出"渐变"面板，默认情况下渐变颜色为黑白色系的渐变。此时若选中图形，那么该图形会被填充默认的渐变颜色，完成渐变（默认为线性）的创建，如图6-32所示。

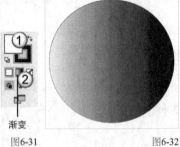

图6-31　　　　　　　　　图6-32

2.详解渐变面板

除了上述方式外，执行"窗口>渐变"菜单命令，直接在打开的"渐变"面板中单击渐变颜色条，选中的图形也会被填充渐变色，如图6-33所示。单击该面板右上角的 ≡ 按钮，在弹出的菜单中执行相应的命令，可以进行更多的操作。

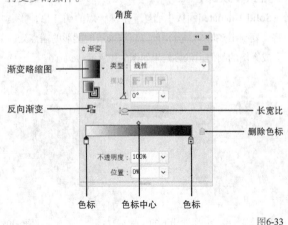

图6-33

重要参数介绍

◇ **渐变缩略图**：将渐变添加到色板。其操作方式同"外观属性缩略图"类似，此外在工具栏中拖动应用了"渐变"的"填色"框或"描边"框到"色板"面板中也可以将渐变添加到色板。

◇ **类型**：设置渐变的类型，有"线性"和"径向"两种渐变方式，如图6-34所示。

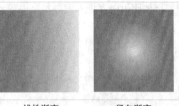

线性渐变　　　　　径向渐变

图6-34

◇ **描边**：设置渐变描边的形式，有"在描边中应用渐变" ▶、"沿描边应用渐变" ▶、"跨描边应用渐变" ▶3种方式，其渐变效果如图6-35所示。

在描边中应用渐变　　沿描边应用渐变　　跨描边应用渐变

图6-35

> 📝 **技巧与提示**
>
> 若要为描边添加渐变效果，其方法与调整填充的渐变效果基本相同。

◇ **反向渐变**：对渐变的方向进行反向，前后对比效果如图6-36所示。

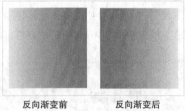

反向渐变前　　　　　反向渐变后

图6-36

◇ **角度** ⊿：调整渐变的角度。

◇ **长宽比** ▭：调整渐变的长宽比，只有对于径向渐变，才可以通过"长宽比"进行更改。

◇ **色标**：调整当前色标的颜色、位置和不透明度。

◇ **色标中心**：调整色标中心的位置。

> 📝 **技巧与提示**
>
> 双击色标会显示颜色选项面板，默认情况下在该面板中只能设置黑白灰的颜色，若要设置彩色，可以单击面板菜单按钮 ≡，在弹出的菜单中选择RGB模式或CMYK模式，如图6-37所示。以设置CMYK模式颜色为例，选择

CMYK后，在面板下方的色域中拾取一种颜色，再拖动颜色滑块在所选颜色的基础上更改颜色，直至达到合适的效果，如图6-38所示。使用这种更改色标颜色的方法可以在拖动颜色滑块时随时预览颜色效果。

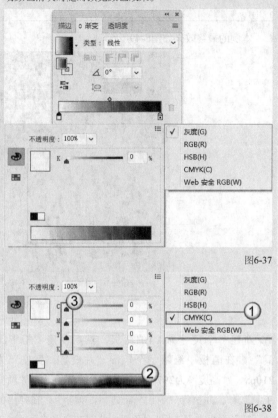

图6-37

图6-38

■ 知识点：添加色标

若要设置多种颜色的渐变效果，就得在原来的基础上添加色标，色标的添加有两种方式，读者可选择适合自己的方式进行添加。

第1种方式，将鼠标指针移动到渐变颜色条的下方，当鼠标指针的右下角出现"+"时单击即可添加色标，如图6-39所示。

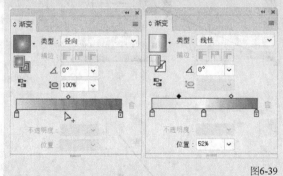

图6-39

第2种方式，从"色板"面板中选择一种颜色，然后按住鼠标左键并将其拖动到"渐变"面板中的渐变颜色条

上，松开鼠标，即可完成色标的添加，如图6-40所示。

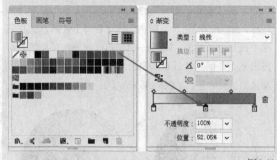

图6-40

若要删除不需要的色标，有两种操作方法。先选中需要删除的色标，然后单击"删除色标"按钮 🗑，即可删除色标（当只有两个色标时，色标将不能够被删除），如图6-41所示。此外，在需要删除的色标上方按住鼠标左键并将其向渐变颜色条外侧拖动也可删除色标。

图6-41

◇ **位置**：调整色标或色标中心的位置。拖动色标或色标中心即可对色标或色标中心的位置进行更改。另外，选中色标或色标中心后，在"位置"文本框中输入数值同样也能够调整色标或色标中心的位置。

◇ **不透明度**：调整色标的不透明度。

■ 知识点：使用渐变批注者

激活"渐变工具" ■ 后，选中需要编辑渐变的图形，会显示一个用于控制渐变颜色、位置和大小的控制器，即渐变批注者。这种方式可直观地对图形进行渐变效果的更改，此时按住鼠标左键并拖动，即可调整渐变效果，如图6-42所示。

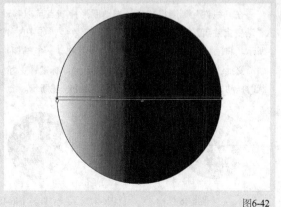

图6-42

"渐变批注者"中提供了"渐变"面板中的大部分功能。在"渐变批注者"的渐变颜色条上单击即可添加色标，如图6-43所示；双击色标可在弹出的颜色选择面板中重新定义颜色，如图6-44所示；此外将新建的色标拖出渐变条同样可以将其删除；拖动色标中心可以更改颜色的过渡效果，如图6-45所示。

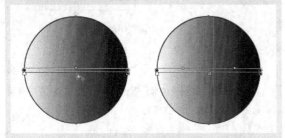

图6-43

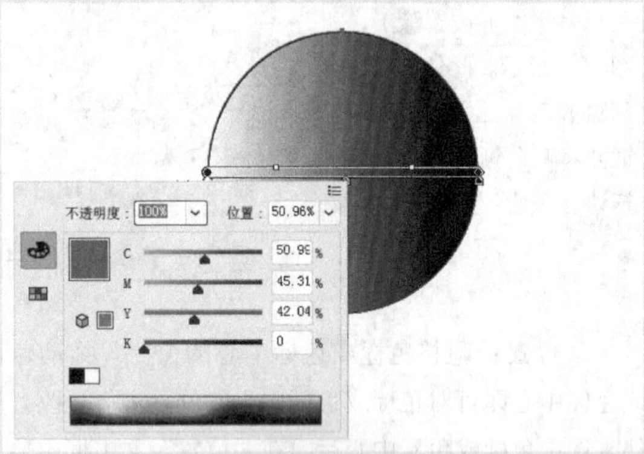

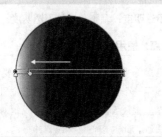

图6-44

图6-45

在"线性"渐变模式下，拖动圆形控制点可以移动"渐变批注者"的位置，从而影响渐变效果，如图6-46所示。将鼠标指针移动至菱形控制点处并拖动，能够调整"渐变批注者"的长度，如图6-47所示；当鼠标指针变为状时拖动，可以调整线性渐变的角度，如图6-48所示。

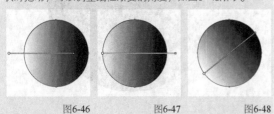

图6-46　　　图6-47　　　图6-48

课堂案例

使用线性渐变制作海报

素材位置	素材文件>CH06>课堂案例：使用线性渐变制作海报
实例位置	实例文件>CH06>课堂案例：使用线性渐变制作海报
教学视频	课堂案例：使用线性渐变制作海报.mp4
学习目标	掌握线性渐变的使用方法

本例的最终效果如图6-49所示。

图6-49

01 新建一个尺寸为A4的画板，然后使用"矩形工具"在画板中绘制一个矩形，并设置"宽度"为210px、"高度"为297px、"填色"为无。选择"渐变工具"，并执行"窗口>渐变"菜单命令，在弹出的"渐变"面板中双击第1个色标，接着在弹出的面板中单击面板菜单按钮，设置颜色模式为RGB，待颜色信息显示后，输入"填色"为红色（R:198，G:33，B:30），如图6-50所示。按照同样的方式，设置第2个色标的"填色"为青色（R:198，G:33，B:30），同时不使用描边，如图6-51所示。

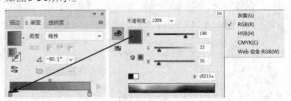

图6-50

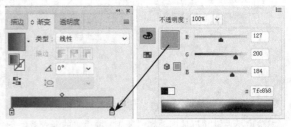

图6-51

02 这时画板已经应用了调整后的渐变颜色，单击画板，待出现"渐变批注者"后，将鼠标指针放到最右侧并顺时针旋转90°，然后适当地调整"渐变批注者"的位置，使渐变由红色到青色进行过渡（按照从上到下的顺序），如图6-52所示。

03 使用"矩形工具" ■ 在画板中绘制一个正方形，并设置"宽度"和"高度"均为50px，这时该图形将继承上一个步骤填充的渐变颜色，如图6-53所示。

图6-52　　　　　　图6-53

04 选中步骤03创建的图形，然后使用"直接选择工具" ▷ 选中右侧的两个锚点，接着按住鼠标左键将其中一个锚点向上拖动，使其发生一定的倾斜，如图6-54所示。

05 按快捷键Ctrl + F将步骤04创建的图形原位复制一份，然后选中复制得到的图形，使用"直接选择工具" ▷ 选中右侧的两个锚点，按住鼠标左键将其中一个锚点向下拖动，使其发生一定的倾斜。与上一步操作不同的是，在倾斜图形的同时，还需要将该图形向右侧拉长，最后在"渐变"面板中设置"角度"为180°，如图6-55所示。

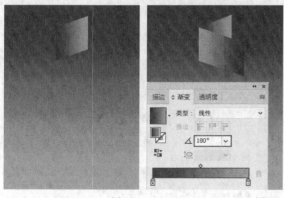

图6-54　　　　　　图6-55

06 按快捷键Ctrl + F将步骤05创建的图形原位复制一份，然后选中复制得到的图形，使用"直接选择工具" ▷ 同时选中左侧的两个锚点，按住鼠标左键将其中一个锚点向下拖动，使其发生一定的倾斜，并将该图形向左侧拉长，最后

在"渐变"面板中设置"角度"为0°，如图6-56所示。

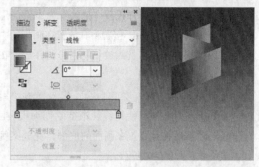

图6-56

07 使用与步骤05同样的制作方式绘制图形，如图6-57所示；使用与步骤06同样的制作方式绘制图形，如图6-58所示。

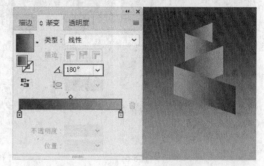

图6-57

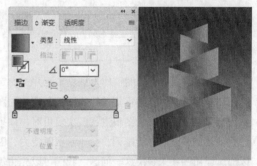

图6-58

08 同时选中绘制的所有图形，然后在控制栏中设置"圆角半径"为20px，效果如图6-59所示。接着调整它们之间的位置，使其重合一部分，并进行适当的变换，如图6-60所示。

图6-59　　　　　　图6-60

09 选中底层的背景,按快捷键Ctrl + F将其原位复制一份,然后适当地缩小,并设置"描边"为本例使用的渐变、"描边粗细"为3pt,接着将其放置在画板的中心,最后按照同样的方式将其缩放复制两份,并放置在画板的中心,如图6-61所示。

10 执行"文件>置入"菜单命令,置入素材"素材文件>CH06>课堂案例:使用线性渐变制作海报>生日快乐.png",然后将其放置在画面的底部,完成案例的制作,最终效果如图6-62所示。

图6-61　　　　　　　　图6-62

6.1.4 图案

视频云课堂:56 图案

图案能够将特定的图稿作为重复单元并按一定规律排列在一起,其中作为重复单元的图稿则被称为图案拼贴。当我们需要对某一图稿进行多次复用时,如果都通过手动复制并逐个进行排列,会非常费时费力,因此可以通过应用图案来解决这一问题。我们可以先将需要进行多次复用的图稿定义为图案,此后只需在"色板"面板中指定该图案对新绘制的对象进行填充,便能够达到复用的目的。

1.创建图案

创建图案有两种方式,一种是使用"色板"面板进行创建,另一种是执行菜单命令进行创建。当图案创建完成后,该图案将作为色板出现在"色板"面板中。

⊙ 用色板定义图案

使用"矩形工具"■绘制一个无填色和描边的矩形,该矩形将作为界定框,然后将其放置在需要定义图案的图稿下,接着选中绘制的矩形和需要定义成图案的图稿,并将它们拖动到"色板"面板中即可完成图案的

创建。图稿和定界框如图6-63所示,图案填充后的效果如图6-64所示。

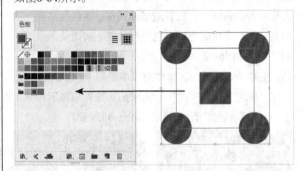

图6-63

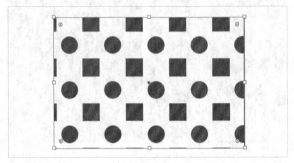

图6-64

技巧与提示

使用这种方式需要我们预先知道该矩形用于界定图案拼贴的大小。

⊙ 通过菜单命令创建图案

选中图稿,然后执行"对象>图案>建立"菜单命令,在弹出的"图案选项"面板中设置相关选项后即可完成图案的创建,如图6-65所示。

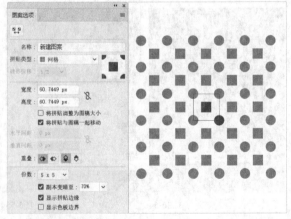

图6-65

重要参数介绍

◇ 图案拼贴工具■:对图案拼贴的大小进行调整。

◇ 拼贴类型:指定图案拼贴的排列方式。选择"砖

形（按列）/（按行）"方式，接下来可在"砖形位移"下拉列表中指定相邻列（行）会相对地错开多大当前图案拼贴的宽度或高度。

◇ **宽度/高度**：控制图案拼贴的大小。

◇ **将拼贴调整为图稿大小**：使图案拼贴的大小和图稿的大小一致，勾选该选项后可激活"水平间距"和"垂直间距"选项，用于控制各个图案拼贴之间的间距。

◇ **将拼贴与图稿一起移动**：使用"选择工具"▶移动图稿时，图案拼贴也会随之一起移动。

◇ **重叠**：指定当图案拼贴重叠时哪个拼贴位于上层。

◇ **份数**：指定在设置图案选项时显示多少图案拼贴。

2.编辑图案

在"色板"面板中双击目标图案，即可在弹出的"图案选项"面板中对该图案的选项进行设置，如图6-66所示。如果想要修改图案拼贴，那么可以在"色板"面板中将目标图案拼贴拖动到画板上，如图6-67所示，然后使用相关工具或命令对其进行修改，最后按住Alt键将修改后的图案拼贴拖动到原有的图案拼贴上进行替换即可，如图6-68所示。

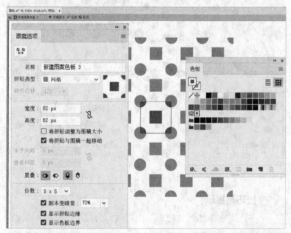

图6-66

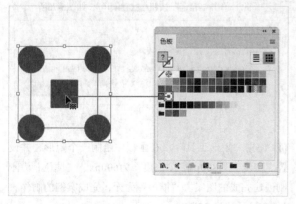

图6-67

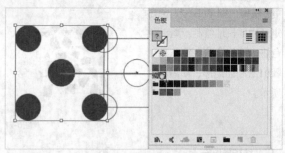

修改图案

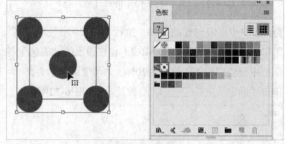

覆盖原有图案

图6-68

📋 课堂案例

使用图案填充制作食品包装袋背景

素材位置	素材文件>CH06>课堂案例：使用图案填充制作食品包装袋背景
实例位置	实例文件>CH06>课堂案例：使用图案填充制作食品包装袋背景
教学视频	课堂案例：使用图案填充制作食品包装袋背景.mp4
学习目标	掌握图案的应用方法

本例的最终效果如图6-69所示。

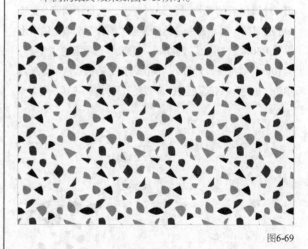

图6-69

01 新建一个尺寸为800px×600px的画板，然后使用"矩形工具"□在画板中绘制一个正方形，并设置"长度"和"宽度"均为200px、"填色"为无、"描边"为黑色，如图6-70所示。

图6-70

02 使用"钢笔工具" ✐ 在矩形中随机地绘制一些黑色色块，并使这些色块充满步骤01绘制的矩形，如图6-71所示。

图6-71

📝 **技巧与提示**

读者可以将色块绘制到超出矩形框外的区域。

03 选中步骤02创建的色块，执行"对象>路径>简化"菜单命令（快捷键为Ctrl+Alt+J），在弹出的"简化"对话框中设置"曲线精度"为20%、"角度阈值"为5°，单击"确定"按钮，参数及效果如图6-72所示。

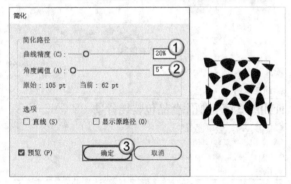

图6-72

04 对简化后的色块进行分别变换，执行"对象>变换>分别变换"菜单命令，然后设置"缩放"选项组的"水平"为50%、"垂直"为40%，"移动"选项组的"水平"为10px、"角度"为60°，同时勾选"随机"选项，最后单击"确定"按钮，参数及效果如图6-73所示。

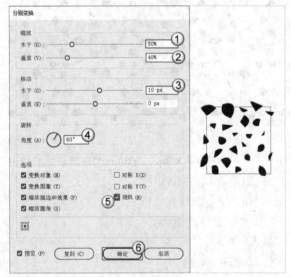

图6-73

05 打开"素材文件>CH06>课堂案例：使用图案填充制作食品包装袋背景>色板.ai"，然后在"色板"面板中导入准备好的色板，接着随机使用这些色板为色块进行填色，如图6-74所示。

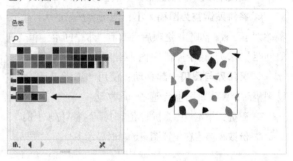

图6-74

06 设置步骤01绘制的正方形的"描边"为无，然后选中正方形和色块，执行"对象>图案>建立"菜单命令，此时位于矩形上的图案已铺满整个画板，最后使用"选择工具" ▶ 适当地调整色块的位置和大小，如图6-75所示。

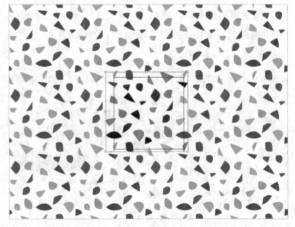

图6-75

📝 **技巧与提示**

在将图案添加到"色板"面板时，会弹出"在图案编辑模式下做出的任何更改都会在退出该模式时应用于色板"的提示，此时单击"确定"按钮即可，如图6-76所示。

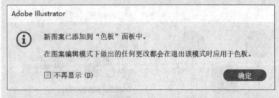

图6-76

07 使用"矩形工具" ▭ 在画板中绘制一个矩形，并设置"宽度"为800px、"高度"为600px、"填色"为刚刚创建完成的图案、"描边"为无，完成案例的制作，最终效果如图6-77所示。

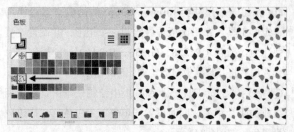

图6-77

6.1.5 透明度与混合模式

视频云课堂：57 透明度与混合模式

当对象相互重叠时，修改上层对象的不透明度可以使下层对象显示出来，该特征常常被应用到图稿的绘制过程中。执行"窗口>透明度"菜单命令可以显示或隐藏"透明度"面板。"透明度"面板如图6-78所示。单击该面板右上角的 ≡ 按钮，在弹出的菜单中执行相应的命令，可以进行更多的操作。

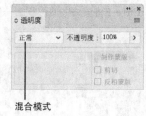

混合模式

图6-78

重要参数介绍

◇ 混合模式：使对象之间产生混合效果，有"正常""正片叠底""叠加"等一共16种混合模式。

1.调整对象的不透明度 ·····················

调整对象的不透明度有3种方式：第1种方式是使用"透明度"面板调整对象的不透明度；第2种方式是通过控制栏调整对象的不透明度；第3种方式是通过"外观"面板调整对象的不透明度。它们的操作方式相差不大，都需要先选中目标对象，然后在相应的面板或控制栏中找到"不透明度"文本框输入数值即可。

2.应用不透明度蒙版 ·····················

通过"透明度"面板，我们还可以建立不透明度蒙版来对对象的局部透明度进行控制。在使用不透明度蒙版时，我们需要注意控制蒙版对象颜色的灰度实质上就是在调整被蒙版对象的不透明度。

如果想创建不透明度蒙版，那么可以将蒙版对象放置在被蒙版对象的上一层，同时选中这些对象，在"透

明度"面板中单击"制作蒙版"按钮 制作蒙版 ，应用效果如图6-79所示。

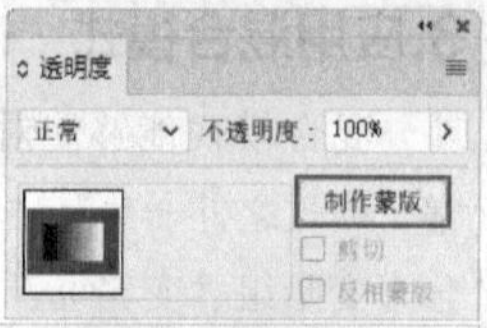

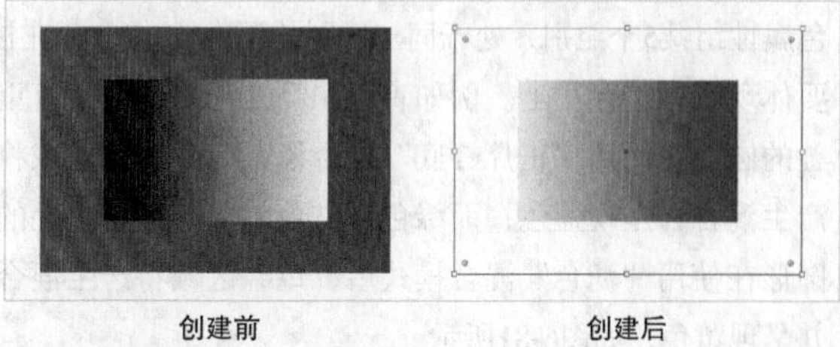

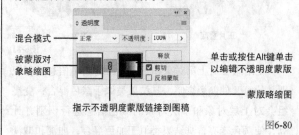

创建前　　　　　　创建后

图6-79

在创建了不透明度蒙版之后，"透明度"面板中的一些控件将被激活，这时单击相应的控件可对不透明度蒙版进行调整，如图6-80所示。

混合模式 ———

被蒙版对象略缩图 ———

单击或按住Alt键单击以编辑不透明度蒙版

蒙版略缩图 ———

指示不透明度蒙版链接到图稿

图6-80

重要参数介绍

◇ 被蒙版对象缩略图：创建不透明度蒙版后便可使用相关工具对不透明度蒙版的大小进行调整，同时按住Alt键并单击"被蒙版对象缩略图"可以直接对作为蒙版的对象进行编辑。

◇ 指示不透明度蒙版链接到图稿 ⑧：暂时停用或重新启用不透明度蒙版。

◇ 单击或按住Alt键单击以编辑不透明度蒙版（蒙版缩略图）：单击该控件后，可使用相关工具对不透明度蒙版的大小进行调整。按住Alt键并单击该控件可以直接对蒙版对象进行编辑，单击该控件可以暂时停用或重新启用不透明度蒙版。

◇ 释放：将不透明度蒙版进行释放，即还原原有图形。

◇ 剪切：取消勾选该选项可控制不透明度蒙版仅调整目标对象的不透明度，而不会对目标对象进行裁剪。

◇ 反相蒙版：将不透明度蒙版进行反相。

📝 技巧与提示

调节蒙版对象颜色的灰度能够控制被蒙版对象的不透明度，其中黑色使被蒙版对象变得完全透明，灰色使被蒙版对象变得半透明，白色使被蒙版对象变得完全不透明。另外，如果蒙版对象是彩色的，那么在创建不透明度蒙版时会使用这些颜色的同等灰度来调整蒙版对象的不透明度。

3.应用混合模式

混合模式能够使对象之间产生混合效果，除"正常"模式之外一共有15种混合模式，这些混合模式可以分为变暗组、变亮组、加深和减淡组、色值运算组和颜色属性组共5个组别，处于同一组别的混合模式的差别主要体现在幅度大小上。例如青色和品红色的两个稍有重叠的圆形在使用"正片叠底"混合模式后，重叠区域将产生混合并呈现蓝色；而绿色和红色的两个稍有重叠的圆形在使用"滤色"混合模式后，重叠区域将产生混合并呈现黄色，如图6-81所示。

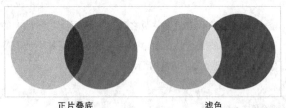

正片叠底　　　　　　　　　　滤色

图6-81

变暗组会对上层对象和下层对象的颜色信息进行识别并计算，使颜色变暗，其结果类似于减色混合；变亮组会对上层对象和下层对象的颜色信息进行识别并计算，使颜色变亮，其结果类似于加色混合；加深和减淡组会对上层对象和下层对象的颜色信息进行识别并计算，并将颜色与50%灰度（R:128，G:128，B:128）的颜色值进行对比，比50%灰度亮的颜色将变亮，比50%灰度暗的颜色将变暗；色值运算组会对上层对象和下层对象的颜色信息进行识别并进行相减计算；颜色属性组会对上层对象和下层对象的颜色信息进行识别，并且上层对象和下层对象的颜色属性按指定的混合模式进行组合得到新的颜色。

📖 课堂案例

使用透明度制作煎蛋

素材位置	无
实例位置	实例文件>CH06>课堂案例：使用透明度制作煎蛋
教学视频	课堂案例：使用透明度制作煎蛋.mp4
学习目标	掌握路径的绘制方法、透明度的用法

本例的最终效果如图6-82所示。

图6-82

① 新建一个尺寸为800px×600px的画板，然后使用"矩形工具" ▢ 沿画板边线绘制一个矩形，并设置"填色"为浅蓝色（R:228，G:333，B:341）、"描边"为无，最后将其与画板对齐，如图6-83所示。

② 使用"钢笔工具" ✎ 在画板中绘制一条由直线路径组成的闭合路径，同时设置"填色"为白色、"描边"为黑色，如图6-84所示。

图6-83　　　　　　　　　　　　　　图6-84

③ 使用"直接选择工具" ▷ 选中该路径的所有锚点，并在控制栏中设置"圆角半径"为17px，最后按快捷键Ctrl + F将该路径原位复制一份并隐藏，如图6-85所示。

图6-85

④ 选中调整后的路径并切换为"内部绘图"模式 ◉ ，然后使用"钢笔工具" ✎ 沿该路径的边缘绘制一条闭合路径，同时设置"填色"为浅灰色（R:104，G:104，B:104）、"描边"为无、"透明度"为30%，如图6-86所示。

图6-86

⑤ 使用"钢笔工具" ✎ 依次绘制出以下路径，并设置"描边"为浅灰色（R:104，G:104，B:104），然后对这些路径进行编组，如图6-87所示。

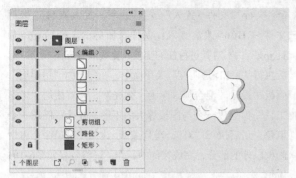

图6-87

06 使用"宽度工具" ，依次调整步骤05绘制完成的路径，同时设置这些路径的"不透明度"为30%，并进行适当的变换，如图6-88所示。

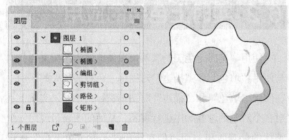

图6-88

07 使用"椭圆工具" 在画板中绘制一个圆，并设置"宽度"为60px、"高度"为60px、"填色"为无、"描边"为黑色，然后按快捷键Ctrl + F将该路径原位复制一份，接着设置复制得到的圆的"填色"为黄色（R:255，G:212，B:31）、"描边"为无，并将其放置在原有图形的下一层，完成蛋黄的绘制，如图6-89所示。

图6-89

08 使用"剪刀工具" 将蛋黄的边缘路径分割为两段开放路径，同时使用"宽度工具" 适当地拖动这些路径，调整路径的描边宽度，如图6-90所示。

09 使用"钢笔工具" 依次绘制出两条开放路径，并分别设置它们的"描边"为白色和深灰色（R:104，G:104，B:104），如图6-91所示。

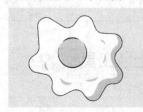 

图6-90   图6-91

10 使用"宽度工具" 适当地调整两条路径的描边宽度，执行"窗口>透明度"菜单命令，在弹出的"透明度"面板中设置深灰色路径的"不透明度"为30%，如图6-92所示。

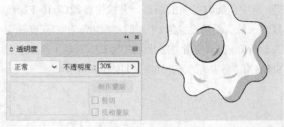

图6-92

11 显示步骤03隐藏的路径，并将该路径进行适当的变换，然后设置"填色"为浅灰色（R:104，G:104，B:104）、"描边"为无，接着在"透明度"面板中设置"不透明度"为40%，最后选中绘制完成的煎蛋并进行适当的变换，完成案例的制作，最终效果如图6-93所示。

图6-93

📖 课堂练习

制作有质感的渐变Logo

素材位置	素材文件>CH06>课堂练习：制作有质感的渐变Logo
实例位置	实例文件>CH06>课堂练习：制作有质感的渐变Logo
教学视频	课堂练习：制作有质感的渐变Logo.mp4
学习目标	熟练掌握渐变、混合模式的用法

本例的最终效果如图6-94所示。

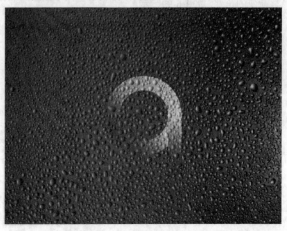

图6-94

01 新建一个尺寸为800px×600px的画板，然后使用"椭圆工具" ◯.在画板中绘制一个圆，并设置"宽度"和"高度"均为220px、"填色"为无、"描边"为黑色，如图6-95所示。

02 选中步骤01绘制的图形，并按快捷键Ctrl+F原位复制一份，然后设置第2个圆的"宽度"和"高度"均为140px，接着使用"形状生成器工具" ◎.（快捷键为Shift+M）将中间的部分切除，如图6-96所示。

图6-95   图6-96

03 使用"矩形工具" ▢.在画板中绘制一个矩形，并设置"宽度"为40px、"高度"为110px、"填色"为无、"描边"为黑色，然后使用"直接选择工具" ▷.选择矩形下面的两个锚点，如图6-97所示。

04 在控制栏中设置"圆角半径"为20pt，然后将矩形放置在图6-98所示的位置。

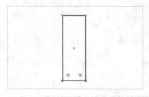

图6-97   图6-98

05 选中步骤04绘制的图形，然后按快捷键X将填色和描边进行互换，接着使用"渐变工具" ▣.，在"渐变"面板中设置从深蓝色（R:21，G:255，B:166）到青色（R:85，G:96，B:255）的线性渐变，渐变创建完成后，适当地调整渐变的角度，如图6-99所示。

06 使用"矩形工具" ▢.在画板中绘制一个矩形，并设置"宽度"为800px、"高度"为600px，然后将其放置在最后一层，并将其与画板对齐，接着使用"渐变工具" ▣.，并在"渐变"面板中设置从青色（R:122，G:245，B:161）到深蓝色（R:31，G:0，B:148）的线性渐变，如图6-100所示。

图6-99   图6-100

07 执行"文件>置入"菜单命令，置入素材"素材文件>CH06>课堂练习：制作有质感的渐变Logo>背景.jpg"，不对其进行任何变换，直接放置在画板上，然后执行"窗口>透明度"菜单命令，在弹出的"透明度"面板中设置"混合模式"为"强光"，接着使用"矩形工具" ▢.创建一个与画板等大的矩形，并设置任意一个填色，最后执行"对象>剪切蒙版>建立"菜单命令剪切画板以外的部分，完成案例的制作，最终效果如图6-101所示。

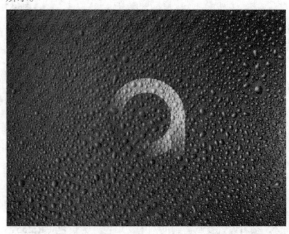

图6-101

6.2 实时上色组的应用

使用"实时上色工具" ◢可以便捷地为图稿上色，这与使用"填色"和"描边"对图稿上色有着很大的区别。在使用"填色"和"描边"对图稿进行上色时，实质上是对各个对象的堆叠顺序进行调整，从而使图稿呈现出一个整体的外观效果。而我们在应用"实时上色工具" ◢进行上色时，能够指定颜色对路径围成的每一个区域进行上色，系统会将所有路径视为一个整体，因此不会区分路径的层级关系。简单地说，通过"实时上色工具" ◢来上色就好比在纸上使用颜料对图稿上色一样。

本节工具介绍

工具名称	工具作用	重要程度
实时上色工具	为图稿上色	中

6.2.1 使用实时上色工具

▣ 视频云课堂：58 使用实时上色工具

"实时上色工具" ◢能够创建实时上色组并进行

上色。当使用"实时上色工具"对实时上色组进行上色时，我们可以预先将需要应用的颜色添加到"色板"面板，这样才能够快速指定想要的颜色，同时我们还需要注意区分对各个区域上色的方法，以便快速地完成上色。

1.创建实时上色组

选中图稿内容，在工具栏中选择"实时上色工具"（快捷键为K），然后单击图稿中的上色区域即可创建实时上色组，应用效果如图6-102所示。另外，当选中需要进行实时上色的图稿之后，执行"对象>实时上色>建立"菜单命令同样也能创建实时上色组。在工具栏中双击"实时上色工具"可打开"实时上色工具选项"对话框，如图6-103所示。

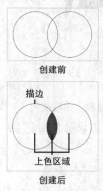

创建前

描边

上色区域

创建后

图6-102

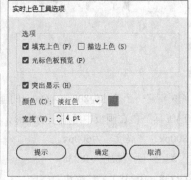

图6-103

重要参数介绍

◇ **选项**：用于控制使用"实时上色工具"上色时是否显示鼠标指针预览，以及是否能够对上色区域或描边进行上色。

» **填充上色**：对由路径围成的区域进行填色。

» **描边上色**：对路径进行描边。使用"实时上色工具"时按住Shift键可以临时启用该选项。

» **光标色板预览**：控制是否显示"实时上色工具"鼠标指针上的色板及选择状态。

» **突出显示**：使用"实时上色工具"上色时是否使用轮廓线突出显示上色区域，勾选该选项后可以继续指定轮廓线的颜色及宽度。

2.上色

在色板中指定颜色并使用"实时上色工具"单击实时上色组中的某一区域即可进行上色，如图6-104所示。在此过程中，按←键和→键依次切换色板中的颜色，可快速指定颜色，同时可以通过"实时上色工具"鼠标指针上的色板查看颜色的选择状态；拖动鼠标跨越多个区域

即可快速对相邻的多个区域进行上色。

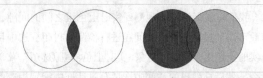

图6-104

6.2.2 编辑实时上色组

▶ 视频云课堂：59 编辑实时上色组

在实时上色的过程中，可能会发现各种各样的问题，最常见的就是在绘制线稿时有的地方并没有绘制，而我们在上色时才发现这个问题。由于此时已经创建了实时上色组，就需要在"实时上色组"中添加路径。我们可以通过"图层"面板定位并移动新绘制的路径到"实时上色组"中进行解决，这样虽能达到目的，但相较于使用"合并实时上色组"命令而言会耗费很多时间。因此我们应该学会编辑实时上色组的各项操作，这样才能够高效地对图稿进行上色。

1.选择上色区域

在工具栏中选择"实时上色选择工具"（快捷键为Shift+L），然后在图形上单击或框选即可对实时上色组的上色区域进行选择，如图6-105所示。在此过程中，按住Shift键单击或框选目标上色区域可加选或减选。

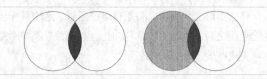

图6-105

2.添加和删除路径

在使用相关工具绘制路径后，选中新绘制的路径和实时上色组，然后在控制栏中单击"合并实时上色"按钮 合并实时上色 即可向实时上色组中添加路径；在使用相关工具或"图层"面板定位目标路径后可删除实时上色组中的路径，但是当删除某一路径之后，会根据被该路径分割的填色区域的大小决定扩展哪一个区域的颜色对新组成的区域进行填色，较大填色区域的颜色将被扩展，如图6-106所示。

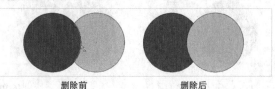

删除前　　　　　　　删除后

图6-106

3.检测和封闭实时上色组的间隙

我们可能无法及时观测到实时上色组之间的间隙，因此可以通过系统对这类问题进行检测和封闭。选中目标实时上色组，执行"对象>实时上色>间隙选项"菜单命令，然后在弹出的"间隙选项"对话框中指定相应的选项即可，如图6-107所示。

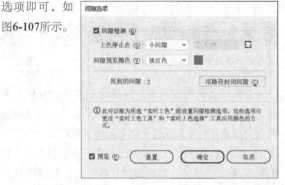

图6-107

重要参数介绍

◇ **间隙检测**：是否检测实时上色组中的间隙，以便对具有间隙的区域进行上色。

» **上色停止在**：指定使用"实时上色工具" 上色时允许存在的间隙大小。

» **间隙预览颜色**：指定预览间隙时的颜色。

» **用路径封闭间隙**：将实时上色组中的间隙封闭。

4.扩展或释放实时上色组

释放实时上色组可以将原有路径还原。选中目标实时上色组之后，执行"对象>实时上色>释放"菜单命令即可完成释放，如图6-108所示。

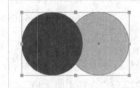
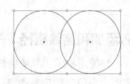

图6-108

扩展实时上色组可以将实时上色组转化为一个与原有外观一致的图形编组。选中目标实时上色组后，在控制栏中单击"扩展"按钮 扩展 或执行"对象>实时上色>扩展"菜单命令即可完成扩展，如图6-109所示。

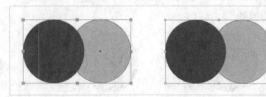

图6-109

课堂案例

应用实时上色制作个性名字

素材位置	无
实例位置	实例文件>CH06>课堂案例：应用实时上色制作个性名字
教学视频	课堂案例：应用实时上色制作个性名字.mp4
学习目标	掌握实时上色工具的用法

本例的最终效果如图6-110所示。

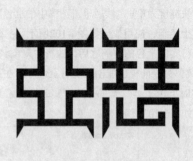

图6-110

① 新建一个尺寸为800px×600px的画板，然后使用"矩形工具" 在画板中绘制一个矩形，并设置"宽度"为800px、"高度"为600px、"填色"为浅灰色（R:238，G:238，B:238）、"描边"为无，接着使其与画板对齐，如图6-111所示。

图6-111

② 使用"矩形工具" 在画板中绘制一个正方形，并设置"宽度"和"高度"均为500px、"填色"为无、"描边"为黑色，然后执行"对象>路径>分割为网格"菜单命令，在弹出的"分割为网格"对话框中指定网格的"行"的"数量"和"列"的"数量"均为25，单击"确定"按钮 确定 ，参数及效果如图6-112和图6-113所示。

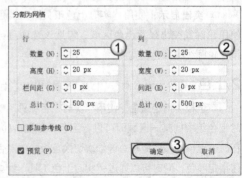

图6-112

图6-113

03 本例需要制作两个文字，因此将创建完成的网格复制一份，然后选择"实时上色工具" （快捷键为**K**），设置"填色"为黑色，接着分别在两个网格上绘制出"亚"和"瑟"字样，如图**6-114**和图**6-115**所示。

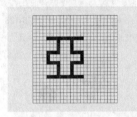

图6-114   图6-115

04 分别选中步骤**03**制作的两个实时上色组，并在控制栏中单击"扩展"按钮 扩展 ，然后在"图层"面板中分别将扩展出的"亚"字和"瑟"字从编组中移出，接着按Delete键删除网格，最后将"亚"字和"瑟"字并排放在一起，如图**6-116**所示。

图6-116

05 使用"钢笔工具" 在画板中绘制一个直角三角形，并设置"填色"为黑色、"描边"为无，然后将其放置在"亚"字的左上角，如图**6-117**所示。

06 将步骤**05**绘制的三角形复制**7**份，然后分别对这些三角形进行位置变换，并放置在两个字的左、右上角和左、右下角，最终效果如图**6-118**所示。

图6-117   图6-118

⌨ 课堂练习

品牌标志设计

素材位置	无
实例位置	实例文件>CH06>课堂练习：品牌标志设计
教学视频	课堂练习：品牌标志设计.mp4
学习目标	掌握实时上色组的应用

本例的最终效果如图**6-119**所示。

图6-119

01 新建一个尺寸为800px×600px的画板，并使用"矩形工具" 在画板中绘制一个正方形，设置"宽度"和"高度"均为80px、"填色"为无、"描边"为黑色，如图**6-120**所示。

02 使用"直接选择工具" 选择矩形右侧的两个锚点，然后在控制栏中设置"圆角半径"为40px，效果如图**6-121**所示。

图6-120   图6-121

03 按住Alt键移动复制调整后的矩形，使复制得到的矩形与原矩形重合一部分，如图**6-122**所示。

04 使用"直接选择工具" 选择步骤**02**绘制的矩形左上角的锚点，然后在控制栏中设置"圆角半径"为30px，效果如图**6-123**所示。

图6-122   图6-123

05 使用"直接选择工具" ▷选择步骤03绘制的矩形左下角的锚点，然后在控制栏中设置"圆角半径"为30px，效果如图6-124所示。

图6-124

06 选中这两个矩形，然后执行"窗口>色板"菜单命令，在弹出的"色板"面板中指定"填色"为红色（R:238，G:72，B:149）色板，接着使用"实时上色工具" 单击由这两个矩形路径围成的区域进行上色，如图6-125所示。

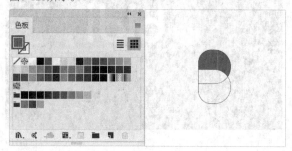

图6-125

07 在"色板"面板中指定"填色"为紫色（R:120，G:83，B:214）色板，接着使用"实时上色工具" 单击由这两个矩形路径围成的区域进行上色，如图6-126所示。

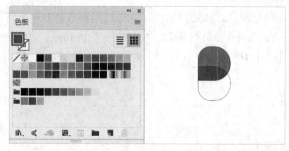

图6-126

08 在"色板"面板中指定"填色"为青色（R:120，G:83，B:214）色板，然后使用"实时上色工具" 单击由这两个矩形路径围成的区域进行上色，如图6-127所示。

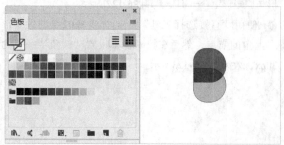

图6-127

09 选中上色完成的实时上色组并在控制栏中单击"扩

展"按钮 扩展 ，将实时上色组进行扩展，然后在"图层"面板中将扩展出的填色路径进行编组，接着将其移出原有编组，并隐藏原有的编组，最后将填色路径移动到图6-128所示的位置。

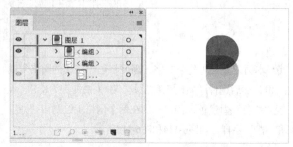

图6-128

10 使用"椭圆工具" 在画板中绘制一个圆，并设置"宽度"和"高度"均为40px、"填色"为黑色、"描边"为无，如图6-129所示。

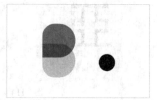

图6-129

11 将上一步绘制的圆形原位复制一份，然后在"变换"面板中单击"约束宽度和高度比例"按钮 ，同时设置"椭圆宽度"为70px，如图6-130所示。

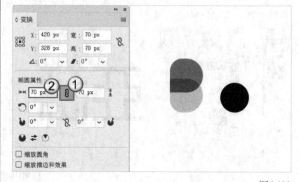

图6-130

12 选中这两个圆并使用"形状生成器工具" 将较小的圆切除，得到一个圆环，如图6-131所示。

13 使用"矩形工具" 在画板中绘制一个矩形，并设置"宽度"为15px、"高度"为80px、"填色"为黑色、"描边"为无，然后根据智能参考线将该矩形与圆环组合在一起，完成字母"b"的绘制，如图6-132所示。

图6-131

图6-132

⑭ 将刚刚绘制的矩形复制一份，并根据智能参考线将其放置在字母"b"的旁边，如图6-133所示。

⑮ 使用"椭圆工具" ○ 在画板中绘制一个圆，并设置"宽度"和"高度"均为20px、"填色"为黑色、"描边"为无，然后将该圆放置在图6-134所示的位置，完成字母"i"的绘制。

图6-133　　　　　　　　　　图6-134

⑯ 选中组成字母"b"的所有图形并编组，然后选中组成字母"i"的所有图形，同样也进行编组，如图6-135所示。

图6-135

⑰ 在字母"b"的路径编组中，使用"直接选择工具" ▷ 选中矩形上方的两个锚点，并在控制栏中设置"圆角半径"为7.5px，效果如图6-136所示。

⑱ 在字母"i"的路径编组中，使用"直接选择工具" ▷ 选中矩形的4个锚点，并在控制栏中设置"圆角半径"为7.5px，效果如图6-137所示。

图6-136　　　　　　　　　　图6-137

⑲ 选中字母"b"的路径编组并将其复制一份，然后选中复制得到的字母"b"，执行"对象>变换>镜像"菜单命令，在弹出的"镜像"对话框中选中"垂直"选项，单击"确定"按钮 确定 ，最后将调整完成的图形放置在字母"i"的旁边，如图6-138所示。

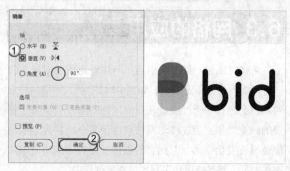

图6-138

⑳ 选中字母"i"的路径编组并将其复制一份，然后将复制得到的图形放置在字母"d"的旁边，如图6-139所示。

图6-139

㉑ 使用"矩形工具" □ 在画板中绘制一个矩形，并设置"宽度"为800px、"高度"为600px、"填色"为深灰色（R:44，G:44，B:63）、"描边"为无，然后将其放置在底层，如图6-140所示。

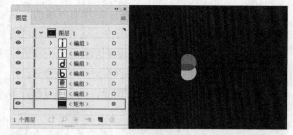

图6-140

㉒ 使用"选择工具" ▶ 调整各个字母之间的间距，并设置"填色"为白色，然后选中这些字母和图形并进行编组，接着将编组后的图形放置在画板的中心，完成案例的制作，最终效果如图6-141所示。

图6-141

6.3 网格的应用

网格对象是一种由网格点和网格线组成的对象，我们可以为网格点指定颜色，如图6-142所示。不同网格点的颜色会进行平滑过渡，从而使网格对象具有类似于渐变的外观效果，通过移动网格点可使各个网格点之间的颜色过渡发生变化。因此有的创作者便利用网格对象的这些特征，将其应用到了写实插画的创作中。

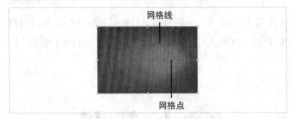

图6-142

本节工具介绍

工具名称	工具作用	重要程度
网格工具	填充复杂的表面颜色	高

6.3.1 创建网格对象

▶ 视频云课堂：60 创建网格对象

无论是单色填充、图案填充还是渐变填充，基本都是比较规则的填充方式。在绘制一些较为写实的元素时，其对象表面的颜色可能非常复杂，这种复杂颜色的填充效果是无法使用前面学到的规则填充方式完成的，这时就需要用到网格对象。创建网格对象有两种方式，一种是使用"网格工具"进行创建，另一种是执行菜单命令进行创建。

> **📝 技巧与提示**
>
> 使用网格工具不仅可以进行复杂的颜色设置，还可以更改图形的外观。

第1种方式，使用"网格工具"创建网格对象。在工具栏中选择"网格工具"，然后在目标对象上单击即可创建一个网格点，继续在目标对象上单击可创建多个网格点，待网格点达到预期数量时即完成网格对象的创建，如图6-143所示。

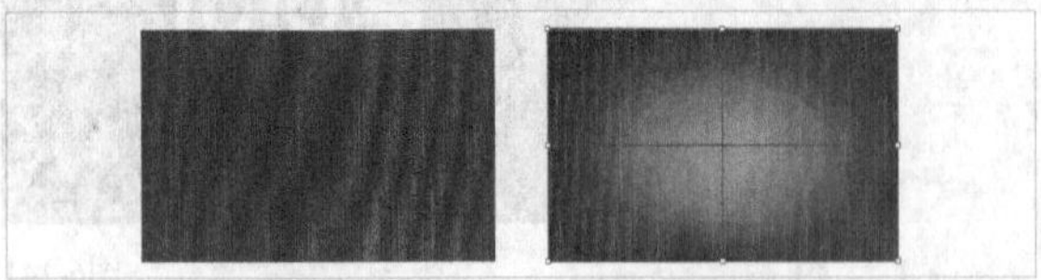

创建前　　　　　创建后

图6-143

第2种方式，通过执行命令创建网格对象。选中目标对象，执行"对象>创建渐变网格"菜单命令，在弹出的"创建渐变网格"对话框中设置相关选项后即可完成创建，如图6-144所示。

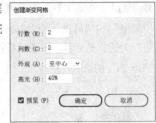

图6-144

重要参数介绍

◇ **外观**：指定高光的创建区域。

» **平淡色**：不创建高光，如图6-145所示。

» **至中心**：将在目标对象的中心创建高光，如图6-146所示。

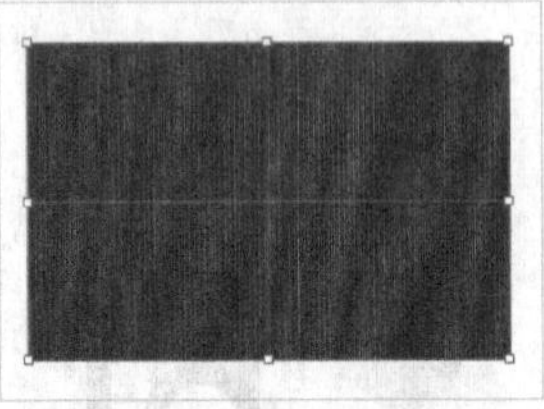

图6-145　　　　　　　　　　图6-146

» **至边缘**：将在目标对象的边缘创建高光，如图6-147所示。

图6-147

◇ **高光**：控制高光的强度。

> **📝 技巧与提示**
>
> 通过第2种方式创建的网格是比较规则的，如果不需要精确地对各个区域进行拆分，那么使用"网格工具"创建网格对象将会更加便捷。

6.3.2 编辑网格对象

▶ 视频云课堂：61 编辑网格对象

创建完网格对象后，怎样使网格对象呈现出预期的外观效果是我们面临的最大问题，要解决这个问题就需要掌握编辑网格对象的操作，其中主要包括添加、删除、移动和更改网格点的颜色。

1.添加或删除网格点

使用"网格工具"⊞在目标对象上单击即可添加网格点，如图6-148所示；按住Alt键并使用"网格工具"⊞单击目标网格点即可将该网格点删除，如图6-149所示。

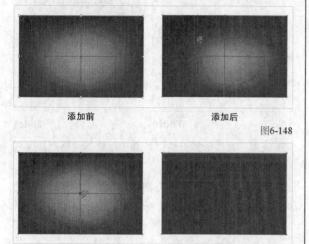

添加前　　　　添加后

图6-148

删除前　　　　删除后

图6-149

2.移动网格点

使用"网格工具"⊞或"直接选择工具"▷拖动目标网格点可将其移动，如图6-150所示。除此之外，还可以拖动网格点上的控制柄对网格线的曲率进行调整。当使用"网格工具"⊞移动网格点时，按住Shift键拖动可以将网格点限制在网格线上。

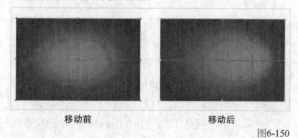

移动前　　　　移动后

图6-150

3.更改网格点的颜色

使用"直接选择工具"▷选中目标网格点，然后在"拾色器"或相关面板中指定一种颜色即可对该网格点的颜色进行更改，如图6-151所示。

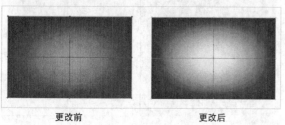

更改前　　　　更改后

图6-151

📖 课堂案例

使用网格工具制作系列配图

素材位置	无
实例位置	实例文件>CH06>课堂案例：使用网格工具制作系列配图
教学视频	课堂案例：使用网格工具制作系列配图.mp4
学习目标	掌握网格工具的用法

本例的最终效果如图6-152所示。

图6-152

01 新建3个尺寸为A4的画板，如图6-153所示。

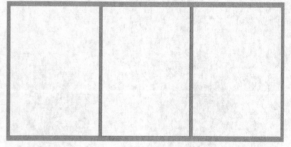

图6-153

02 选中第1个画板，然后使用"矩形工具"■在画板中绘制一个矩形，并设置"长度"为800px、"宽度"为600px、"填色"为浅紫色（R:206、G:218、B:239）、"描边"为无，并将其与画板对齐，如图6-154所示。

03 使用"网格工具"⊞在第1个画板的左侧和上侧分别单击两次，创建出4条网格线，如图6-155所示。

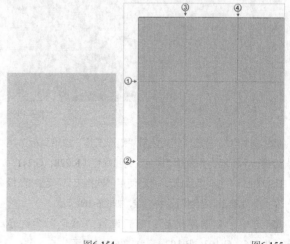

图6-154　　　　图6-155

04 使用"直接选择工具" ▷.选中左上角的网格点,并设置"填色"为浅灰色(R:233,G:245,B:244);使用"直接选择工具" ▷.选中右下角的网格点,并设置"填色"为红色(R:230,G:76,B:105),如图6-156所示。

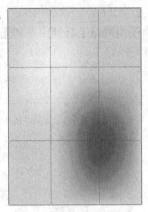

图6-156

05 使用"直接选择工具" ▷.选中左上角的网格点并向右拖动,使用"直接选择工具" ▷.选中右下角的网格点并向左拖动,如图6-157所示,效果如图6-158所示。

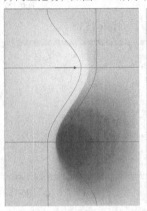
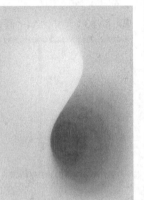

图6-157   图6-158

> **技巧与提示**
>
> 拖动的时候需要平稳地操作鼠标,不要出现一些过度弯曲的曲线,如图6-159所示。

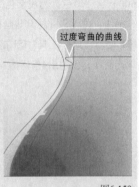

过度弯曲的曲线

图6-159

06 选中第2个画板,然后使用"矩形工具" □沿画板边线绘制一个矩形,并设置"填色"为浅绿色(R:228,G:241,B:221)、"描边"为无,接着使用"网格工具" 图在画板左上角处单击,创建两条网格线,如图6-160所示。

07 选中创建的网格点,然后设置"填色"为红色(R:235,G:103,B:102),如图6-161所示。

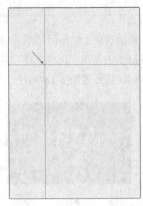

图6-160   图6-161

08 使用"直接选择工具" ▷.选中创建的网格点并向右拖动,如图6-162所示。

09 将步骤06创建的矩形复制一份,然后将复制得到的图形缩小,并将其放置在画板的中心,如图6-163所示。

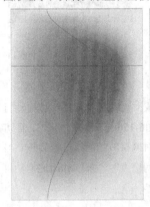
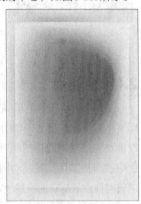

图6-162   图6-163

10 按照同样的方式,再复制两个矩形并缩小到不同程度,放置在画板的中心,如图6-164所示。

11 选中第3个画板,然后使用"矩形工具" □沿画板边线绘制一个矩形,并设置"填色"为白色、"描边"为无,接着使用"网格工具" 图在图6-165所示的位置单击,创建3条网格线。

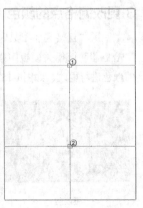

图6-164   图6-165

⑫ 使用"直接选择工具"▷选中上方的网格点，并设置"填色"为浅蓝色（R:192，G:228，B:237）；使用"直接选择工具"▷选中下方的网格点，并设置"填色"为玫红色（R:208，G:143，B:117），如图6-166所示。

⑬ 使用"直接选择工具"▷选中上方的网格点并向下拖动，使用"直接选择工具"▷选中下方的网格点并向上拖动，如图6-167所示。

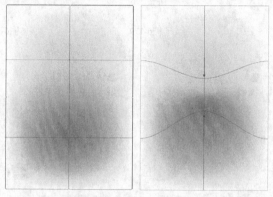

图6-166　　　　　　　　图6-167

⑭ 使用"网格工具"🔲创建如图6-168所示的两个网格点，然后使用"直接选择工具"▷选中上方新创建的网格点，接着使用"吸管工具"✐吸取步骤11中创建的下方网格点的外观属性，效果如图6-169所示。

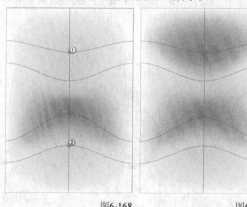

图6-168　　　　　　　　图6-169

⑮ 将步骤11创建的矩形复制一份，然后将复制得到的图形缩小，并放置在画板的中心，如图6-170所示。

图6-170

⑯ 系列配图已经绘制完成，如图6-171所示。除了作为配图使用，还可更改画板尺寸将上述绘制的图形作为手机的锁屏图案。

图6-171

📝 课堂练习

制作渐变流体海报

素材位置	实例文件>CH06>课堂练习：制作渐变流体海报
实例位置	实例文件>CH06>课堂练习：制作渐变流体海报
教学视频	课堂练习：制作渐变流体海报.mp4
学习目标	熟练掌握网格工具的用法

本例的最终效果如图6-172所示。

图6-172

① 新建一个800px×600px的画板，在"色板"面板中单击"色板库菜单"按钮🔳，然后在弹出的菜单中选择"其他库"选项，载入"素材文件>CH06>课堂练习：制作渐变流体海报>色板.ai"。使用"矩形工具"🔲绘制3个等大的正方形，然后使用色板中的颜色分别对这3个正方形进行填色，如图6-173所示。

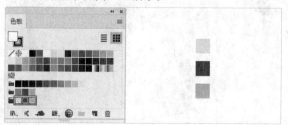

图6-173

143

02 使用"铅笔工具" ✎在画板上绘制一个流体形状，并使用"吸管工具" ✎吸取颜色为青色的正方形的外观属性，如图6-174所示。

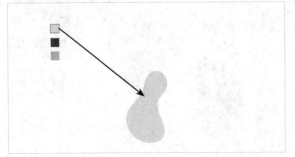

图6-174

03 选中步骤02绘制的图形并执行"对象>创建渐变网格"菜单命令，在弹出的"创建渐变网格"对话框中指定网格的"行数"和"列数"均为3、"外观"为"至中心"、"高光"为40%，单击"确定"按钮，参数及效果如图6-175所示。

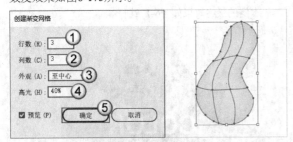

图6-175

04 使用"直接选择工具" ▷分别选中网格对象的部分网格点，并使用"吸管工具" ✎吸取蓝色正方形的外观属性，对这些网格点进行填色，完成流体的绘制，效果如图6-176~6-182所示。

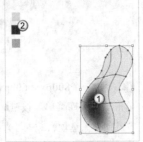

图6-176

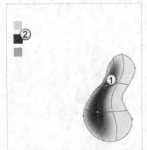

图6-177

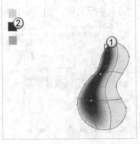

图6-178

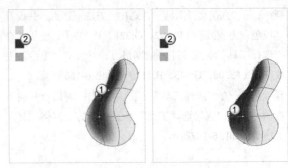

图6-179　　图6-180

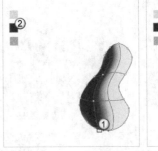

图6-181　　图6-182

05 渐变效果制作完成后，对渐变进行细微的调整，发现顶部的颜色"不透气"，因此使用"直接选择工具" ▷选中该点，然后拾取青色正方形的外观属性，如图6-183所示，接着对网格进行细微的调整，如图6-184所示。

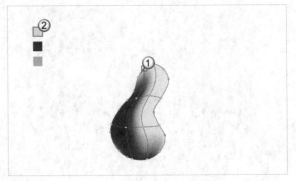

图6-183

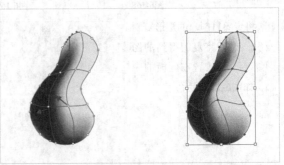

图6-184

06 使用相同的方法，在绘制的一个流体旁再绘制出形状不同的两个流体，如图6-185所示。

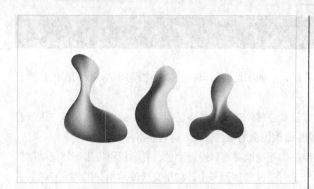

图6-185

07 将创建完成的流体进行组合并编组，如图6-186所示。

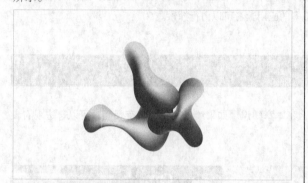

图6-186

08 将3种不同样式的流体复制出多份，同时将复制出的流体适当变换后放置在合适的位置，最后进行编组，方便后期调节整体的效果，如图6-187所示。

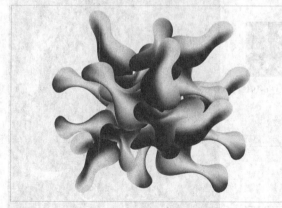

图6-187

09 使用"矩形工具" ▣ 在画板中绘制一个矩形，并设置"宽度"为800px、"高度"为600px、"填色"为从浅绿色（R:0，G:233，B:178）到粉色（R:188，G:147，B:255）的线性渐变、"描边"为无，然后在"渐变"面板中分别设置两个颜色的"不透明度"为40%和50%，最后将该矩形放置在底层，作为海报的背景，如图6-188所示。

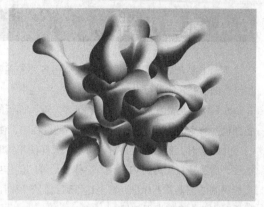

图6-188

10 使用"矩形工具" ▣ 在画板中绘制一个矩形，并设置"宽度"为500px、"高度"为375px、"填色"为无、"描边"为白色、"描边粗细"为10pt，然后适当地调整各个编组的堆叠顺序，确定顺序后选中所有的流体编组进行编组，最后在"透明度"面板中设置"混合模式"为"正片叠底"，使图形显得通透，如图6-189所示。

图6-189

11 打开"素材文件>CH06>课堂练习：制作渐变流体海报>文字.ai"，将该文档中的文案复制到当前的编辑文档，根据构图，将其放置在画板的中心位置，完成案例的制作，最终效果如图6-190所示。

图6-190

6.4 本章小结

本章主要介绍了编辑图稿颜色及应用各种外观属性的方法，掌握了这些知识后，结合之前所学，我们便能够绘制出一些图稿并快速进行上色。

介绍对象的外观属性时，讲解了"外观"面板的使用方法及各种外观属性的创建和编辑，需要重点掌握"重新着色图稿"命令的使用方法，在创作插画的过程中，使用该命令修改图稿的颜色会大大提高效率。

介绍实时上色组的应用时，讲解了怎样使用实时上色组高效便捷地对图稿进行上色，它不仅可应用于插画的创作流程，而且还被应用到VI设计、字体设计等等的创作中。另外，对于某些图形来说，如果直接使用相关工具进行绘制，可能得到的图形并不标准，甚至达不到我们的预期，这时可以先绘制参考路径，完成图形的绘制后再进行实时上色，最后对实时上色组进行扩展。

介绍网格的应用时，讲解了网格对象的创建和编辑方法，因为其能够处理外观较为复杂的对象，所以常常被创作者应用到写实插画中，但这并不是网格对象唯一的应用，更多的应用读者可以自行探索。

6.5 课后习题

本节安排了两个课后习题供读者练习，这两个习题综合了本章知识。如果读者在练习时有疑问，可以一边观看教学视频，一边学习对象外观的变化技巧。

6.5.1 制作胶带图案

素材位置	无
实例位置	实例文件>CH06>课后习题：制作胶带图案
教学视频	课后习题：制作胶带图案.mp4
学习目标	熟练掌握图案的用法

本例的最终效果如图6-191所示。

图6-191

6.5.2 制作H5界面背景

素材位置	无
实例位置	实例文件>CH06>课后习题：制作H5界面背景
教学视频	课后习题：制作H5界面背景.mp4
学习目标	熟练掌握网格的应用方法

本例的最终效果如图6-192所示。

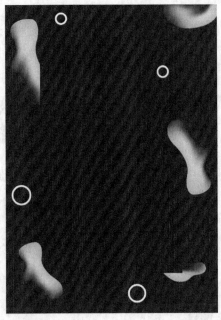

图6-192

7

对象形状的变化

按照工作流程，接下来将学习如何对已经上色的图稿进行修改，因为在绘制图稿的过程中，难免会有考虑不周的地方，这时如果删掉重新绘制的话，显然会浪费大量时间。本章将介绍扭曲对象和使用符号工具来对图稿进行修改的方法，其中包括多项操作，在学习的时候要注意区分各自的特征。掌握这些操作后，本章还会介绍混合对象，可对对象的形状进行艺术化变形。

课堂学习目标

◇ 掌握扭曲对象的应用

◇ 掌握混合对象的应用

◇ 掌握符号工具的应用

7.1 扭曲对象

Illustrator提供了多种方式可对对象进行扭曲，如果只想调整对象的透视，那么可以使用"自由变换工具" 📐，但是如果想实现更加个性化的扭曲效果，使用"自由变换工具" 📐可能就显得有些捉襟见肘，这时不妨考虑使用"液化""操纵变形""封套扭曲"等相对复杂的扭曲方式。在绘图之前，若我们能熟练地区分各种扭曲方式的特征，便能有意识地选择扭曲方式了。

要想扭曲对象，可通过液化工具组、自由变换工具组和"对象"菜单中的"封套扭曲"命令进行操作，如图7-1和图7-2所示。

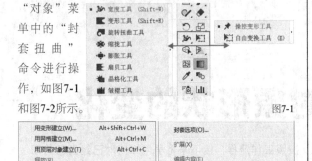

图7-1

图7-2

本节工具介绍

工具名称	工具作用	重要程度
自由变换工具	变换对象	高
变形工具	对图形对象进行变形扭曲	高
旋转扭曲工具	对图形对象进行旋转扭曲	中
缩拢工具	向内收缩图形对象	中
膨胀工具	向外扩展图形对象	中
扇贝工具	向内收缩图形对象，同时使图稿边缘呈现锐利的外观	中
晶格化工具	向外扩展图形对象，同时使图稿边缘呈现锐利的外观	中
褶皱工具	使图形对象的边缘呈现高低起伏的褶皱	中
操控变形工具	通过创建操控点对图形对象进行扭曲	中
封套扭曲	通过创建封套对图形对象进行扭曲	高

7.1.1 自由扭曲和透视扭曲

▣ 视频云课堂：62 自由扭曲和透视扭曲

"自由变换工具" 📐除了能对对象进行移动、缩放、旋转和倾斜等变换操作外，还可以对对象进行自由扭曲和透视扭曲。选中图形对象，然后在工具栏中选择"自由变换工具" 📐（快捷键为E），可在弹出的子工具栏中选择对应的工具，如图7-3所示，在对象上拖动即可对该对象进行扭曲。

图7-3

1.透视扭曲

在"自由变换工具" 📐的子工具栏中单击"透视扭曲"按钮 ⊄，然后拖动某一锚点即可对该对象进行透视扭曲，如图7-4所示。

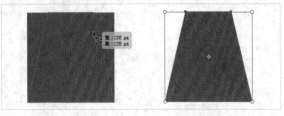

图7-4

2.自由扭曲

在"自由变换工具" 📐的子工具栏中单击"自由扭曲"按钮 ⊅，然后拖动某一锚点即可对该对象进行自由扭曲，如图7-5所示。

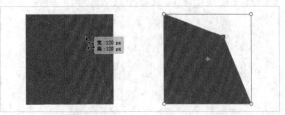

图7-5

📝 技巧与提示

在激活了"自由变换工具" 📐后，拖动某一锚点的同时按住Ctrl键可对对象进行自由扭曲，拖动某一锚点的同时按快捷键Ctrl+Shift+Alt可对对象进行透视扭曲。

7.1.2 液化

▣ 视频云课堂：63 液化

使用液化工具扭曲对象具有较大的灵活性，主要原因是液化工具的数量相对较多，每一个工具对对象进行扭曲的形式都有所不同，其中包括旋转扭曲、紧缩、膨胀和褶皱等多种液化形式，因此液化工具常被用于修改图稿，使其更具艺术感。

选中图形对象，在工具栏中长按"宽度工具" 🖊，然后在弹出的工具组中选择相应的工具，并在对象上单击或拖动即可将该对象进行液化。在此过程中，双击任一液化工具都可以在其对应的对话框中设置该液化工具的工具选项，其中所有工具的"全局画笔选项"参数都是相同的（包括"宽度""高度""角度""强度""使用压感笔"等基础选项），但是各个工具的扭曲属性会有所不同，下面分别对这些液化工具的参数和扭曲效果进行介绍。

1.变形工具

"变形工具" ■可对图稿进行变形扭曲。选择"变形工具"■后，在图稿上拖动鼠标绘制图形即可，扭曲效果如图7-6所示。"变形工具选项"对话框如图7-7所示。

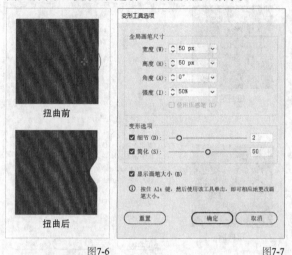

图7-6　　　　　　　　　　图7-7

重要参数介绍

◇ 细节：指定引入对象轮廓的各点的间距，数值越大，距离越小。

◇ 简化：在扭曲的同时控制锚点数量。

2.旋转扭曲工具

"旋转扭曲工具" ■可对图稿进行旋转扭曲。选择"旋转扭曲工具"■，然后在图稿上拖动鼠标绘制图形即可，扭曲效果如图7-8所示。"旋转扭曲工具选项"对话框如图7-9所示。

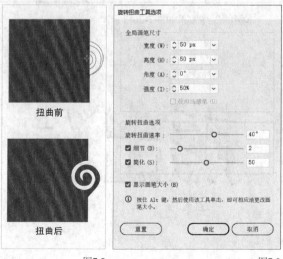

图7-8　　　　　　　　　　图7-9

重要参数介绍

◇ 旋转扭曲速率：调整旋转扭曲的速度。当数值为负数时，对象将以顺时针方向进行旋转扭曲；当数值为正数时，对象将以逆时针方向进行旋转扭曲。

3.缩拢工具

"缩拢工具" ■可将图稿向内进行收缩。选择"缩拢工具"■，然后在图稿上拖动鼠标绘制图形即可，扭曲效果如图7-10所示。"收缩工具选项"对话框如图7-11所示。

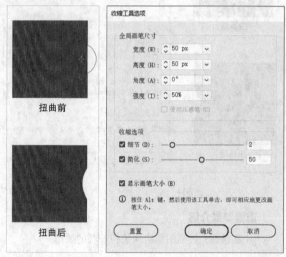

图7-10　　　　　　　　　　图7-11

4.膨胀工具

"膨胀工具" ■可将图稿向外进行扩展。选择"膨胀工具"■，然后在图稿上拖动鼠标绘制图形即可，扭曲效果如图7-12所示，"膨胀工具选项"对话框如图7-13所示。

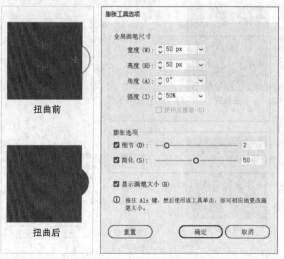

图7-12　　　　　　　　　　图7-13

5.扇贝工具

"扇贝工具" ▣可将图稿向内进行收缩，同时使图稿的边缘呈现锐利的外观。选择"扇贝工具" ▣，然后在图稿上拖动鼠标绘制图形即可，扭曲效果如图**7-14**所示。"扇贝工具选项"对话框如图**7-15**所示。

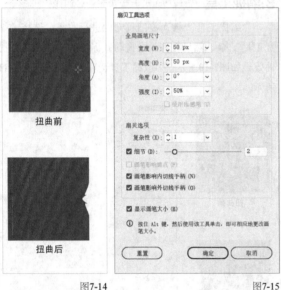

图7-14　　　　　图7-15

重要参数介绍

◇ **复杂性**：控制图稿边缘锐利外观的数量。

6.晶格化工具

"晶格化工具" ▣可将图稿向外进行扩张，同时使图稿的边缘呈现锐利的外观。选择"晶格化工具" ▣，然后在图稿上拖动鼠标绘制图形即可，扭曲效果如图**7-16**所示。"晶格化工具选项"对话框如图**7-17**所示。

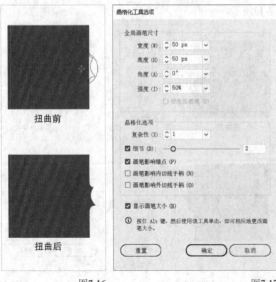

图7-16　　　　　图7-17

7.褶皱工具

"褶皱工具" ▣可使图稿的边缘呈现高低起伏的褶皱。选择"褶皱工具" ▣，然后在图稿上拖动鼠标绘制图形即可，扭曲效果如图**7-18**所示。"褶皱工具选项"对话框如图**7-19**所示。

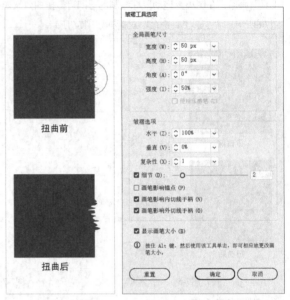

图7-18　　　　　图7-19

重要参数介绍

◇ **水平**：控制水平方向上的扭曲程度。

◇ **垂直**：控制垂直方向上的扭曲程度。

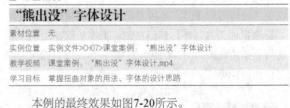

课堂案例

"熊出没"字体设计

素材位置	无
实例位置	实例文件>CH07>课堂案例："熊出没"字体设计
教学视频	课堂案例："熊出没"字体设计.mp4
学习目标	掌握扭曲对象的用法、字体的设计思路

本例的最终效果如图**7-20**所示。

图7-20

01 新建一个尺寸为800px×600px的画板，然后使用"矩形工具" ■ 在画板中绘制一个矩形，并设置"宽度"为800px、"高度"为600px、"填色"为浅灰色（R:239，G:239，B:239）、"描边"为无，使其与画板对齐，如图7-21所示。

图7-21

02 使用"矩形工具" ■ 绘制一个矩形，并设置"宽度"为185px、"高度"为235px、"填色"为无、"描边"为黑色，然后将该矩形复制两份。接着将这些矩形并排放置在一起并进行"锁定" 🔒，用于界定文字的间距和大小，如图7-22所示。

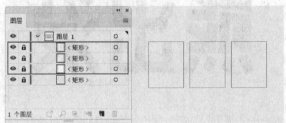

图7-22

03 使用"钢笔工具" ✐ 在第1个方框中依次绘制路径，使这些路径组成"熊"字，如图7-23所示。

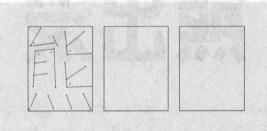

图7-23

04 使用"钢笔工具" ✐ 在第2个方框中依次绘制路径，使这些路径组成"出"字，如图7-24所示。

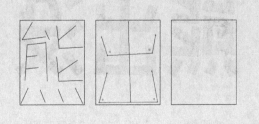

图7-24

05 使用"钢笔工具" ✐ 在第3个方框中依次绘制路径，使这些路径组成"没"字，如图7-25所示。

图7-25

06 使用"矩形工具" ■ 在画板中绘制一个矩形，并设置"宽度"为295px、"高度"为9px、"填色"为黑色、"描边"为无，如图7-26所示。

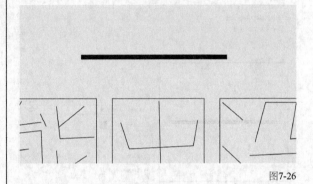

图7-26

07 在工具栏中双击"褶皱工具" 🖌，在弹出的"褶皱工具选项"对话框中设置"宽度"为28px、"高度"为34px、"水平"为100%、"垂直"为0%、"复杂性"为2、"细节"为2，然后单击"确定"按钮 ⬚ 退出设置。接着在选择了"褶皱工具" 🖌 的情况下，拖动矩形的首尾两端，使其成为褶皱状态，如图7-27所示。

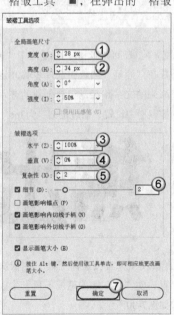

图7-27

⑧ 将调整后的矩形拖动到"画笔"面板中,然后在弹出的"新建画笔"对话框中将其定义为"艺术画笔"并确认,接着在弹出的"艺术画笔选项"对话框中设置"方法"为"色相转换",最后单击"确定"按钮 确定 ,如图7-28所示。

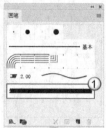

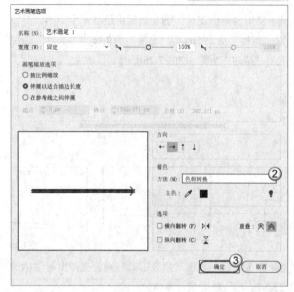

图7-28

⑨ 隐藏原有的矩形,然后选中"熊出没"字样的路径,并在"画笔"面板中选择步骤08定义的艺术画笔,这时原来的文字路径已经被创建的艺术画笔替换了,接着在控制栏中设置"描边粗细"为3pt,效果如图7-29所示。

图7-29

⑩ 使用"直接选择工具" ▷ 依次调整路径或锚点的位置,使"熊"字的笔画不再发生重叠且占满整个方框,如图7-30所示。

图7-30

⑪ 使用"直接选择工具" ▷ 依次调整路径或锚点的位置,使"出"字的笔画占满整个方框,如图7-31所示。

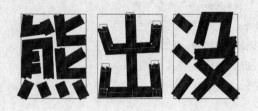

图7-31

⑫ 使用"直接选择工具" ▷ 依次调整路径或锚点的位置,使"没"字的笔画不再发生重叠且占满整个方框,如图7-32所示。

图7-32

⑬ 分别将组成"熊""出""没"3个字的路径进行编组,同时隐藏方框,如图7-33所示。

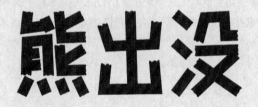

图7-33

⑭ 选中"熊""出""没"3个字并执行"对象>扩展外观"菜单命令,然后设置这些路径的"描边"为无,接着执行"窗口>路径查找器"菜单命令,在弹出的"路径查找器"面板中应用"联集" ▣ ,如图7-34所示。

图7-34

⑮ 适当地调整"熊""出""没"3个字的间距,然后在"渐变"面板中设置"填色"为从淡黄色(R:255,G:178,B:42)到深黄色(R:240,G:139,B:74)的线性渐变,并设置"角度"为68°,如图7-35所示。

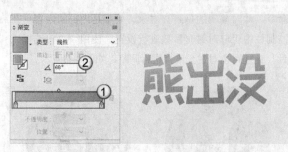

图7-35

⑯ 将"熊出没"路径进行编组并复制一份，然后将复制得到的路径编组放置在"熊出没"编组的下一层，再按→键和↓键进行移动，使该文字具有投影，轮廓更加突出，最终效果如图7-36所示。

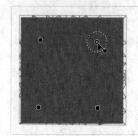

图7-36

7.1.3 操控变形

自由变换工具组中的"操控变形工具" ★ 可实现图形的操控变形，与液化工具组中的工具相比，"操控变形工具" ★ 能够在对象上添加操控点，并通过拖动操控点对对象进行扭曲变形，使用这种方式操作下的扭曲部分看起来比较自然，而且可控性较高，因此该工具也常用于图稿的变形。

选中图形对象，然后在工具栏中选择"操控变形工具" ★，接着在对象上单击即可添加一个操控点，重复操作直至操控点的数量达到预期后，将鼠标指针放置在操控点上，待鼠标指针变成 ↝ 时拖动操控点即可对对象进行扭曲，如图7-37所示。在此过程中，选中想要删除的操控点后按Delete键即可将其删除；如果想将扭曲限制在一个操控点周围，那么可以按住Alt键拖动。

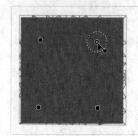

扭曲前   扭曲后

图7-37

7.1.4 封套扭曲

▣ 视频云课堂：64 封套扭曲

封套是一种能够对选定对象进行扭曲的对象。将图形放置在特定的封套中并对封套进行变形，图形展现出的外观也会发生变化；而一旦去除了封套，对象便会恢复到原本的形态。

1.创建封套对象

我们可以使用3种方法来创建封套对象，分别为"用变形建立"、"用网格建立"和"用顶层对象建立"。使用不同方法建立的封套对象，其特征会有差异，因此在创建封套前，我们应该根据预期效果来选择创建封套对象的方法。

⊙ 用变形建立

选中图形对象，执行"对象>封套扭曲>用变形建立"菜单命令（快捷键为Ctrl+Shift+Alt+W），然后在"变形选项"对话框中指定相关参数即可，扭曲效果如图7-38所示，"变形选项"对话框如图7-39所示。

创建前   创建后

图7-38

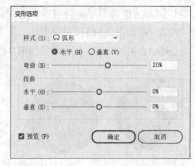

图7-39

重要参数介绍

◇ **样式**：指定变形的样式，有"弧形""旗形""拱形""鱼眼"等。

◇ **水平/垂直**：设置对象扭曲的方向是水平还是垂直。

◇ **弯曲**：设置对象的弯曲程度。

◇ **水平**：设置对象水平方向的透视扭曲变形的程度。

◇ **垂直**：设置对象垂直方向的透视扭曲变形的程度。

153

⊙ **用网格建立**

选中图形对象，执行"对象>封套扭曲>用网格建立"菜单命令（快捷键为Ctrl+Alt+M），然后在"封套网格"对话框中指定网格的行数和列数即可，扭曲效果如图7-40所示，"封套网格"对话框如图7-41所示。

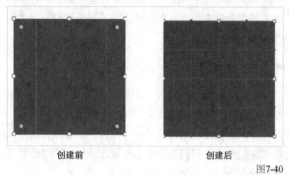

创建前　　　　　　　　创建后

图7-40

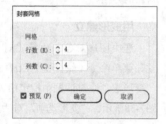

图7-41

⊙ **用顶层对象建立**

"用顶层对象建立"命令是利用顶层对象的外形调整底层对象的形态，使之产生变化。要执行该操作，需要先使用相关工具在需要创建为封套的对象上层绘制一个形状作为变形的对象，然后同时选中这两个对象并执行"对象>封套扭曲>用顶层对象建立"菜单命令（快捷键为Ctrl+Alt+C）即可，扭曲效果如图7-42所示。

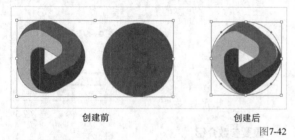

创建前　　　　　　　　创建后

图7-42

2.编辑封套

一个封套对象包含用于控制变形效果的封套部分和变形影响的内容部分。封套建立完成后，可以通过对封套形状的调整编辑对象内部的形态。

⊙ **编辑封套或内容**

选中封套扭曲的对象，然后在控制栏中单击"编辑封套"按钮 或执行"对象>封套扭曲>编辑封套"菜单

命令，此时编辑的是封套对象，而不是内部的内容。在控制栏中可以对封套参数进行设置，使用"直接选择工具" 还可以对封套锚点进行调整，如图7-43所示。

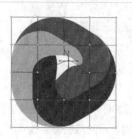

图7-43

默认情况下，选择封套对象时，可以直接进行编辑的是封套部分。如果要对被扭曲的图形进行编辑，可以选中封套扭曲的对象，然后在控制栏中单击"编辑内容"按钮 或执行"对象>封套扭曲>编辑内容"菜单命令，接着使用"直接选择工具" 拖动封套的锚点即可对图形进行编辑，如图7-44所示，其中对于用网格建立的封套对象，还可以通过"网格工具" 进行相关的操作。

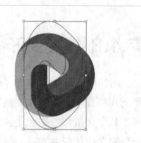

图7-44

⊙ **设置封套选项**

选中封套对象，在控制栏中单击"封套选项"按钮 或执行"对象>封套扭曲>封套选项"菜单命令，然后在"封套选项"对话框中指定相关选项即可完成设置，如图7-45所示。

图7-45

重要参数介绍

◇ **保真度**：拖动滑块可以控制封套扭曲的精确程度。

◇ **扭曲外观**：控制是否将对象的外观属性与对象一并进行扭曲。

◇ **扭曲线性渐变填充**：控制是否将对象的线性渐变填充与对象一并进行扭曲。

◇ **扭曲图案填充**：控制是否将对象的图案填充与对象一并进行扭曲。

⊙ **释放或扩展封套**

释放封套能够恢复原有图形，同时封套也会被保留。选中封套对象后，执行"对象>封套扭曲>释放"菜单命令可对封套进行释放；扩展封套能够将封套对象转化为与当前外观一致的图形，执行"对象>封套扭曲>扩展"菜单命令可完成扩展，如图7-46所示。

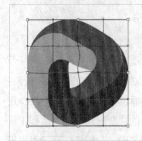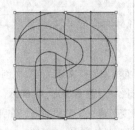

释放封套

扩展封套

图7-46

⊙ **重置封套**

创建了封套扭曲后，如果想切换封套扭曲的创建形式，那么可以对封套进行重置。在选中封套对象之后，执行"对象>封套扭曲>用变形重置（或用网格重置）"菜单命令，然后在相应的对话框中指定相关参数即可，如图7-47所示。

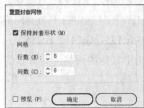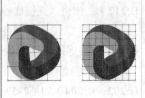

图7-47

📝 **技巧与提示**

当使用网格重置时，在"重置封套网格"对话框中勾选"保持封套形状"选项，可以保留原有封套的扭曲形状。

📓 课堂案例

使用封套扭曲制作果汁广告

素材位置	无
实例位置	实例文件>CH07>课堂案例：使用封套扭曲制作果汁广告
教学视频	课堂案例：使用封套扭曲制作果汁广告.mp4
学习目标	掌握封套扭曲的用法

本例的最终效果如图7-48所示。

图7-48

01 新建一个尺寸为800px×600px的画板，然后使用"矩形工具"▢在画板中绘制一个矩形，并设置"填色"为淡黄色（R:255，G:230，B:215）、"描边"为无，使其与画板对齐并进行"锁定"🔒，如图7-49所示。

图7-49

02 使用"椭圆工具"⬭在画板中绘制一个圆，并设置"高度"和"宽度"均为200px、"填色"为粉红色（R:255，G:142，B:213）、"描边"为无，然后在"透明度"面板中设置"混合模式"为"正片叠底"，如图7-50所示。执行"对象>封套扭曲>用网格建立"菜单命令，在弹出的"封套网格"对话框中设置"行数"为8、"列数"为8，单击"确定"按钮 退出设置。待封套网格生成后，使用"直接选择工具"▷选中4个边缘的中点，然后将其向中心点拖动，如图7-51所示。

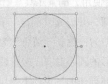

图7-50

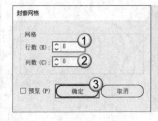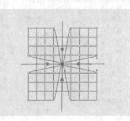

图7-51

⓷ 选中步骤02创建的图形，单击鼠标右键，在弹出的菜单中执行"变换>旋转"命令，如图7-52所示。接着在弹出的"旋转"对话框中设置"角度"为60°，单击"复制"按钮（复制 C），如图7-53所示。

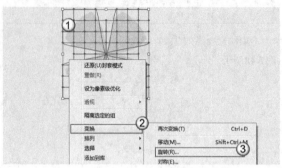

图7-52

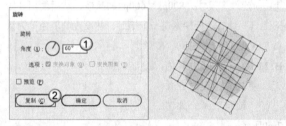

图7-53

⓸ 不进行其他操作，直接按快捷键Ctrl + D执行"再次变换"命令，再执行一次该操作，效果如图7-54所示。

⓹ 使用"椭圆工具" ○在步骤04创建的图形中绘制一个圆，并设置"高度"和"宽度"均为213.5px、"描边"为橘黄色（R:255，G:112，B:20）、"填色"为无，然后将其与步骤04创建的图形的圆心对齐，如图7-55所示。

图7-54   图7-55

⓺ 使用"椭圆工具" ○在步骤05创建的图形中绘制一个圆，并设置"高度"和"宽度"均为213.5px、"描边"为白色、"填色"为无，然后将其与步骤04创建的图形的圆心对齐，接着调整图层的堆叠顺序，使其在步骤05创建的图形的下一层，最后选中所有的图形并进行编组，如图7-56所示。

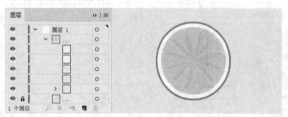

图7-56

⓻ 使用"直线段工具" ╱在步骤05创建的图形中绘制一条直线，并设置"描边"为白色、"长度"为步骤04创建的图形的直径，在绘制的时候穿过圆心即可，然后单击鼠标右键，在弹出的菜单中执行"变换>旋转"命令，在弹出的"旋转"对话框中设置"角度"为60°，单击"复制"按钮（复制 C），接着同样按快捷键Ctrl + D执行"再次变换"命令，如图7-57所示。

图7-57

⓼ 使用"文字工具" T创建点文字"JUICE"，并在控制栏中设置字体大小为60px，然后执行"对象>封套扭曲>用变形建立"菜单命令，在弹出的"变形选项"对话框中设置"样式"为"扭转"，单击"确定"按钮（确定）退出设置，接着调整画板中各个元素的位置，如图7-58所示。

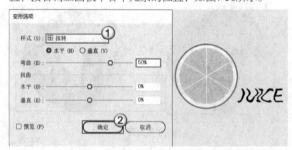

图7-58

⓽ 在"图层"面板中解锁底层的图形，然后使用"网格工具" ▦在画板的左上角、中间和右下角分别单击两次，创建出6条网格线，接着使用"直接选择工具" ▷选中左上角的网格点，并设置"填色"为橘色（R:255，G:97，B:36）；使用"直接选择工具" ▷选中中间的网格点，并设置"填色"为淡黄色（R:255，G:238，B:212）；使用"直接选择工具" ▷选中右下角的网格点，并设置"填色"为蓝色（R:155，G:241，B:255）；使用"直接选择工具" ▷选中其他的网格点，并设置"填色"为粉色（R:255，G:202，B:204）如图7-59所示。

图7-59

⑩ 使用"直接选择工具" ▷选中左上方的网格点并向左上方拖动；使用"直接选择工具" ▷选中左上方的网格点并向左拖动；使用"直接选择工具" ▷选中右下角的网格点并向左上方拖动，如图7-60所示。

⑪ 选中底层的图形，再次执行"对象>封套扭曲>用变形建立"菜单命令，在弹出的"变形选项"对话框中设置"样式"为"扭转"，单击"确定"按钮 ⃞ 退出设置，最后使用"光晕工具" ☀在画板中拉出一个光晕，使用默认的参数即可，完成案例的制作，最终效果如图7-61所示。

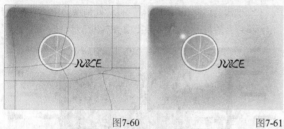

图7-60　　　　　　　　　　图7-61

📝 课堂练习

制作艺术展会海报

素材位置	素材文件>CH07>课堂练习：制作艺术展会海报
实例位置	实例文件>CH07>课堂练习：制作艺术展会海报
教学视频	制作艺术展会海报.mp4
学习目标	熟练掌握封套扭曲的用法、画笔的应用

本例的最终效果如图7-62所示。

图7-62

① 新建一个尺寸为800px×600px的画板，然后使用"矩形工具" ▭在画板中绘制一个矩形，并设置"宽度"为800px、"高度"为600px、"填色"为浅灰色（R:238，G:238，B:238）、"描边"为无，使其与画板对齐并"锁定" 🔒，如图7-63所示。

图7-63

② 使用"极坐标网格工具" ⊕绘制一个极坐标网格，并设置"高度"为500px、"宽度"为500px、"同心圆分隔线"的"数量"为10、"径向分隔线"的"数量"为0，最后单击"确定"按钮 ⃞，参数及效果如图7-64所示。

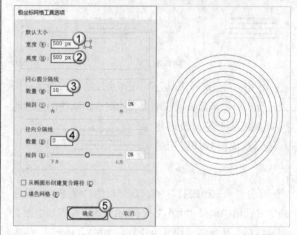

图7-64

③ 设置"描边"为黑色、"描边粗细"为10pt，效果如图7-65所示。

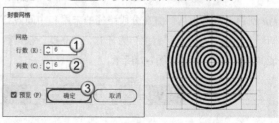

图7-65

④ 选中步骤03创建的图形，然后执行"对象>封套扭曲>用网格建立"菜单命令（快捷键为Ctrl+Alt+M），在"封套网格"对话框中设置"行数"和"列数"都为6，最后单击"确定"按钮 ⃞，参数及效果如图7-66所示。

图7-66

05 使用"直接选择工具"▷，对创建的封套进行适当的调整，完成艺术抽象图案的制作，效果如图7-67所示。

图7-67

06 使用"直线段工具"/在画板的其他地方绘制一条直线，并在控制栏中设置"描边粗细"为6pt，然后将其复制4份，如图7-68所示。

07 选中所有的直线，然后执行"窗口>描边"菜单命令，在弹出的"描边"面板中应用"圆头端点" ，此时所有直线的端点都变为圆头，如图7-69所示。

图7-68   图7-69

08 使用"直接选择工具"▷选择直线的端头，然后长按←键和→键来延长或收缩直线的端点，以便能随意地控制直线的长度，最终将直线调整成图7-70所示的样式。

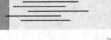

图7-70

09 双击"橡皮擦工具" ，在弹出的"橡皮擦工具选项"对话框中确保"大小"大于6pt，然后在直线中擦去部分路径，使每条直线分为几段，如图7-71所示。使用"直接选择工具"▷选择某些直线的端头，长按←键和→键来控制其长度，直至达到自然效果，如图7-72所示。

图7-71   图7-72

10 选中所有的分段路径，执行"对象>扩展"菜单命令将图形进行扩展，以方便我们接下来对该路径进行编辑，然后将其复制出多份，如图7-73所示。

图7-73

11 使用"矩形工具" 在分段路径的末尾和中间各绘制一个矩形，并设置"宽度"为任意，"高度"根据智能参考线确定即可，如图7-74所示。

图7-74

12 使用"直接选择工具"▷选中末端矩形的端点，然后拖动锚点使其成为圆角；使用"直接选择工具"▷选中中间的矩形，使用"形状生成器工具" 合并其中的线段，如图7-75所示。

图7-75

📝 **技巧与提示**

在使用"形状生成器工具" 合并相连的图形时，一定要将重合的每一笔都合并完，如图7-76所示。

未合并

图7-76

13 使用"直接选择工具"▷选中矩形区域内空白矩形轮廓处的锚点，然后长按←键和→键来延长或收缩该区域的端点，如图7-77所示。

图7-77

14 使用"直接选择工具"▷选中矩形区域内空白矩形轮廓的锚点，然后将其拖动至最大圆角半径，如图7-78所示。

图7-78

15 将调整后的图形拖动到"画笔"面板中，在弹出的"新建画笔"对话框中将其定义为"艺术画笔"并确认，接着在弹出的"艺术画笔选项"对话框中设置"方法"为"色相转换"，单击"确定"按钮 ，如图7-79所示。

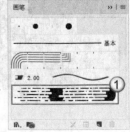

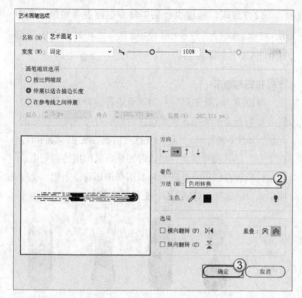

图7-79

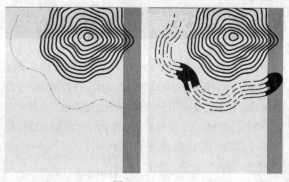

图7-82 图7-83

⑲ 使用"铅笔工具" ✏️再次绘制一条曲线路径，如图7-84所示，然后在"画笔"面板中选择之前定义的艺术画笔，并对图形位置进行适当的调整，如图7-85所示。

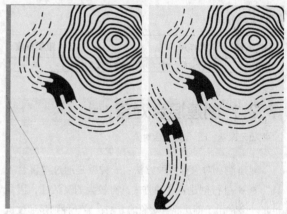

图7-84 图7-85

⑯ 隐藏原有的图形，然后使用"矩形工具"▣在画板中绘制一个矩形，并设置"宽度"为900px、"高度"为1200px、"填色"为浅灰色（R:238，G:238，B:238）、"描边"为无，接着将该矩形的左下角相对于画板对齐，再单击"画板工具"▤，使画板适应刚刚创建的矩形尺寸，如图7-80所示。

⑰ 调整完成后，选择"选择工具"▶确认更改画板的尺寸，然后将步骤16创建的图形调整至底层并进行"锁定"🔒，删除原来的底图，最后将封套图形适当地放大，并将其放置在画板的右上角（部分超出画板），如图7-81所示。

⑳ 执行"文件>置入"菜单命令，置入素材"素材文件>CH07>课堂练习：制作艺术展会海报>水墨.png"，然后适当地进行变换并"锁定"🔒，接着将其放置在画板的左下角，并调整其堆叠顺序，如图7-86所示。

㉑ 打开"素材文件>CH07>课堂练习：制作艺术展会海报>文案.ai"，将提供的文案复制到当前的编辑文档中，并将其放置在画板的右下角，完成案例的制作，最终效果如图7-87所示。

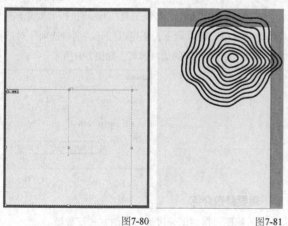

图7-80 图7-81

⑱ 使用"铅笔工具" ✏️在封套图形的下方绘制一条曲线路径，该路径应根据封套图形的弯曲程度进行绘制，保证一定的美观性，如图7-82所示。在"画笔"面板中选择之前定义的艺术画笔，并对图形位置进行适当的调整，效果如图7-83所示。

图7-86 图7-87

7.2 混合对象

混合对象能够在两个或多个对象之间创建出多个过渡对象，同时使这些对象成为一个整体。过渡对象除了会在形状上逐渐过渡外，还能够在颜色上逐渐进行过渡。因其具有这样的特点，使用混合对象创作出的图稿往往都具有很强的形式美感。执行"对象>混合"命令，在打开的子菜单中可以看到"建立""混合选项""替换混合轴"等多种混合对象的命令，如图7-88所示。

建立(M)	Alt+Ctrl+B
释放(R)	Alt+Shift+Ctrl+B
混合选项(O)...	
扩展(E)	
替换混合轴(S)	
反向混合轴(V)	
反向堆叠(F)	

图7-88

本节工具介绍

工具名称	工具作用	重要程度
混合工具	在两个或多个对象之间创建出多个过渡对象	高

7.2.1 创建混合对象

▶ 视频云课堂：65 创建混合对象

创建混合对象有两种方法：一种就是通过"混合工具" 来进行创建，这种方式具有较大的灵活性，因此也是一个常用于创建混合对象的方法；另一种则是通过执行菜单命令来进行创建，对于混合开放路径来说，使用这种方法创建混合对象可以有效地避免过渡对象发生扭转。

第1种方式，使用混合工具创建混合对象。在工具栏中选择"混合工具" （快捷键为W），在某一对象上单击后，再单击另一个对象即可将这两个对象进行混合，同时会自动创建一条线作为对象的混合轴，应用效果如图7-89所示。

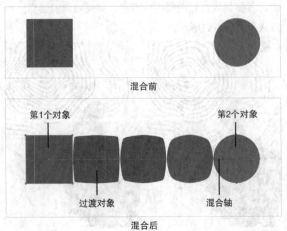

混合前

第1个对象　　　　　　　　第2个对象

过渡对象　　　　混合轴

混合后

图7-89

第2种方式，通过执行菜单命令创建混合对象。选中图形对象，执行"对象>混合>建立"菜单命令（快捷键为Ctrl+Alt+B）即可。

> 📝 **技巧与提示**
>
> 当使用"混合工具" 对对象进行混合时，单击的位置会影响混合的效果，因此过渡对象很有可能发生扭转的现象，如图7-90所示。为了避免这种情况的发生，我们可以在单击时尽量避开锚点：单击时要注意鼠标指针的变化，当鼠标指针在锚点附近显示为 时单击即可。当然，执行菜单命令创建混合对象无疑是更稳妥的办法。

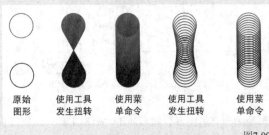

| 原始图形 | 使用工具发生扭转 | 使用菜单命令 | 使用工具发生扭转 | 使用菜单命令 |

图7-90

7.2.2 编辑混合对象

▶ 视频云课堂：66 编辑混合对象

创建了混合对象后，往往这时的混合对象并不符合我们的预期效果，因此就需要对其进行编辑，其中使用较为频繁的操作便是设置混合选项。

1.设置混合选项

在工具栏中双击"混合工具" 或执行"对象>混合>混合选项"菜单命令，都可以打开"混合选项"对话框，在其中设置相应的选项即可，如图7-91所示。

图7-91

重要参数介绍

◇ **间距**：指定创建过渡对象的方式及数量。

》 **平滑颜色**：自动指定过渡对象的数量。

》 **指定的步数**：在后方的文本框中输入数值，以指定过渡对象的数量，数值设置得越大，过渡对象就越多，如图7-92所示。

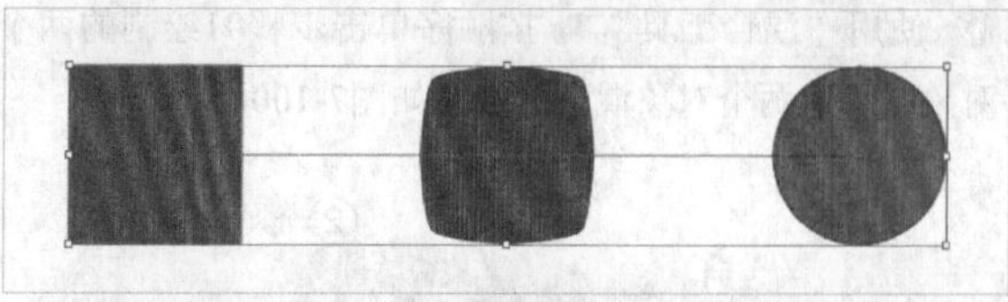

指定的步数为1

指定的步数为3

图7-92

　　» **指定的距离**：在后方的文本框中输入数值，以指定相邻对象之间的距离，数值越小，创建的过渡对象越多。

　　◇ **取向**：控制过渡对象的方向。

　　» **对齐页面**：过渡对象将垂直于水平方向。

　　» **对齐路径**：过渡对象将垂直于混合轴。

2.调整混合轴

　　使用"替换混合轴"命令可以指定一条绘制好的路径替换混合对象当前的混合轴，替换混合轴后，过渡对象将沿该路径重新排列；使用"反向混合轴"命令能够改变混合轴的方向，从而改变混合对象的混合方向。

⊙ **替换混合轴**

　　先绘制一条路径，这条路径将作为替换的新混合轴，然后同时选中这条路径和混合对象并执行"对象>混合>替换混合轴"菜单命令，替换效果如图7-93所示。

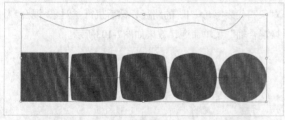

替换前

替换后

图7-93

⊙ **反向混合轴**

　　选中混合对象并执行"对象>混合>反向混合轴"菜单命令，即可将混合对象的混合轴进行反向，反向效果如图7-94所示。

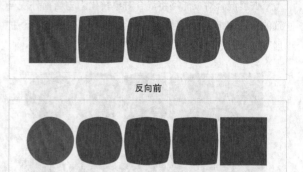

反向前

反向后

图7-94

3.对堆叠顺序进行反向

　　选中混合对象并执行"对象>混合>反向堆叠"菜单命令，即可对混合对象的堆叠顺序进行反向，反向效果如图7-95所示。

反向堆叠前

反向堆叠后

图7-95

4.释放和扩展混合对象

　　释放混合对象能够将原有对象进行还原，同时还会保留混合轴。选中目标对象后，执行"对象>混合>释放"菜单命令（快捷键为**Ctrl+Shift+Alt+B**）完成释放，这时混合对象将还原为原有对象，如图7-96所示。

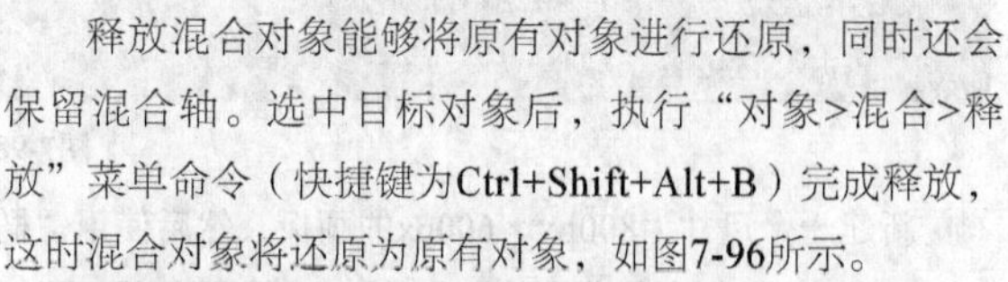

释放前

释放后

图7-96

扩展混合对象能够将混合对象转化为与当前外观一致的路径编组。选中目标对象后，执行"对象>混合>扩展"菜单命令即完成扩展，如图7-97所示。

图7-97

📖 课堂案例

使用混合工具制作立体字

素材位置	无
实例位置	实例文件>CH07>课堂案例：使用混合工具制作立体字
教学视频	课堂案例：使用混合工具制作立体字.mp4
学习目标	掌握混合工具的用法、立体字的制作方法

本例的最终效果如图7-98所示。

图7-98

01 新建一个尺寸为800px×600px的画板，然后使用"椭圆工具" ◯绘制直径分别为75px和35px的两个圆，同时应用从紫色（R:113，G:62，B:250）到蓝色（R:167，G:250，B:239）的线性渐变，并且不使用描边，最后将其放置在图7-99所示的位置。

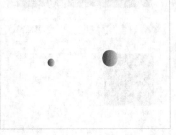

图7-99

02 使用"混合工具" ❧ 按顺序单击步骤01绘制的两个对象，将这两个对象混合，效果如图7-100所示。

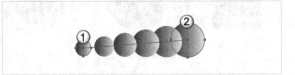

图7-100

03 双击"混合工具" ❧ ，在弹出的"混合选项"对话框中设置"间距"为"指定的步数"，同时指定步数为1000，单击"确定"按钮 确定 ，如图7-101所示。

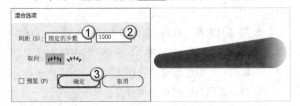

图7-101

04 使用"铅笔工具" ✎ 在画板中绘制出"light"字样的路径，如图7-102所示。

图7-102

📝 技巧与提示

读者不需要绘制得很精细，随意绘制该路径即可。

05 将步骤03创建的混合对象复制一份，同时选中混合对象和代表字母"l"的路径，然后执行"对象>混合>替换混合轴"菜单命令，效果如图7-103所示。

图7-103

06 将步骤03创建的混合对象复制一份，同时选中混合对象和代表字母"i"上半部分的路径，执行"对象>混合>替换混合轴"菜单命令，如图7-104所示。将步骤03创建的混合对象复制一份，同时选中混合对象和代表字母"i"下半部分的路径，执行"对象>混合>替换混合轴"菜单命令，效果如图7-105所示。

图7-104

图7-105

07 将步骤03创建的混合对象复制一份,同时选中混合对象和代表字母"g"的路径,执行"对象>混合>替换混合轴"菜单命令,效果如图7-106所示。

图7-106

08 将步骤03创建的混合对象复制一份,同时选中混合对象和代表字母"h"的路径,执行"对象>混合>替换混合轴"菜单命令,效果如图7-107所示。

图7-107

09 将步骤03创建的混合对象复制一份,同时选中混合对象和代表字母"t"横线部分的路径,执行"对象>混合>替换混合轴"菜单命令,如图7-108所示。将步骤03创建好的混合对象复制一份,同时选中混合对象和代表字母"t"竖钩部分的路径,执行"对象>混合>替换混合轴"菜单命令,效果如图7-109所示。

图7-108

图7-109

10 使用"矩形工具" ■ 在画板中绘制一个矩形,并设置"宽度"为800px、"高度"为600px,然后使用与混合对象相同的渐变颜色进行填充,将其与画板对齐,完成案例的制作,最终效果如图7-110所示。

图7-110

163

課堂练习

使用混合工具制作线条字

素材位置	无
实例位置	实例文件>CH07>课堂练习：使用混合工具制作线条字
教学视频	课堂练习：使用混合工具制作线条字.mp4
学习目标	熟练掌握混合工具的用法、连笔字的制作方法

本例的最终效果如图**7-111**所示。

图7-111

01 新建一个尺寸为**800px×600px**的画板，然后使用"椭圆工具" ⬭ 绘制两个直径均为**40px**的圆，并设置其中一个圆的"描边"为紫色（R:232，G:0，B:58）、"填色"为无，另一个圆的"描边"为红色（R:116，G:90，B:255）、"填色"为无；接着将这两个圆并列放置，再将其复制一份作为备用，如图**7-112**所示。

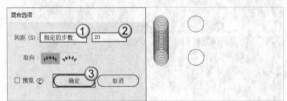

图7-112

02 双击"混合工具" ⬚ ，在弹出的"混合选项"对话框中设置"间距"为"指定的步数"，并指定步数为20，单击"确定"按钮 确定 ；接着选中第一组圆，然后执行"对象>混合>建立"菜单命令，这时生成的混合对象效果如图**7-113**所示。

混合选项
间距（S）：指定的步数 ① 20 ②
取向： ⬚⬚⬚
□ 预览（P） 确定 ③ 取消

图7-113

03 按照同样的方法设置另一组圆，但是需要设置指定的步数为**500**，效果如图**7-114**所示。

04 将步骤**03**创建的图形移动到画板偏上的位置，然后使用"铅笔工具" ✏ 绘制连笔的"light"字样，在绘制的过程中可以停顿并多次绘制，若出现错误，可按快捷键**Ctrl + Z**随时撤销。选中混合路径，然后使用"铅笔工具" ✏ 沿中心路径画一条竖钩线，如图**7-115**所示。

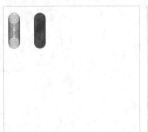

图7-114　　　　　　　　　　图7-115

05 继续绘制线条，这时随着路径变长，混合路径中的步数也被逐渐稀释，如图**7-116**所示。

图7-116

06 "light"字样绘制完成，效果如图**7-117**所示。

图7-117

07 双击"light"字样进入隔离模式，然后复制混合路径，待退出隔离模式后进行粘贴，接着选中该路径并设置"描边"为深蓝色（R:0，G:11，B:170）、"描边粗细"为**20pt**，效果如图**7-118**所示。

图7-118

08 调整步骤07创建的图形的堆叠顺序，然后将其与复制的混合路径进行编组，接着使用"矩形工具" □在画板中绘制一个矩形，并设置"宽度"为800px、"高度"为600px、"填色"为从蓝色（R:36，G:0，B:233）到红色（R:255，G:21，B:27）的线性渐变，并设置渐变颜色的"不透明度"均为70%，效果如图7-119所示。

图7-119

09 选中备用的混合路径，并调整其堆叠顺序，然后按住Shift键将其旋转45°，在"透明度"面板中设置"不透明度"为40%，接着将其复制多份并随机分布在画板中，作为画面的装饰。最后将所有的装饰进行编组，完成案例的制作，图层关系及最终效果如图7-120所示。

图7-120

7.3 符号

如果要对某些图稿进行复用，我们除了可以使用之前学过的"图案"实现，还可以使用"符号"来实现。相较于使用图案来复用图稿，通过符号来复用图稿的灵活性会更强，因为我们可以将符号置入画板中的任意位置上，这些符号被称为符号实例，符号实例将会实时更新对符号进行的各项编辑。因其具有这样的特点，所以常常被应用到品牌设计或插画设计中。在工具栏中长按"符号喷枪工具"□，在弹出的工具组中可以看到总共有8种符号工具，如图7-121所示。

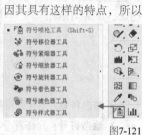

图7-121

本节工具介绍

工具名称	工具作用	重要程度
"符号"面板	管理和编辑符号	高
符号喷枪工具	创建符号组	中
符号移位器工具	移动符号组中的符号实例	中
符号紧缩器工具	缩小或者扩大符号组中符号实例之间的距离	中
符号缩放器工具	缩放符号组中的符号实例	中
符号旋转器工具	旋转符号组中的符号实例	中
符号着色器工具	改变符号组中的符号实例的颜色	中
符号滤色器工具	改变符号组中的符号实例的不透明度	中
符号样式器工具	将图形样式应用给符号组中的符号实例	中

7.3.1 符号面板

▶ 视频云课堂：67 符号面板

"符号"面板主要用于管理和编辑符号，与"图层"面板的用法相似，我们能在"符号"面板中对符号进行基本的创建、复制、删除和编辑等多项操作，执行"窗口>符号"菜单命令即可显示或隐藏"符号"面板。

"符号"面板如图7-122所示。在"符号"面板中双击想要编辑的符号，即可进入隔离模式，接下来就可以使用相关工具或命令对符号进行编辑。

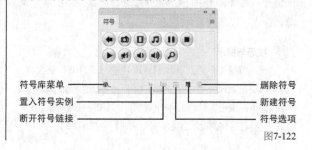

符号库菜单 —————————— 删除符号
置入符号实例 —————————— 新建符号
断开符号链接 —————————— 符号选项

图7-122

重要参数介绍

◇ **新建符号**：将需要创建为符号的图稿拖动到"符号"面板中或选中图稿并在"符号"面板中单击该按钮，在弹出的"符号选项"对话框中指定相关选项并单击"确定"按钮即可完成符号的创建，如图7-123所示。

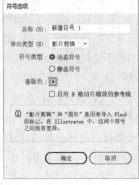

图7-123

» **静态符号**：不允许符号实例保留各自的配色。

» **动态符号**：允许符号实例保留各自的配色。如果要更改符号实例中各个组件的颜色，可以使用"直接选择工具"选中各个组件后进行更改。

» **套版色**：指定符号实例的变换中心。

» **启用9格切片缩放的参考线**：用于控制编辑符号时是否显示9格切片缩放的参考线。这些参考线将符号划分成9个区域，当缩放符号实例时，位于四角区域的部分将不会缩放，而是通过拉伸其他区域来完成缩放。

▤ **技巧与提示**

在"符号"面板中将目标符号拖动到"新建符号"按钮上即可完成复制。另外，选中目标符号后，在"符号"面板的面板菜单中选择"复制符号"命令也可以完成复制。

◇ **符号选项**：对目标符号的符号选项进行设置。

◇ **删除符号**：对目标符号进行删除。

◇ **符号库菜单**：在弹出菜单中选择"保存符号"命令可对目标符号进行保存，选择"其他库"命令可以导入符号。

◇ **置入符号实例**：将目标符号置入画板上。另外，将目标符号从"符号"面板拖动到画板上也可完成置入。

◇ **断开符号链接**：断开目标符号与符号实例之间的链接。另外，选中符号实例后，执行"对象>扩展"菜单命令也可以断开符号链接。

▤ **技巧与提示**

置入符号实例后，若我们对符号进行了编辑，那么将会实时更新到该符号对应的符号实例上，因此我们在编辑符号时，可以根据实际需求将一些符号实例和符号断开链接，这样这些符号实例就不会再实时更新对符号的编辑了。

7.3.2 使用符号工具

▣ 视频云课堂：68 使用符号工具

使用符号工具能够创建并编辑符号组，其中"符号喷枪工具"可以用来创建符号组，其他符号工具则用于对符号组进行移动、缩放、旋转和着色等多项操作。在绘制一些图稿时，合理地应用这些符号工具将会提高工作效率。

1.创建符号组

在创建符号组之前，可以先在工具栏中双击"符号喷枪工具"，在弹出的"符号工具选项"对话框中设置符号工具的相关选项，其中在对话框的上半部分可以设置符号工具的直径、方法、强度和密度这些全局选项，在对话框的下半部分可以设置使用符号喷枪工具向符号组中添加符号实例时使用的方法，如图7-124所示。

图7-124

当设置了符号工具选项后，在"符号"面板中选中某一符号，并在工具栏中选择"符号喷枪工具"，然后在目标位置单击或拖动即可完成创建，如图7-125所示。在此过程中，按住Alt键并在符号组上单击或拖动可以减少符号组中的符号实例。

图7-125

▤ **技巧与提示**

在工具栏中双击符号工具组中任意一个工具，都会弹出

"符号工具选项"对话框，然后便可以对相应的符号工具选项进行设置。如果想设置其他符号工具的选项，那么可以在"符号工具选项"对话框中单击相应工具的图标进行切换。

2.编辑符号组

在工具栏中选择除"符号喷枪工具" 之外的其他任意一个符号工具，在符号组上单击或拖动鼠标即可对符号组进行相应的操作。

⊙ 符号移位器工具

"符号移位器工具" 可以移动符号实例。选择"符号移位器工具" 后，按住Shift键并在符号组上单击某一符号实例，可以将该符号实例向上移动一层；如果按住Alt+Shift键并单击某一符号实例，可以将该符号实例向下移动一层，应用效果如图7-126所示。

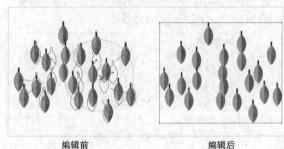

编辑前　　　　　　　　编辑后

图7-126

⊙ 符号紧缩器工具

"符号紧缩器工具" 可以使各个符号实例之间的距离变小。选择"符号紧缩器工具" 后，在符号组上单击或拖动鼠标可减小符号实例之间的距离；按住Alt键并在符号组上单击或拖动鼠标可增大符号实例之间的距离，应用效果如图7-127所示。

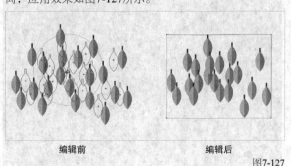

编辑前　　　　　　　　编辑后

图7-127

⊙ 符号缩放器工具

"符号缩放器工具" 可以放大符号实例。选择"符号缩放器工具" 后，在符号组上单击或拖动鼠标即可放大符号实例；按住Alt键并在符号组上单击或拖动鼠标可以缩小符号实例，应用效果如图7-128所示。

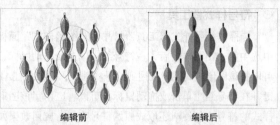

编辑前　　　　　　　　编辑后

图7-128

⊙ 符号旋转器工具

"符号旋转器工具" 可以旋转符号实例。选择"符号旋转器工具" 后，在符号组上拖动鼠标可旋转符号实例，应用效果如图7-129所示。

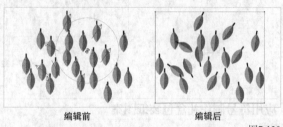

编辑前　　　　　　　　编辑后

图7-129

⊙ 符号着色器工具

"符号着色器工具" 可以将符号实例的颜色逐渐变成当前填色的颜色。选择"符号着色器工具" 后，按住Alt键并在符号组上单击或拖动鼠标可将符号实例的颜色逐渐还原成原始颜色，应用效果如图7-130所示。

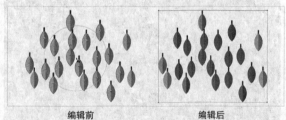

编辑前　　　　　　　　编辑后

图7-130

⊙ 符号滤色器工具

"符号滤色器工具" 可以减小符号实例的不透明度。选择"符号滤色器工具" 后，在符号组上单击或拖动鼠标可减小符号实例的不透明度；按住Alt键并在符号组上单击或拖动鼠标可增大符号实例的不透明度，应用效果如图7-131所示。

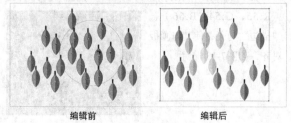

编辑前　　　　　　　　编辑后

图7-131

⊙ 符号样式器工具

选择"符号样式器工具" 并在"图形样式"面板中选中某一图形样式后，在符号组上单击或拖动鼠标，可以将该图形样式逐渐应用到符号实例上；如果按住Alt键并在符号组上单击或拖动鼠标，可以将应用了该图形样式的符号实例逐渐还原成原始符号实例，应用效果如图7-132所示。

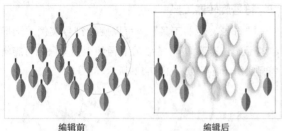

编辑前　　　　编辑后

图7-132

🔲 课堂案例

应用符号制作礼盒包装纸图案

素材位置	无
实例位置	实例文件>CH07>课堂案例：应用符号制作礼盒包装纸图案
教学视频	课堂案例：应用符号制作礼盒包装纸图案.mp4
学习目标	掌握符号工具的用法

本例的最终效果如图7-133所示。

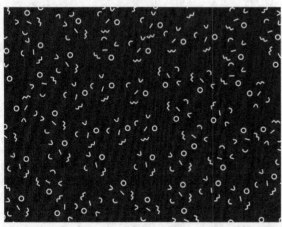

图7-133

01 新建一个尺寸为800px×600px的画板，然后使用"矩形工具" 在画板中绘制一个矩形，并设置"宽度"为800px、"高度"为600px、"填色"为深灰色（R:55，G:54，B:66）、"描边"为无，使其与画板对齐，如图7-134所示。

图7-134

02 使用"钢笔工具" 在画板中分别绘制出如图7-135所示的图形，并设置"描边粗细"均为3pt。

03 选中步骤02绘制的图形，并将其拖动到"符号"面板中，将其创建为一个符号，如图7-136所示。

图7-135　　　　图7-136

04 在工具栏中双击"符号喷枪工具" ，在"符号工具选项"对话框中设置"直径"为500px、"强度"为8、"符号组密度"为2，接着单击"确定"按钮，最后在"符号"面板中选中新建的符号并在画板上拖动，完成符号组的创建，如图7-137所示。

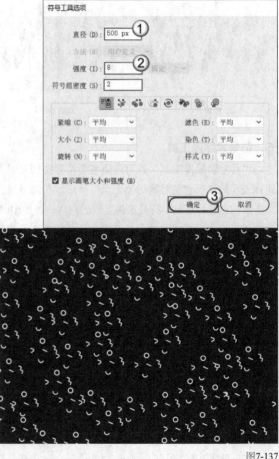

图7-137

05 选中创建的符号组，然后使用"符号移位器工具" 在该符号组上拖动，使该符号组之间的间隙相对匀称，整个构图看起来更加自然、舒适，如图7-138所示。

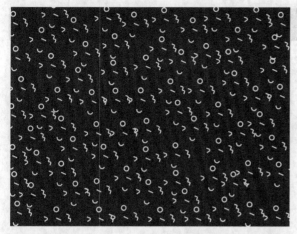

图7-138

06 选中调整后的符号组，然后使用"符号旋转器工具"在该符号组上拖动，使该符号组中的符号实例排列得相对比较随机，如图7-139所示。

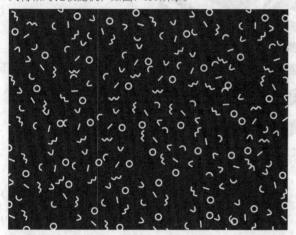

图7-139

07 选中调整后的符号组，然后按住Shift键并使用"符号紧缩器工具"在该符号组上拖动，适当地增大符号实例的间隙，如图7-140所示。

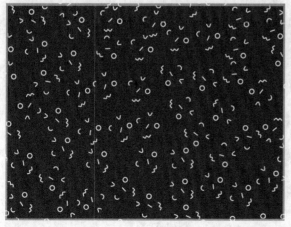

图7-140

08 使用"矩形工具"在画板中绘制一个矩形，并设置"宽度"为800px、"高度"为600px，然后将其置于顶层，并将其与画板对齐。接着选中符号组和该矩形，执行"对象>剪切蒙版>建立"菜单命令创建剪切蒙版，隐藏超出画板区域的符号实例，如图7-141所示。

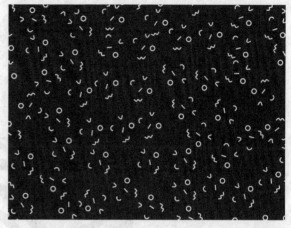

图7-141

7.4 本章小结

本章主要介绍了图稿的修改方法，以及混合对象和符号的应用方法，虽然涉及较多工具，但是只要我们注意寻找规律，掌握这些工具也是非常容易的。

在介绍扭曲对象时，学习了多种扭曲形式的使用方法，其中需要重点掌握封套扭曲的应用，这种扭曲方式的自由度比较高，同时实现的效果也具有很强的视觉冲击力。

在介绍混合对象时，讲解了创建和编辑混合对象的方法，需要重点掌握对开放路径进行混合的方法，因为在使用"混合工具"对开放路径进行混合的时候，如果稍微不注意，我们便会单击到路径上的锚点，这样就有可能会造成过渡路径的扭转，而这样的混合效果往往是不理想的。

在介绍符号时，讲解了"符号"面板及各种符号工具的使用方法，需要重点区分静态符号和动态符号。一般而言，我们在创建符号的时候都偏向于选择动态符号。另外，还需要掌握符号组的创建和编辑方法，因为我们可能会对一些图稿进行大量的复用，这时应用符号组是较好的选择。

7.5 课后习题

本节安排了两个课后习题供读者练习，这两个习题综合考查了本章知识。如果读者在练习时有疑问，可以一边观看教学视频，一边学习对象形状的变化技巧。

7.5.1 制作海报背景纹理

素材位置	无
实例位置	实例文件>CH07>课后习题：制作海报背景纹理
教学视频	课后习题：制作海报背景纹理.mp4
学习目标	熟练掌握封套扭曲的用法

本例的最终效果如图7-142所示。

图7-142

7.5.2 制作艺术字体

素材位置	无
实例位置	实例文件>CH07>课后习题：制作艺术字体
教学视频	课后习题：制作艺术字体.mp4
学习目标	熟练掌握混合对象的用法

本例的最终效果如图7-143所示。

图7-143

第 **8** 章

文本的排列与编辑

当我们制作名片、海报或宣传册时，文本的排列与编辑是必不可少的操作，这就必须要掌握创建文本、设置文本格式等各项知识。同时，还要注意字体的气质将在很大程度上影响作品的视觉效果，如表达现代的内容偏向于选择黑体，表达传统的内容偏向于选择宋体。掌握了这些知识后，我们还将学习编辑文本的各项命令，这样在处理文本时就能够快速地完成各类文本的编排了。

课堂学习目标

◇ 掌握文本的创建方法
◇ 掌握文本格式的设置方法
◇ 掌握文本的编辑方法

8.1 创建文本

文本分为点文字、区域文字和路径文字3种类型，而每一种文本类型的排列形式又可以分为横排和直排两种。不同的文本类型有着不同的应用场景，当我们只需要创建少量文本时，使用点文字类型创建会更加便捷；当我们要创建大量文本时，使用区域文字类型创建才能更好地解决问题；当要使文本的排列形式突破常规时，创建路径文字可能是较好的选择。同时，不同的文本排列形式也对应着不同的使用习惯，如横向排列的文本更符合人们的阅读习惯，因此我们日常接触到的书刊基本上都采用了这一种排列形式；纵向排列的文本看起来会更加古朴，但是这种排列形式会给我们的阅读带来一定的困难，因此主要用于排列少量文本的场景，如名片或海报上的信息。长按"文字工具" T ，在展开的工具组中可以看到总共有7个工具，如图8-1所示。

| T 文字工具 (T) |
| T 区域文字工具 |
| ✓ 路径文字工具 |
| ↓T 直排文字工具 |
| T 直排区域文字工具 |
| ✓ 直排路径文字工具 |
| T 修饰文字工具 (Shift+T) |

图8-1

本节工具介绍

工具名称	工具作用	重要程度
文字工具/直排文字工具	创建点文字	高
区域文字工具/直排区域文字工具	创建区域文字	高
路径文字工具/直排路径文字工具	创建路径文字	高

8.1.1 点文字

▣ 视频云课堂：69 点文字

点文字是少量横排或直排的文本，用于制作少量的文字。

1.文字的创建

点文字的创建方式非常简单，它的创建方式有以下两种。

第1种方式，在工具栏中选择"文字工具" T （快捷键为T），然后在要创建文字的位置上单击即可输入文字内容，再次单击即可完成横排点文字的创建，如图8-2所示。在此过程中，要从新的一行开始输入文本时，按Enter键换行即可；按住Ctrl键并拖动文本可调整文本的位置。

滚滚长江东逝水

图8-2

> **技巧与提示**
> "文字工具" T 是Illustrator中常见的创建文字的工具，使用该工具可以按照横排的方式，从左至右进行文字的输入。

第2种方式，在工具栏中选择"直排文字工具" ↓T ，然后在要创建文字的位置上单击即可输入文字内容，再次单击即可完成直排点文字的创建，如图8-3所示。在此过程中，要从新的一列开始输入文本时，按Enter键换列即可；按住Ctrl键并拖动文本可调整文本的位置。

图8-3

> **技巧与提示**
> 在要创建文字的位置上单击，这时自动出现的一行文字是"占位符"，方便我们观察文字输入后的效果，此时的占位符处于被选中的状态，我们可以在控制栏中设置合适的字体、字号，并直接观察到效果，如图8-4所示。如果界面中没有显示控制栏，可以执行"窗口>控制"菜单命令将其显示。
>
> 调整到令人满意的视觉效果后，可以按Backspace键删除占位符，然后输入所需的文字，如图8-5所示。文字输入完毕后，按Esc键结束操作。

占位符
滚滚长江东逝水　　　Hello World!

图8-4 　　　　　　　　　　图8-5

> 如果不想调出自动填充的文字占位符，只需执行"编辑>首选项>文字"命令，在弹出的对话框中取消勾选"用占位符文本填充新文字对象"选项即可，下次使用"文字工具" T 输入文字时就不会自动出现文字了。

2.文字的变换

点文字中的每一行文本都是独立存在的，因此当我们使用"选择工具" ▶拖动点文字定界框上的手柄时，会直接对文本内容进行变换，效果如图8-6所示，此外我们还可以在鼠标指针变为旋转图标时对文本内容进行旋转，效果如图8-7所示。

图8-6　　　　　　　　　　图8-7

8.1.2 区域文字

视频云课堂：70 区域文字

区域文字是大量横排或直排的文本，用于制作正文类的大段文字。

1.文字的创建

区域文字的创建也不难，它的创建方式有以下两种。

第1种方式，通过拖动鼠标来创建区域文字。在工具栏中选择"文字工具"T或"直排文字工具"IT，然后在画板的空白处框选一个区域便可以进行文本的输入。文字内容输入完成后，再次单击即可完成横排或直排区域文字的创建，如图8-8和图8-9所示。

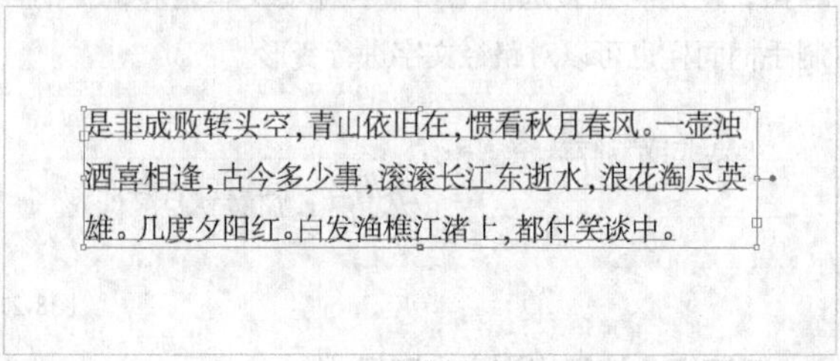

是非成败转头空，青山依旧在，惯看秋月春风。一壶浊酒喜相逢，古今多少事，滚滚长江东逝水，浪花淘尽英雄。几度夕阳红。白发渔樵江渚上，都付笑谈中。

图8-8

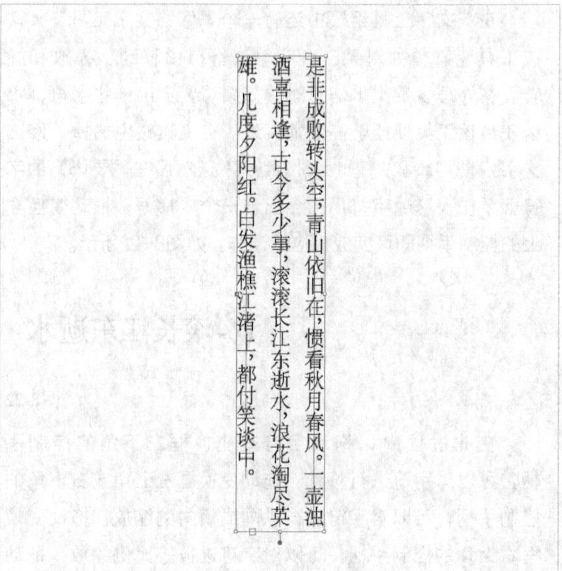

是非成败转头空，青山依旧在，惯看秋月春风。一壶浊酒喜相逢，古今多少事，滚滚长江东逝水，浪花淘尽英雄。几度夕阳红。白发渔樵江渚上，都付笑谈中。

图8-9

第2种方式，在形状中创建区域文字。使用相关工具绘制了形状后（圆形、矩形和星形都可以），在工具栏中选择"区域文字工具"⬚或"直排区域文字工具"⬚，然后在形状的路径上单击便可在该形状中进行文本的输入。文字内容输入完成后，按住Ctrl键并单击即可在该形状中完成横排或直排区域文字的创建，如图8-10和图8-11所示。

图8-10

图8-11

技巧与提示

使用相关工具进行文本的输入时，必须单击形状路径，如图8-12所示。如果单击的是形状路径的内部区域，则会弹出必须单击非复合、非蒙版路径的提示，如图8-13所示，此时无法创建区域文字。

单击形状路径

Adobe Illustrator

⚠ 要在路径内创建文本，您必须单击一个非复合、非蒙版路径。

确定

图8-12   图8-13

2.文字的变换

与点文字不同，由于创建的是区域文字，当文本内容到达文本定界框的边界时会自动换行，因此使用"选择工具"▶拖动文本定界框的边界时，区域文字会自适应文本区域的大小，如图8-14所示。使用"直接选择工具"▷拖动定界框上的控制手柄，可以对文本区域进行变形，如图8-15所示。

是非成败转头空，青山依旧在，惯看秋月春风。一壶浊酒喜相逢，古今多少事，滚滚长江东逝水，浪花淘尽英雄。几度夕阳红。白发渔樵江渚上，都付笑谈中。

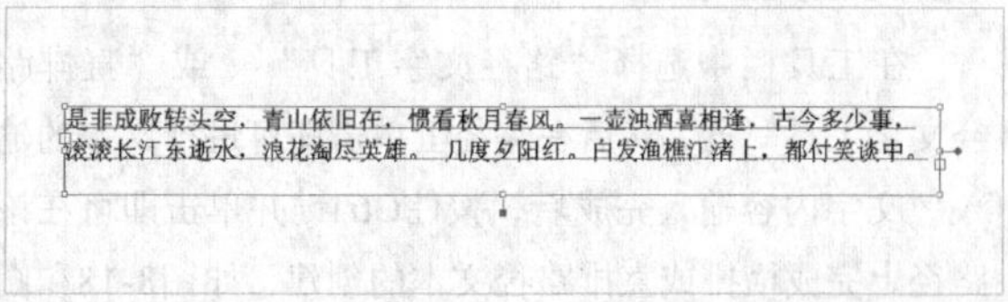

图8-14

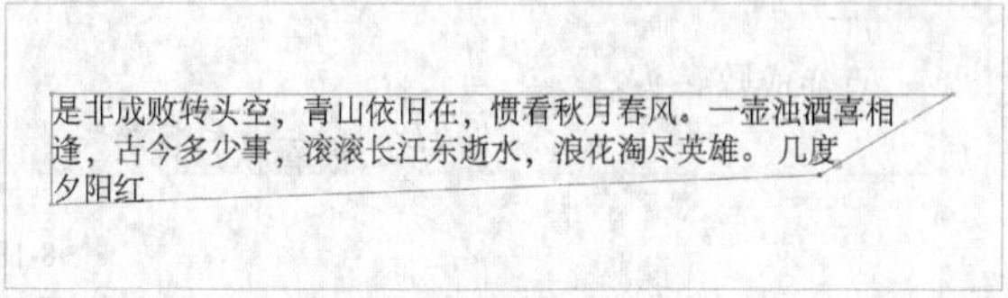

是非成败转头空，青山依旧在，惯看秋月春风。一壶浊酒喜相逢，古今多少事，滚滚长江东逝水，浪花淘尽英雄。几度夕阳红

图8-15

技巧与提示

在输入大量文本时，文本内容很容易超出当前区域的容许量而导致溢流，此时靠近文本定界框底部的位置会出现一个内含加号（＋）的小方块，同时文字未完全显示。我们可以通过调整文本区域的大小或扩展路径来显示溢流文本。当学习了文本格式的设置后，我们还可以采用更改文字大小或间距等方法，避免出现文本溢流的问题。

如果想对文本进行缩放或旋转，还可以使用"自由变换工具" 🖐 或"旋转工具" ↻ ，如图8-16和图8-17所示。

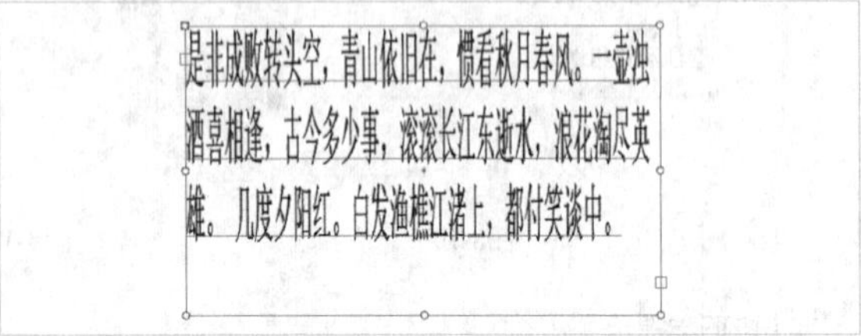

图8-16

图8-17

8.1.3 路径文字

📹 视频云课堂：71 路径文字

路径文字是沿路径进行排列的文本，与前面介绍的两种文字效果不同，路径文字可以将文字排列为任意形状，常常用于制作艺术感比较强烈的文本。

1.文字的创建

在工具栏中选择"路径文字工具" ✎ 或"直排路径文字工具" ✎ ，然后在路径上单击即可进行文本的输入。文字内容输入完成后，按住Ctrl键并单击即可在该路径上完成横排或直排路径文本的创建，如图8-18和图8-19所示。

图8-18

图8-19

📝 技巧与提示

使用"路径文字工具" ✎ 创建路径文字时，字符的排列将与基线平行；使用"直排路径文字工具" ✎ 创建路径文字时，字符的排列将与基线垂直。

2.文字的变换

当路径文字创建完成后，使用"选择工具" ▶ 选中路径文字并拖动中点标记即可沿路径移动文本；拖动起点标记和终点标记可以对文本的起始点和终止点进行调整，如图8-20所示。

起点标记　　中点标记　　起点标记

图8-20

使用"选择工具" ▶ 选中路径文字并拖动中点标记到路径的另一侧即可将文本翻转到该侧，如图8-21所示。当然，使用"直接选择工具" ▷ 拖动文本定界框上的控制手柄同样也可以对路径文字进行变形。

图8-21

🔲 知识点：使用修饰文字工具

在"文字工具组"中还有一个"修饰文字工具" ⌶ ，该工具能够单独对某一个字符进行自由移动、缩放和旋转。在处理少量文本信息时，如果想要突出一些字符，那么使用该工具便能够高效地实现。在工具栏中选择"修饰文字工具" ⌶ （快捷键为Shift+T），然后在需要修饰的字符上单击，这时字符周围会出现一个变换框，拖动变换框上的控制手柄即可完成相应的调整，如图8-22所示。

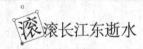

图8-22

在此过程中，拖动字符或变换框左下角的控制手柄，可以对字符进行移动；拖动变换框左上角或右下角的控制手柄，可以对字符进行纵向或横向的缩放；拖动变换框右上角的控制手柄，可以对字符进行等比例缩放；拖动变换框上方的旋转手柄，可以对字符进行旋转。

🖥 课堂案例

制作变形文字

素材位置	无
实例位置	实例文件>CH08>课堂案例：制作变形文字
教学视频	课堂案例：制作变形文字.mp4
学习目标	掌握文本的创建方法，以及对文字的变形处理

本例的最终效果如图8-23所示。

图8-23

① 新建一个尺寸为800px×600px的画板，然后使用"矩形工具" ▢ 在画板中绘制一个矩形，并设置"宽度"为800px、"高度"为600px、"填色"为浅灰色（R:232，G:232，B:232）、"描边"为无，最后将其与画板对齐，如图8-24所示。

② 使用"文字工具" T 在画板中创建点文字"随波逐流"，并设置"填色"为黑色，同时适当地调整文字的大小，如图8-25所示。

图8-24　　　　　　　　　图8-25

📝 技巧与提示

　　本例使用的字体为"方正悠黑"字体，由于还未讲解文本格式的设置，因此读者可以根据个人喜好选择其他合适的字体或直接使用系统默认生成的字体。

③ 选中步骤02创建完成的点文字，然后执行"对象>封套扭曲>用网格建立"菜单命令，在弹出的"封套网格"对话框中设置网格的"行数"和"列数"均为6，最后单击"确定"按钮，如图8-26所示。

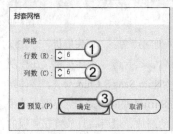

图8-26

④ 使用"直接选择工具" ▷ 对创建好的封套进行适当的调整，如图8-27所示，完成后的效果如图8-28所示。

图8-27　　　　　　　　　图8-28

⑤ 使用"铅笔工具" ✎ 在画板中随意画一条顺滑的曲线，如图8-29所示。

图8-29

⑥ 执行"窗口>画笔"菜单命令，在弹出的"画笔"面板中选择一个系统自带的预设画笔，即可得到一条有特色的路径，如图8-30所示。

图8-30

⑦ 按照同样的方式，使用"铅笔工具" ✎ 在画板中随意画一条顺滑的曲线并应用预设画笔，如图8-31所示。

图8-31

⑧ 使用"混合工具" ▱ 分别单击创建的两条路径，然后执行"对象>混合>混合选项"菜单命令，在弹出的"混合选项"对话框中设置"间距"为"指定的步数"，并指定步数为3，单击"确定"按钮，最后调整各个图层的堆叠顺序，将创建的路径放置在变形文字的下一层，完成案例的制作，最终效果如图8-32所示。

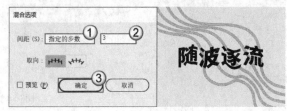

图8-32

⚙ 课堂练习

制作电商Banner

素材位置	素材文件>CH08>课堂练习：制作电商Banner
实例位置	实例文件>CH08>课堂练习：制作电商Banner
教学视频	课堂案例：制作电商Banner.mp4
学习目标	掌握Banner的制作方法、文本在电商中的应用

本例的最终效果如图**8-33**所示。

图8-33

01 新建一个尺寸为800px×350px的画板，然后使用"矩形工具" ▢ 在画板中绘制一个矩形，并设置"宽度"为800px、"高度"为350px、"填色"为从粉色（R:255，G:219，B:240）到紫色（R:192，G:162，B:255）的线性渐变、"描边"为无，接着将其与画板对齐并"锁定" 🔒，如图**8-34**所示。

图8-34

02 使用"椭圆工具" ⬭ 在画板的左下角绘制一个圆，并设置"长度"为20px、"宽度"为20px、"填色"为从粉色（R:255，G:191，B:228）到紫色（R:192，G:148，B:255）的线性渐变、"描边"为无，如图**8-35**所示。

图8-35

03 将步骤02绘制的图形复制一份，然后在"变换"面板中单击"约束宽度和高度比例"按钮 🔗，并设置"宽度"为90px，最后将其适当旋转后放置在合适的位置，如图**8-36**所示。

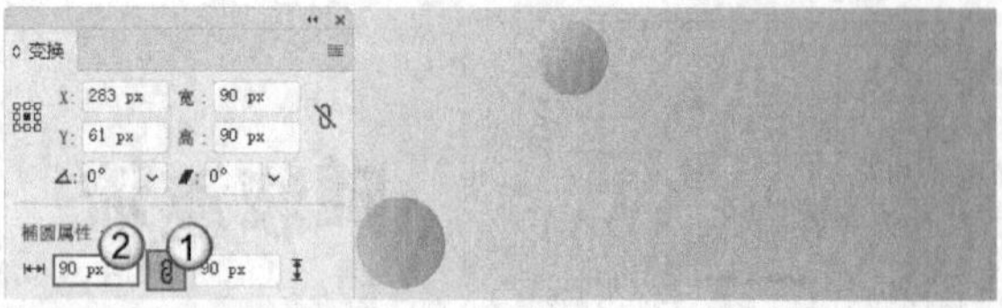

图8-36

04 将步骤03创建的图形复制一份，然后在"变换"面

板中设置"宽度"为70px，最后将其适当旋转并放置在合适的位置，如图**8-37**所示。

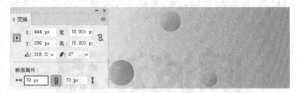

图8-37

05 将步骤04创建的图形复制一份，然后在"变换"面板中设置"宽度"为50px，最后将其适当旋转并放置在合适的位置，如图**8-38**所示。

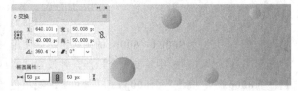

图8-38

06 将步骤05创建的图形复制一份，然后在"变换"面板中设置"宽度"为30px，接着将其适当旋转并放置在合适的位置，如图**8-39**所示，最后将所有的圆形进行编组，同时将该编组进行"锁定" 🔒。

图8-39

07 执行"文件>置入"菜单命令，置入素材"素材文件>CH08>课堂练习：制作电商Banner>电商广告人像.png"，然后适当地调整该素材的大小，并将其放置在画板的左侧，最后将其进行"锁定" 🔒，如图**8-40**所示。

图8-40

08 使用"文字工具" T 创建点文字"顶尖好货"，并设置文字的"填色"为白色，然后选中文字对象，在控制栏中设置"字体系列"为Noto Sans S Chinese、"字体样式"为Black；接着按住Shift键并拖动文本定界框上的手柄，将点文字进行适当的缩放，最后将其放置在画板的右侧，如图**8-41**所示。

图8-41

⑨ 使用"文字工具"T创建点文字"抢券299减40"，并设置文字的"填色"为白色，然后按住Shift键并拖动文本定界框上的手柄，将点文字进行适当的缩放，接着将其放置在"顶尖好货"点文字的下方，最后将其与步骤08创建的文本进行编组，如图8-42所示。

⑩ 将文字编组复制一份，并调整复制得到的文字编组的颜色，设置"填色"为紫色（R:177，G:159，B:255），然后适当地调整其位置并将其放置在原有文字编组的下一层，作为"顶尖好货"和"抢券299减40"点文字的投影，如图8-43所示。

图8-42　　　　　　图8-43

⑪ 使用"矩形工具"▢在"抢券299减40"点文字的下方绘制一个矩形，并设置"宽度"为165px、"高度"为40px、"填色"为白色、"描边"为无，然后在控制栏中设置"圆角半径"为20px，效果如图8-44所示。

⑫ 将步骤11创建的图形复制一份，并设置矩形的"填色"为紫色（R:177，G:159，B:255），然后适当地调整其位置并将其放置在原有矩形的下一层，最后将这两个矩形进行编组，如图8-45所示。

图8-44　　　　　　图8-45

⑬ 使用"文字工具"T在步骤11创建的图形中创建点文字"立即抢购"，并设置文字的"填色"为紫色（R:140，G:108，B:255），然后按住Shift键并拖动文本定界框上的手柄，将点文字进行适当的缩放，效果如图8-46所示。

⑭ 使用"钢笔工具"✐绘制"＞"图标，并设置"填色"为无、"描边"为紫色（R:140，G:108，B:255），然后将其放置在"立即抢购"点文字的右侧，最后将"＞"图标与"立即抢购"点文字进行编组，如图8-47所示。

图8-46　　　　　　图8-47

⑮ 使用"椭圆工具"⬭在画板的右下角绘制一个圆，并设置"长度"为115px、"宽度"为115px、"填色"为黄色（R:255，G:227，B:110）、"描边"为橘黄色（R:255，G:195，B:62）、"描边粗细"为4pt，如图8-48所示。

图8-48

⑯ 使用"文字工具"T在步骤15绘制的图形中创建点文字"年中福利"，然后拖动文本定界框上的手柄，将点文字进行适当的缩放和旋转，并将其与步骤15创建的图形进行编组，完成案例的绘制，图层关系及最终效果如图8-49所示。

图8-49

8.2 设置文本格式

在生活中我们一定有过这样的感受，有的文本阅读起来比较容易，而有的文本只是看一眼便不想再阅读下去，这样的差异很多时候是由文本的字体、字距和行距等文本格式的不同造成的。文本格式主要是通过"字符"面板和"段落"面板设置的，因此想要编排出易于阅读的文本，就必须熟悉它们的使用方法。

8.2.1 设置字符格式

📹 视频云课堂：72 设置字符格式

"字符"面板主要用于设置字符的格式，我们能在"字符"面板中对文本的细节和格式进行多项操作。执行"窗口>文字>字符"菜单命令（快捷键为Ctrl + T）可以显示或隐藏"字符"面板。"字符"面板如图8-50所示。在编排文本的过程中，字体系列、字体大小和行距往往都是需要调整的选项，而字符缩放、字符旋转在一般情况下是不会进行调整的。另外，比例间距和基线偏移的调整涉及了一些字体设计的理论，感兴趣的读者可以查阅相关资料全面地了解这些知识。

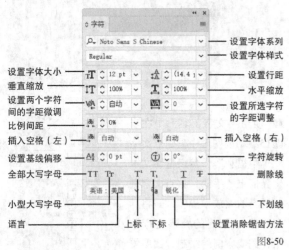

图8-50

重要参数介绍

◇ **设置字体系列**：在该下拉列表框中可以选择文字的字体。

◇ **设置字体大小**：调整字体的大小，此外通过"设置字体大小"文本框前方的微调按钮也可以调整字体的大小。

📝 **技巧与提示**

单击"设置字体大小"文本框前方的微调按钮可以以1pt的变化量对字体的大小进行微调；按住Shift键并单击

"设置字体大小"文本框前方的微调按钮可以以10pt的变化量对字体的大小进行微调。上述操作对于其他带有微调按钮的选项同样适用。

◇ **垂直缩放/水平缩放**：水平或垂直缩放文本。

◇ **设置行距**：调整文本的行距，按快捷键Alt + ↑/↓还可以进行快捷调整。

◇ **设置所选字符的字距调整**：调整文本的字距，按快捷键Alt + ←/→还可以进行快捷调整。

◇ **设置两个字符间的字距微调**：微调两个字符间的距离。将光标放置在需要进行微调的两个字符之间，单击"设置两个字符间的字距微调"下拉按钮选择预期数值或在文本框中输入预期数值即可完成调整，此外按快捷键Alt + ←/→还可以进行快捷调整。

◇ **比例间距**：调整字符的比例间距。

📝 **技巧与提示**

比例间距代表以字面框为基准字身框的缩小百分比，如图8-51所示，其中字面框和字身框的概念来自于金属活字印刷。字面框是金属活字有效尺寸所占用的方框，字身框是金属活字物理尺寸所占用的方框，在印刷时只有文字本身会被印刷出来，而字身框是不会被印刷出来的，因此字身框也被称为虚拟框，但是字身框的存在并不是没有意义的，它可以用于控制行距。

图8-51

◇ **插入空格（左）/插入空格（右）**：在字符的左端或右端插入空格。

◇ **设置基线偏移**：基线是英文字符对齐的标准线，该选项可使字符的基线发生偏移，如图8-52所示。

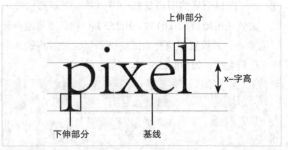

图8-52

◇ **字符旋转**：使字符发生旋转。

◇ **全部大写字母/小型大写字母**：为文本应用全部大写字母或小型大写字母。另外，选中目标文本后，在"字符"面板的面板菜单中选择"全部大小字母"或

"小型大写字母"命令同样也能够达到该目的。

◇ **上标/下标**：创建为上标或下标的字符。另外，选中目标字符后，在"字符"面板的面板菜单中选择"上标"或"下标"命令同样能够达到该目的。

◇ **下划线/删除线**：为文本添加下划线或删除线。

◇ **设置消除锯齿方法**：可选择文字消除锯齿的方式。

◇ **语言**：用于设置文字的语言类型。

技巧与提示

单击"字符"面板右上角的≡按钮，在面板菜单中执行相应的命令，可以进行更多的操作，如图8-53所示。默认情况下该面板仅显示部分选项，在面板菜单中执行"显示选项"命令，即可显示全部的选项。此外"直排内横排"命令和"分行缩排"命令也值得注意。

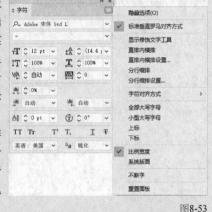

图8-53

"直排内横排"命令可将直排文本中的一些字符变成横排字符，如图8-54所示。在面板菜单中选择"直排内横排设置"命令可以对直排内横排字符位置做出调整。

"分行缩排"命令可使文本中一些字符缩小一定的百分比并按原来的排列方式排列在文本中，如图8-55所示。在面板菜单中选择"分行缩排设置"命令，在弹出的"分行缩排设置"对话框中可以调整分行缩排字符的格式。

图8-54 　　图8-55

8.2.2 设置段落格式

▷ 视频云课堂：73 设置段落格式

"段落"面板主要用于设置文本段落的属性，与"字符"面板的用法相似，我们能在"段落"面板中设置对齐方式、缩进、段前或段后间距等操作，执行"窗口>文字>段落"菜单命令可以显示或隐藏"段落"面

板。"段落"面板如图8-56所示。其中需要重点关注"避头尾集"和"标点挤压集"的应用方法，因为它们是针对中文等亚洲字符排版而设计的，通过设置这些选项可以更好地处理中文字符和西文字符之间的距离问题。

对齐方式 —— 左缩进 —— 右缩进
首行左缩进 ——
段前间距 —— 段后间距

图8-56

重要参数介绍

◇ **对齐方式**：包括"左对齐"≡、"居中对齐"≡、"右对齐"≡、"两端对齐，末行左对齐"≡、"两端对齐，末行居中对齐"≡、"两端对齐，末行右对齐"≡、"全部两端对齐"≡共7种对齐方式，当文本为直排文本时，这些对齐方式也会发生相应的变化。

◇ **左缩进/右缩进/首行左缩进**：调整段落的缩进方式。

◇ **段前间距/段后间距**：调整段前或段后间距的文本或段落。

1.避头尾集

避头尾集是由不能位于行首或行末的字符组成的集合，它是针对中文或日文等亚洲字符的文本编排而设计的。Illustrator中可以通过设置"避头尾集"来设定不允许出现在行首或行尾的字符，该功能只会对段落文字或区域文字起作用。在"段落"面板中，"避头尾集"选项默认提供了"宽松"和"严格"两种类型，如果想详细地查看这两种避头尾集中的字符，可以在该选项下拉列表中选择"避头尾设置"选项或执行"文字>避头尾法则设置"菜单命令，然后在弹出的"避头尾法则设置"对话框的"避头尾集"下拉列表中选择相应的选项，如图8-57所示。

图8-57

在“避头尾法则设置”对话框中可以进行新建、删除、导入或导出避头尾集等管理操作，当想要新建避头尾集时，可以单击“新建集”按钮 新建集... ，然后在弹出的“新建避头尾法则集”对话框中指定名称，以及将基于哪一个默认避头尾集新建避头尾集，如图**8-58**所示，确认后接着在“输入”文本框中指定“不能位于行首的字符”“不能位于行尾的字符”等需要添加的字符，然后单击“添加”按钮 添加 ，如图**8-59**所示。若添加的字符不符合预期，可在字符栏中选中想要删除的字符，单击“删除”按钮 删除 （选中字符后，“添加”按钮 添加 自动变为“删除”按钮 删除 ）；当符合预期时，单击“存储”按钮 存储 完成新建，效果如图**8-60**所示。

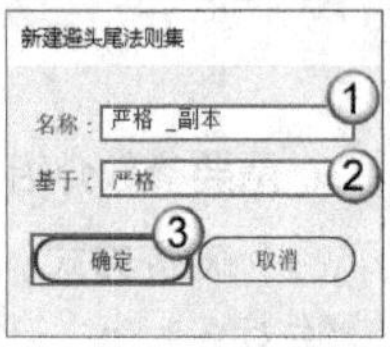

图8-58

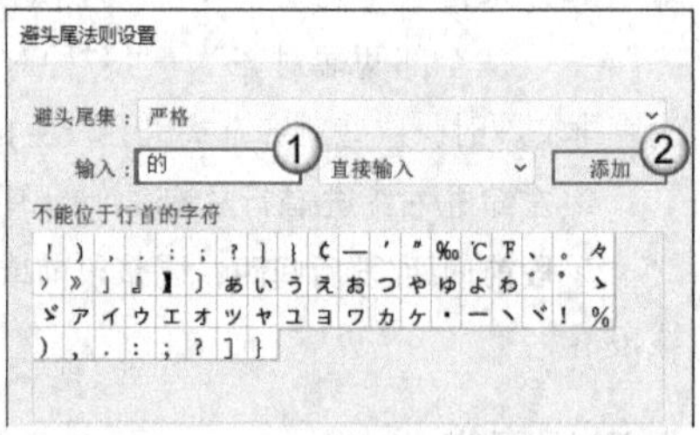

图8-59

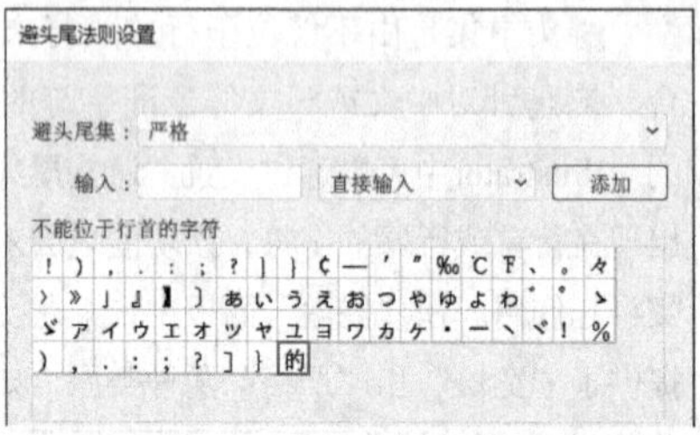

图8-60

技巧与提示

当应用了避头尾集后，在“段落”面板的面板菜单中选择“避头尾法则类型”命令，然后通过其子菜单中的命令可以指定避头尾法则类型，以防止行首或行末出现标点，如图**8-61**所示。

图8-61

如果选择了“先推入”命令，则会先尝试把字符推移到上一行中，防止行首或行末出现标点；如果选择了“先推出”命令，则会先尝试把字符推移到下一行中，防止行首或行末出现标点；如果选择了“只推出”命令，则总是把字符推移到下一行中，防止行首或行末出现标点。

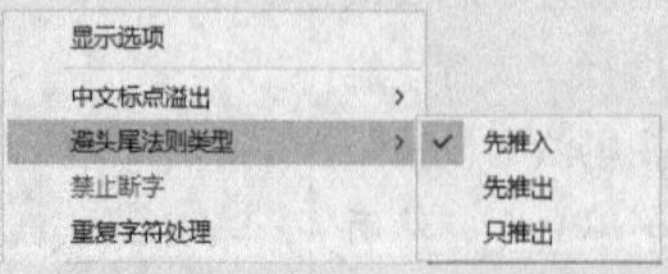

2.标点挤压集

标点挤压集是由指定标点符号、罗马字符、特殊字符和数字等半角字符间距的规则组成的集合，同样也是针对中文或日文等亚洲字符的文本编排而设计的。在“段落”面板中，“标点挤压集”选项默认提供了“日文标点符号转换规则-半角”“行尾挤压半角”“行尾挤压全角”“日文标点符号转换规则-全角”4个标点挤压集，如果想详细地查看这些标点挤压集中的规则，可以在该选项下拉列表中选择“标点挤压设置”选项或执行“文字>标点挤压设置”菜单命令，然后在弹出的“标点挤压设置”对话框的“名称”下拉列表中选择相应的选项，如图**8-62**所示。

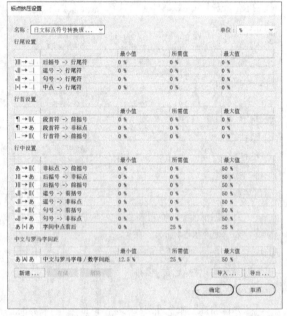

图8-62

重要参数介绍

◇ **日文标点符号转换规则-半角**：文本中的标点符号使用半角间距，但是具有一定的弹性范围。

◇ **行尾挤压半角**：除最后一个标点符号外，文本中的标点符号大多数使用全角间距。

◇ **行尾挤压全角**：文本中的标点符号大多数使用全角间距。

◇ **日文标点符号转换规则-全角**：文本中的标点符号使用全角间距。

在“标点挤压设置”对话框中可以进行新建、删除、导入或导出标点挤压集等管理操作，当想要新建标点挤压集时，可以单击“新建”按钮 新建... ，然后在弹出的“新建标点挤压”对话框中指定名称，以及将基于哪一个默认标点挤压集新建标点挤压集，如图**8-63**所示，确认后接着指定“行尾设置”“行首设置”等各项参数的数值，然后单击"存储"按钮 存储 完成新建，效果如图8-64所示。

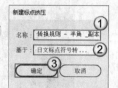

图8-63

图8-64

3.中文标点溢出

溢出标点是在文本定界框之外的标点，通过"中文标点溢出"命令可以指定溢出标点的形式。在"段落"面板的面板菜单中选择"中文标点溢出"命令，可以看到其子菜单中提供了"无""常规""强制"3种标点溢出形式。选择"无"命令将不使用溢出标点；选择"常规"命令将使用溢出标点，但是不强制中文标点全部位于文本定界框之外；选择"强制"命令将使用溢出标点，且强制使中文标点位于文本定界框之外，如图8-65所示。

常规　　　强制

图8-65

📝 **技巧与提示**

"中文标点溢出"命令只有在应用了避头尾集之后才起作用。

8.2.3 字符样式与段落样式

字符样式或段落样式是字符格式或段落格式设置的预设，其中包括文字的大小、间距、对齐方式等属性。在进行大量文字排版的时候，通过应用字符样式或段落样式，我们可以迅速地对文本中的字符格式或段落格式做出更改，从而节省大量的时间。在杂志、画册、书籍和带有相同样式的文字对象的排版中，经常需要用到这项功能。

1.设定样式

执行"窗口>文字>字符样式"或"窗口>文字>段落样式"菜单命令，可以显示或隐藏"字符样式"面板或"段落样式"面板，如图8-66所示。

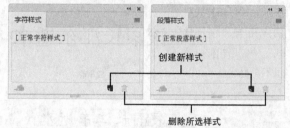

图8-66

如果想将当前的文本格式创建为新样式，可以选中当前文本并在"字符样式"面板中单击"创建新样式"按钮 ，然后在弹出的"新建字符样式"对话框中指定样式的名称及各项文本格式，如图8-67所示。"段落样式"的创建与"字符样式"的创建相似，这里不再赘述。

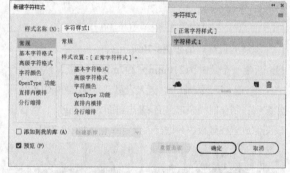

图8-67

📝 **技巧与提示**

在"字符样式"或"段落样式"面板中双击目标样式，或者选中目标样式后在"字符样式"或"段落样式"面板的面板菜单中选择"字符样式选项"或"段落样式选项"命令，可以打开相应的对话框对字符样式或段落样式进行设置，如图8-68所示。

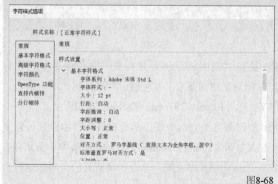

图8-68

2.应用样式

当为某个文字对象应用新定义的字符样式时，需要先选中该对象，然后在"字符样式"面板中选择所需样式，此时所选文字即会应用相应的字符样式，如图8-69所示。"段落样式"的应用与"字符样式"的应用相似，这里不再赘述。

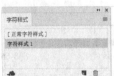

应用前

应用后

图8-69

课堂案例

制作时尚杂志封面

素材位置	素材文件>CH08>课堂案例：制作时尚杂志封面
实例位置	实例文件>CH08>课堂案例：制作时尚杂志封面
教学视频	课堂案例：制作时尚杂志封面.mp4
学习目标	掌握文本对象的设置方法、文本在封面中的应用

本例的最终效果如图8-70所示。

① 新建一个尺寸为210mm × 297mm的画板，然后执行"文件>置入"菜单命令，置入素材"素材文件>CH08>课堂案例：制作时尚杂志封面>杂志封面人像.png"，接着将该图像放置在画板中并进行"锁定" 🔒，如图8-71所示。

图8-70   图8-71

② 执行"视图>标尺>显示标尺"菜单命令显示出标尺，然后创建两条水平参考线，并在控制栏中分别设置其Y坐标为10mm和287mm，效果如图8-72所示。

③ 创建两条垂直参考线，然后在控制栏中分别设置它们的X坐标为10mm和200mm，最后在画板中单击鼠标右键并选择"锁定参考线"命令，将所有的参考线进行锁定，如图8-73所示。

图8-72   图8-73

④ 使用"文字工具" T 创建点文字"future"，并设置"填色"为白色，然后执行"窗口>文字>字符"菜单命令，在弹出的"字符"面板中设置字体系列为"方正粗雅宋_GBK"、字体大小为120pt、字距为50，并激活"全部大写字母"按钮 TT，最后按照之前准备好的参考线，将文字放置在图8-74所示的位置。

图8-74

⑤ 使用"文字工具" T 创建点文字"2020 runway report"，并设置"填色"为白色，然后在"字符"面板中设置字体系列为"方正标雅宋_GBK"、字体大小为24pt、字距为20，并激活"全部大写字母"按钮 TT，最后按照之前准备好的参考线，将文字放置在图8-75所示的位置。

图8-75

06 使用"文字工具" T 创建点文字"new season fashion preview",并设置"填色"为白色,然后在"字符"面板中设置字体系列为"方正标雅宋_GBK"、字体大小为24pt、字距为20,并激活"全部大写字母"按钮 TT,最后按照之前准备好的参考线,将文字放置在图8-76所示的位置。

图8-76

07 选中刚刚创建的文字对象,然后在"段落"面板中设置段落的对齐方式为"右对齐" ≡,最后按照之前准备好的参考线,将其放置在图8-77所示的位置。

图8-77

08 使用"文字工具" T 创建点文字"the future is now",并设置"填色"为白色,然后在"字符"面板中设置字体系列为"方正粗雅宋_GBK"、字体大小为36pt、字距为20,并激活"全部大写字母"按钮 TT,最后按参考线将文字放置在图8-78所示的位置上。

图8-78

09 在画板中单击鼠标右键并选择"隐藏参考线"命令,将所有的参考线隐藏,然后选中所有的文字对象并进行编组,图层关系及最终效果如图8-79所示。

图8-79

📖 课堂练习

制作工作牌

素材位置	素材文件>CH08>课堂练习:制作工作牌
实例位置	实例文件>CH08>课堂练习:制作工作牌
教学视频	课堂练习:制作工作牌.mp4
学习目标	熟练掌握文本格式的设置方法、文本在名片中的应用

本例的最终效果如图8-80所示。

图8-80

01 新建一个尺寸为800mm×600mm的画板,然后使用"矩形工具" □ 在画板中绘制一个矩形,并设置"宽度"为800mm、"高度"为600mm、"填色"为浅灰色(R:232,G:232,B:232)、"描边"为无。将绘制的矩形与画板对齐并"锁定" 🔒,如图8-81所示。

图8-81

02 使用"矩形工具"▣在画板中绘制一个矩形，并设置"宽度"为65mm、"高度"为105mm、"填色"为深灰色（R:42，G:43，B:53）、"描边"为无，然后将该图形复制一份，作为工作牌的背面，并将复制得到的图形与原有的图形进行编组，最后将图形编组与画板对齐并"锁定"🔒，如图8-82所示。

03 执行"视图>标尺>显示标尺"菜单命令显示出标尺，然后创建两条水平参考线，接着在控制栏中分别设置其Y坐标为160mm和440mm，最后锁定参考线，如图8-83所示。

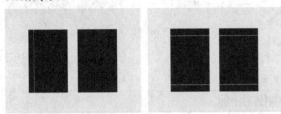

图8-82   图8-83

04 打开"素材文件>CH08>课堂练习：制作工作牌>工作牌Logo1.ai"，将该文档中的Logo复制到当前文档，然后选中Logo，并在"变换"面板中单击"约束宽度和高度比例"按钮🔗，同时设置"高度"为120px、"旋转"为90°，最后按步骤03准备好的参考线，将Logo放置在图8-84所示的位置。

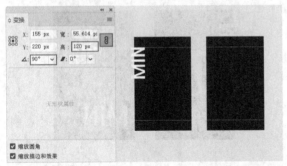

图8-84

05 将调整后的Logo复制一份，然后选中复制得到的Logo，并在"变换"面板中设置"旋转"为0°，最后按照参考线将其放置在图8-85所示的位置。

图8-85

06 使用"矩形工具"▣在左侧的卡片中绘制一个矩形，并设置"宽度"为32mm、"高度"为46mm，去除描边和填色，然后将其放置在Logo的上层并执行"对象>剪切蒙版>建立"菜单命令创建剪切蒙版，最后将"剪切组"进行"锁定"🔒，如图8-86所示。

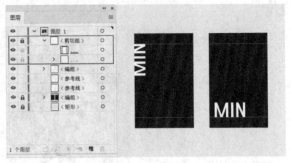

图8-86

07 执行"文件>置入"菜单命令，置入素材"素材文件>CH08>课堂练习：制作工作牌>工作牌人像.jpg"，然后选中该图像并在"变换"面板中设置"高度"为160px，最后将其放置在步骤06绘制的图形中，如图8-87所示。

图8-87

08 使用"文字工具"T在人像的下方创建点文字"Julia Girard"，并设置"填色"为白色，然后在"字符"面板中设置字体系列为Noto Sans S Chinese、字体样式为Black、字体大小为20pt，如图8-88所示。

图8-88

09 使用"文字工具"T在点文字"Julia Girard"的下方创建点文字"UX Designer"，并设置"填色"为白色，然后在"字符"面板中设置字体系列为Noto Sans S Chinese、字体样式为Bold、字体大小为12pt，最后将其与点文字"Julia Girard"进行编组，如图8-89所示。

图8-89

⑩ 使用"文字工具"T在右侧的卡片中创建点文字"id no"，并设置"填色"为白色，然后在"字符"面板中设置字体系列为Noto Sans S Chinese、字体样式为Regular、字体大小为12pt，并激活"全部大写字母"按钮TT，最后按照之前准备好的参考线，将文字放置在图8-90所示的位置。

图8-90

⑪ 将点文字"id no"复制两份，并分别将文本内容更改为"PHONE"和"E-MAIL"，然后选中"ID NO""PHONE""E-MAIL"这3个对象并进行"水平左对齐"▐和"垂直居中分布"≡，如图8-91所示。

图8-91

⑫ 使用"文字工具"T创建点文字"032*****"，并设置"填色"为白色，然后在"字符"面板中设置字体系列为Noto Sans S Chinese、字体样式为Regular、字体大小为12pt，最后将其相对于"ID NO"进行"垂直居中对齐"▪，如图8-92所示。

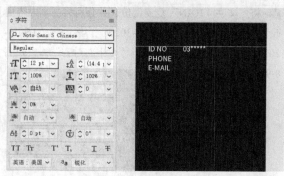

图8-92

⑬ 将点文字"032*****"复制两份，并分别将文本内容更改为"335-151****"和"***@mail.com"，然后选中"032*****""335-151****""***@mail.com"这3个对象并进行"水平左对齐"▐，如图8-93所示。

⑭ 将"335-151****"相对于"PHONE"进行"垂直居中对齐"▪，以同样的方式将"***@mail.com"相对于"E-MAIL"进行"垂直居中对齐"▪，如图8-94所示。

图8-93　　　　　　　　　　图8-94

⑮ 使用"文字工具"T创建点文字"join"，并设置"填色"为白色，然后在"字符"面板中设置字体系列为Noto Sans S Chinese、字体样式为Bold、字体大小为12pt，并激活"全部大写字母"按钮TT，最后将其进行"水平左对齐"▐，如图8-95所示。

图8-95

⑯ 将点文字"JOIN"复制一份，然后将文本内容更改为"EXPIRE"，接着进行"水平左对齐"▐，效果如图8-96所示。

图8-96

⑰ 将点文字"JOIN"复制两份，并分别将文本内容更改为"15-06-2020""15-06-2025"，然后将"15-06-2020"和"15-06-2025"进行"水平左对齐" ，如图8-97所示。

图8-97

⑱ 将"15-06-2020"相对于"JOIN"进行"垂直居中对齐" ，然后以同样的方式对"15-06-2025""EXPIRE"进行"垂直居中对齐" ，接着分别将"ID NO""PHONE""E-MAIL""032*****""335-151****""***@mail.com"这些点文字和"JOIN""EXPIRE""15-06-2020""15-06-2025"进行编组，最后隐藏参考线，如图8-98所示。

图8-98

⑲ 使用"铅笔工具" 在左侧的卡片上随意绘制一条光滑的曲线，并设置"描边"为紫色（R:234，G:59，B:244）、"填色"为无，如图8-99所示。

⑳ 使用"铅笔工具" 在左侧的图形上随意绘制一条光滑的曲线，并设置"描边"为蓝色（R:36，G:26，B:236）、"填色"为无，如图8-100所示。

图8-99

图8-100

㉑ 执行"对象>混合>混合选项"菜单命令，在弹出的"混合选项"对话框中设置"间距"为"指定的步数"，并指定步数为50，单击"确定"按钮 ，然后使用"混合工具" ，分别单击创建的两条路径，得到图8-101所示的图形。

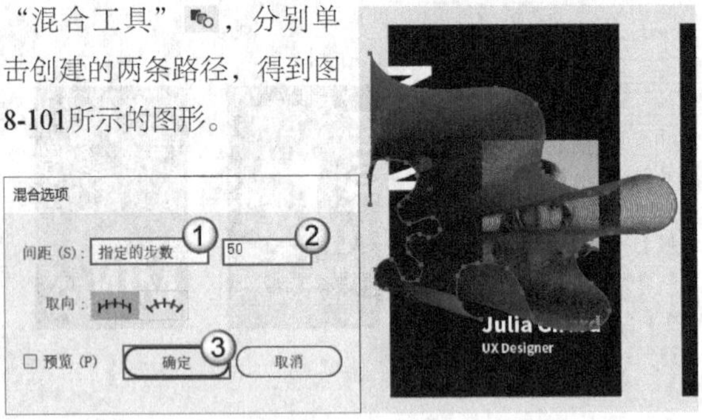

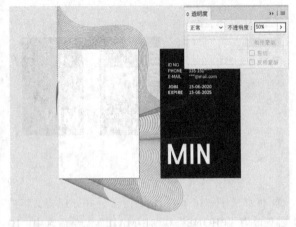

图8-101

㉒ 将步骤21创建的图形进行适当的变换，然后调整图层的堆叠顺序，将其放置在文字和图像的下一层，接着执行"窗口>透明度"菜单命令，在弹出的"透明度"面板中设置"不透明度"为50%，最后使用"矩形工具" 在左侧的图形中绘制一个与卡片一样大小的矩形，并设置任意一个填色，不使用描边，如图8-102所示。

图8-102

㉓ 选中左侧卡片中的所有元素，执行"对象>剪切蒙版>建立"菜单命令，将多余的部分切除，效果如图8-103所示。

图8-103

㉔ 双击步骤21创建的图形进入隔离模式，然后将通过混合工具得到的图形进行复制，退出隔离模式后进行粘贴，接着将复制得到的图形放置到右侧的卡片上，并适当地进行旋转，通过调整图层间的堆叠顺序，将其放置在文字编组的下一层，最后按照同样的方法创建剪切蒙版，如图8-104所示。

图8-104

㉕ 剪切蒙版将多余的部分删除后，完成案例的绘制，图层关系及最终效果如图8-105所示。

图8-105

8.3 编辑文本

有时候为了更加方便地处理文本，基本的文本操作就不能满足我们的需求了，我们可能需要通过转换文本类型、文字方向或创建文字轮廓来对文本进行进一步的加工。

8.3.1 创建文字轮廓

📹 视频云课堂: 74 创建文字轮廓

使用"创建轮廓"命令能够将文本对象转换为可编辑的路径，我们可以应用该命令将一些文字转换为路径，然后通过对路径进行调整设计出属于自己的字体。选中文字对象，执行"文字>创建轮廓"菜单命令（快捷键为Ctrl+Alt+O）即可完成文字轮廓路径的创建，如图8-106所示。

滚滚长江东逝水	滚滚长江东逝水
创建前	创建后

图8-106

文字转换为可编辑的路径后，与其他图形的属性无二，如图8-107所示。使用在第5章学习的知识可继续对路径作出修改，合理地使用选择工具和编辑路径工具可以对锚点进行加工，如图8-108所示。另外，使用效果和变形等工具也可以影响路径，制作出一些别具特色的字体。

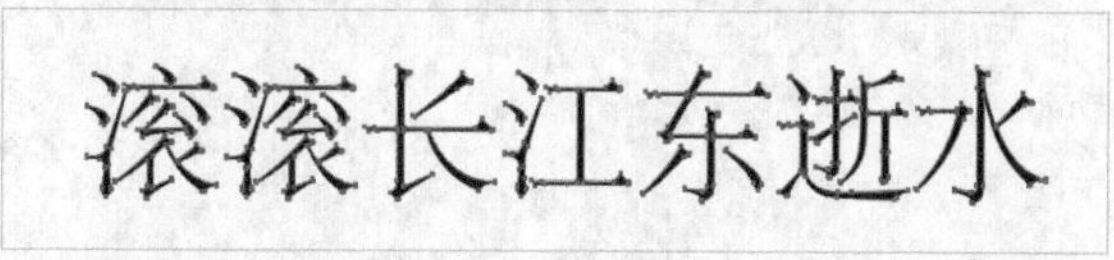

滚滚长江东逝水

图8-107

滚长江东

图8-108

💬 技巧与提示

在保持文本属性时，可以对字体、字号和对齐方式等基本属性进行修改，但是当文字创建为轮廓后，文字就会变成普通的图形对象，我们无法再对该对象进行字体、字号的修改。

📘 知识点: 创建文字轮廓的应用

文字一旦创建为轮廓，即可对其锚点和路径进行编辑，因此该功能常用于制作艺术字。另外，对没有字体设计基础的读者来说，直接造字可能非常困难，但是我们可以挑选某一个字体系列的字库，通过创建文字轮廓，将其转换为路径后再对其进行设计，使用这种方式来设计字体无疑是高效的。当然，创建轮廓还有另一个优点。我们在制作平面设计作品时，往往会用到文本，但如果我们使用了特殊的字体而其他用户的计算机上没有安装这种字体，那么其他用户在他们的计算机上打开该设计作品时就会出现字体缺失的情况，从而无法看到实际效果。就像打开本书的资源文件时，也可能会出现字体缺失的提示，这样打开的文件效果就会和书中效果图不太一样。如果我们对制作完成的对象执行"创建轮廓"命令，将文字对象转变为图形对象，则即使没有安装相应的字体，也不会影响画面的效果。

🖑 课堂案例

通过创建文字轮廓制作变形字

素材位置	无
实例位置	实例文件>CH08>课堂案例:通过创建文字轮廓制作变形字
教学视频	课堂案例:通过创建文字轮廓制作变形字.mp4
学习目标	掌握创建文字轮廓的方法、文本在字体设计中的应用

本例的最终效果如图8-109所示。

图8-109

01 新建一个尺寸为800px×600px的画板,然后使用"矩形工具"■在画板中绘制一个矩形,并设置"宽度"为800px、"高度"为600px、"填色"为浅灰色(R:232,G:232,B:232)、"描边"为无,然后将其与画板对齐,如图8-110所示。

图8-110

02 使用"文字工具"T在画板中创建点文字"残羹剩饭",然后在"字符"面板中设置字体系列为"宋体"、字体大小为135pt,同时将其调整到画板中央,如图8-111所示。

图8-111

03 选中步骤02创建的点文字,然后执行"文字>创建轮廓"菜单命令将其转换为路径,接着选择"变形工具"■单击或拖动这些路径,使其具有一种"破败"感,如图8-112所示。

图8-112

04 使用"矩形工具"■在画板中绘制一个矩形,并设置"宽度"为135px、"高度"为135px、"填色"为无、"描边"为红色(R:242,G:156,B:168)、"描边粗细"为2pt,如图8-113所示。

图8-113

05 使用"钢笔工具"✏沿该矩形的左上角和右下角绘制一条路径,然后选中该路径并在"描边"面板中设置"粗细"为2pt,接着勾选"虚线"选项,同时设置"虚线"为12pt、"间隙"为2pt,如图8-114所示。

图8-114

06 使用"钢笔工具"✏依次绘制图8-115所示的路径,然后选中这些路径并与步骤04绘制的矩形路径进行编组,完成米字格的绘制,最后将其放置在文字编组的下一层。

图8-115

07 将米字格复制3份并将它们并排放置，完成案例的制作，图层关系及最终效果如图8-116所示。

图层
图层 1
<编组>
<编组>
<编组>
<编组>
<编组>
<矩形>
1 个图层
残羹剩饭

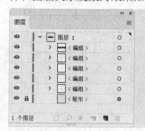

图8-116

8.3.2 转换文字类型

有时为了能够快速对文本进行变换操作，可以将区域文字转换为点文字，这样一来，只需使用“选择工具”▶便可以快速对文本对象进行缩放和旋转。另外，在处理点文字的过程中，可能会需要添加文本，这时将点文字转换为区域文字就能高效便捷地对文本进行处理。在操作之前，我们需要对文本定界框的结构进行了解。文本定界框上有“串接文本输入点”“适合到文本区域点”“文本类型转换点”“串接文本输出点”4个重要的控制点，如图8-117所示。

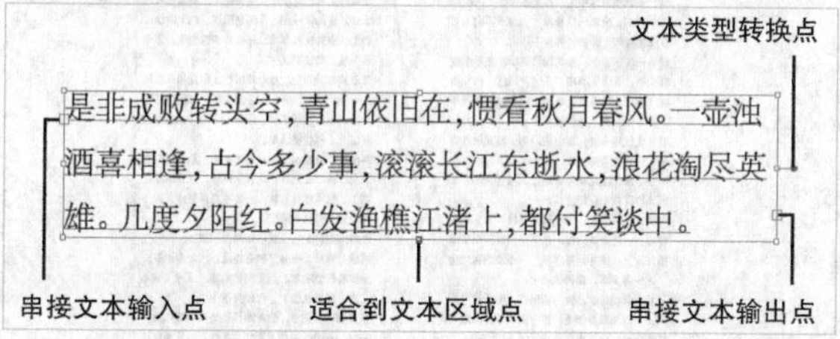
文本类型转换点
是非成败转头空,青山依旧在,惯看秋月春风。一壶浊酒喜相逢,古今多少事,滚滚长江东逝水,浪花淘尽英雄。几度夕阳红。白发渔樵江渚上,都付笑谈中。
串接文本输入点
适合到文本区域点
串接文本输出点

图8-117

1.转换为区域文字

选中点文字对象，双击文本定界框上的“文本类型转换点”或执行“文字>转换为区域文字”菜单命令，即可将点文字转换为区域文字，如图8-118所示。

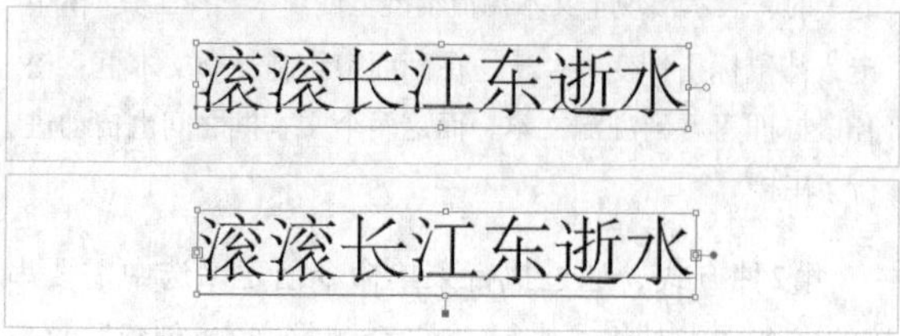
滚滚长江东逝水
滚滚长江东逝水

图8-118

2.转换为点文字

选中区域文字对象，双击文本定界框上的“文本类型转换点”或执行“文字>转换为点状文字”菜单命令，即可将区域文字转换为点文字，如图8-119所示。

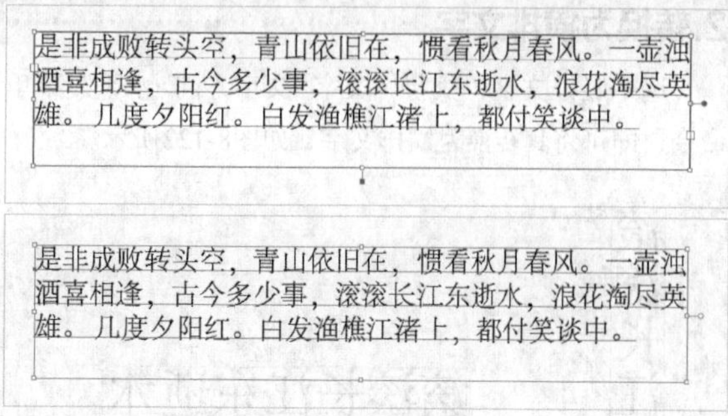
是非成败转头空，青山依旧在，惯看秋月春风。一壶浊酒喜相逢，古今多少事，滚滚长江东逝水，浪花淘尽英雄。几度夕阳红。白发渔樵江渚上，都付笑谈中。
是非成败转头空，青山依旧在，惯看秋月春风。一壶浊酒喜相逢，古今多少事，滚滚长江东逝水，浪花淘尽英雄。几度夕阳红。白发渔樵江渚上，都付笑谈中。

图8-119

知识点：快速适合到文本区域

当区域文字中的文本溢流或文本不能填满文本定界框时，双击文本定界框上的“适合到文本区域点”，即可快速适合到文本区域，如图8-120所示。

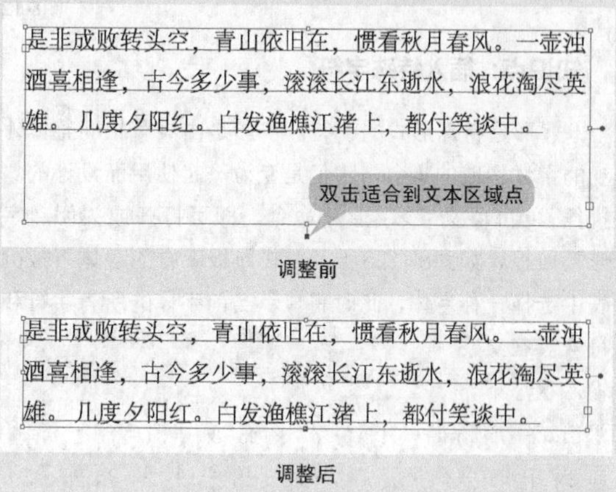
是非成败转头空，青山依旧在，惯看秋月春风。一壶浊酒喜相逢，古今多少事，滚滚长江东逝水，浪花淘尽英雄。几度夕阳红。白发渔樵江渚上，都付笑谈中。
双击适合到文本区域点
调整前
是非成败转头空，青山依旧在，惯看秋月春风。一壶浊酒喜相逢，古今多少事，滚滚长江东逝水，浪花淘尽英雄。几度夕阳红。白发渔樵江渚上，都付笑谈中。
调整后

图8-120

8.3.3 转换文字方向

我们在编排文本时，根据文本的内容可能需要将横排版式转换为竖排版式，这时就需要转换文字的方向。

1.转换为直排文字

选中横排文字，执行“文字>文字方向>垂直”菜单命令，即可将其转换为直排文字，如图8-121所示。

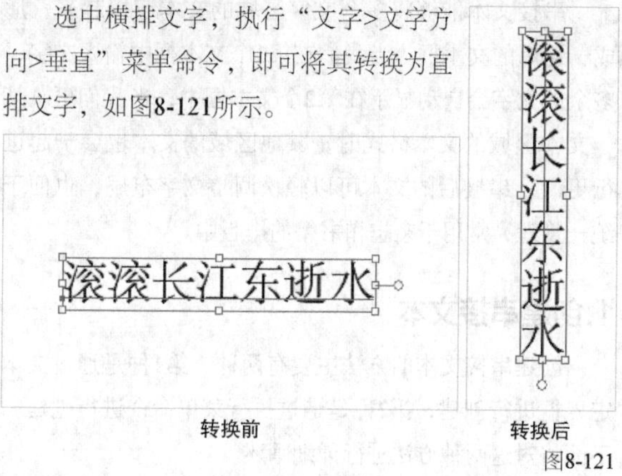
滚滚长江东逝水
滚滚长江东逝水
转换前
转换后

图8-121

2.转换为横排文字

选中竖排文字，执行"文字>文字方向>水平"菜单命令，即可将其转换为横排文字，如图8-122所示。

转换前　　　　　　　　　转换后

图8-122

知识点：插入特殊字符

字形是特殊形式的字符。字形是由具有相同整体外观的字体构成的集合，它们是专为一起使用而设计的。执行"窗口>文字>字形"命令，即可打开或关闭"字形"面板，如图8-123所示。在面板下方的字体下拉列表中选择一种字体，此时将显示当前字体的所有字符和符号。在文字输入状态下，双击"字形"面板中的字符，即可在画面光标处输入该字符。

图8-123

8.3.4 串接文本

▶ 视频云课堂：75 串接文本

串接文本能够将多个文字区域的文本连接起来，形成一连串的文本框。当我们在第1个文本框中输入文字，多余的文字会自动显示在第2个文本框中；当我们更改某一文本区域的文本格式时，其他区域的文本也会一起进行更改。串接后的文本可以轻松调整文字布局，也便于统一管理，常用于杂志和书籍的排版中。

1.创建串接文本

创建串接文本的方法主要有两种，第1种是通过文本定界框进行创建，第2种是通过执行菜单命令进行创建。下面将对这两种方法进行详细阐述。

第1种方式，通过文本定界框创建。选中文本对象，单击文本定界框上的"串接文本输入点"或"串接文本输出点"，这时鼠标指针将会变成状，然后单击某一形状或框选一个区域即可将两段文本进行串接。第1个文本框空着的区域会自动被第2个文本框中的文字填充，如图8-124所示。

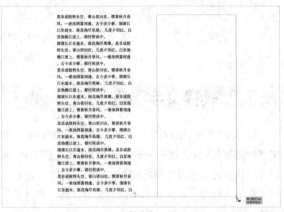

创建前

创建后

图8-124

技巧与提示

当文本定界框上的"串接文本输出点"中有一个红色的+时，表示出现了文本溢流情况。使用"选择工具"单击，待鼠标指针变为状，在画面中绘制一个文本框；松开鼠标即可看到溢流文本，而这两个文本框之间也自动进行了串接。

第2种方式，通过执行菜单命令创建。选中需要串接的多个文本对象，执行"文字>串接文本>创建"菜单命令即可，如图8-125所示。另外，选中多个形状后执行"文字>串接文本>创建"菜单命令，可以将这些形状创建为串接文本定界框，这时激活"文字工具"T并单击文本定界框，即可在其中输入字符，这种方式同样也能够完成串接文本的创建。

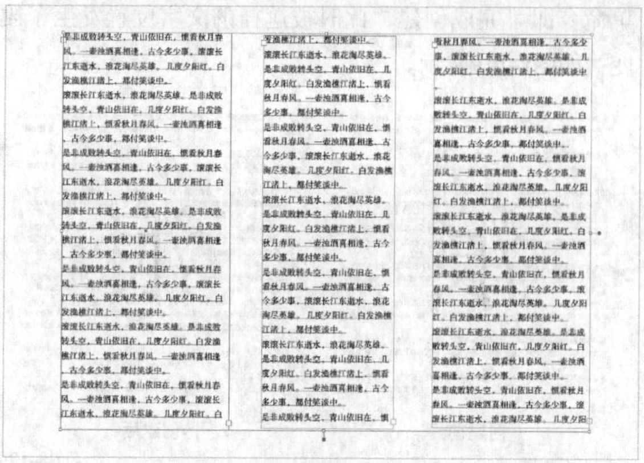

创建前

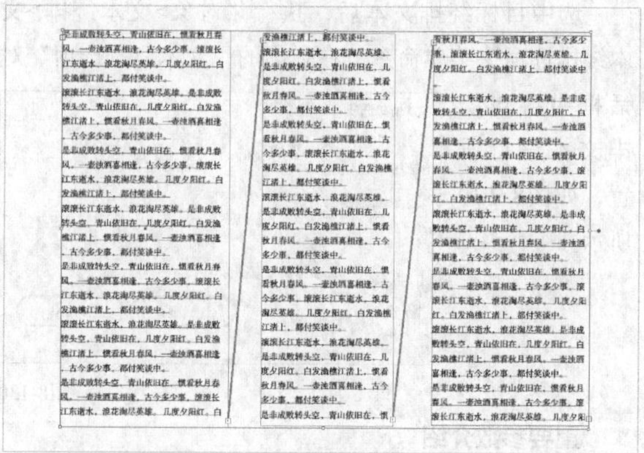

创建后

图8-125

2.中断或移去串接文本的链接

中断串接文本的链接、释放串接文本的链接和移去串接文本的链接这3项操作都能够中断或移去串接文本的链接，在使用时应根据实际情况进行选择。

⊙ 中断串接文本的链接

中断串接文本的链接之后，原有文本将排列在上一个文本定界框中。双击串接文本定界框上的"串接文本输入点"或"串接文本输出点"即可完成中断，如图8-126所示。

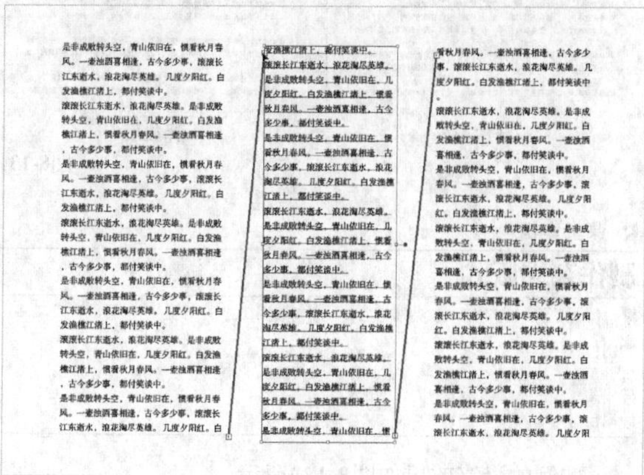

中断前

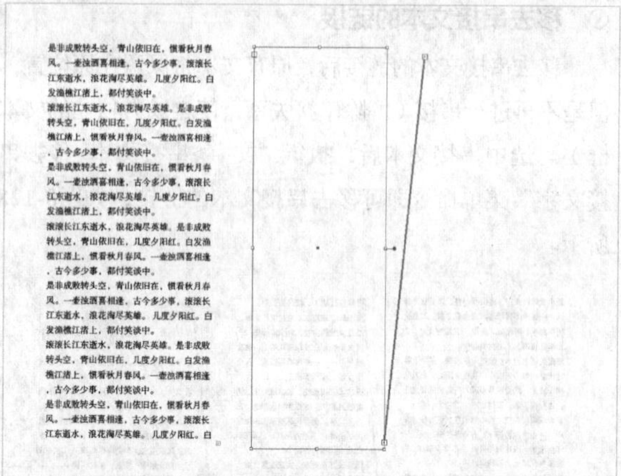

中断后

图8-126

⊙ 释放串接文本的链接

释放串接文本的链接后，原有文本将排列在下一个文本定界框中（解除串接关系，使当前文本框中文字集中到下一个文本框中）。选中某一串接文本定界框后，执行"文字>串接文本>释放所选文字"菜单命令即可完成释放，如图8-127所示。

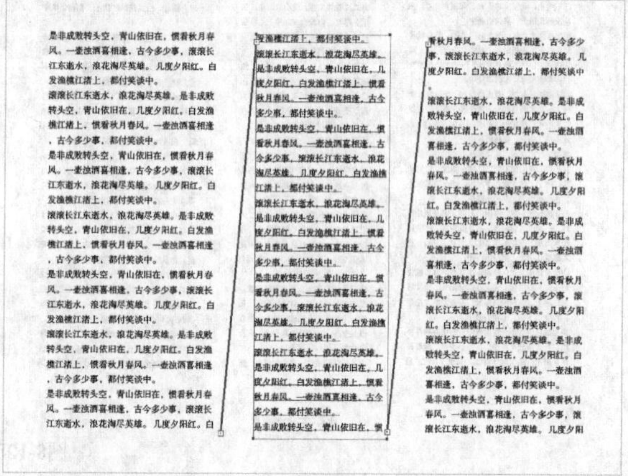

释放前

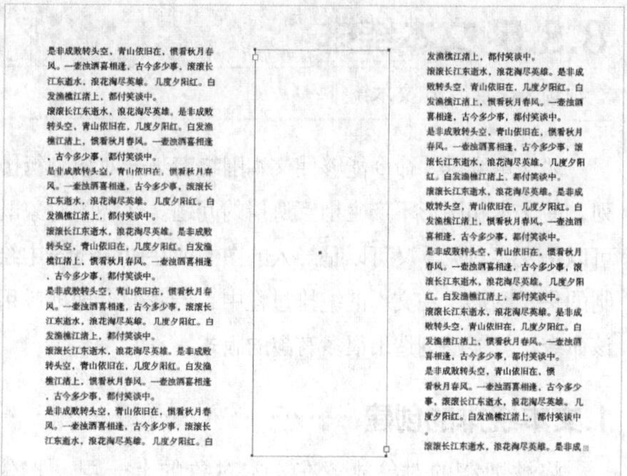

释放后

图8-127

⊙ 移去串接文本的链接

移去串接文本的链接后，原有文本将保留在原位置，但是不再进行串接（解除串接关系，使之成为独立的文本框）。选中串接文本后，执行"文字>串接文本>移去串接文字"菜单命令即可移去串接文本的链接，如图8-128所示。

移去前

移去后

图8-128

8.3.5 文本绕排

▣ 视频云课堂：76 文本绕排

"文本绕排"命令能够使文本围绕着某一对象进行排列，使文本和图形不产生相互遮挡的问题。环绕的对象既可以是文字对象，又可以是导入的图像或在Illustrator中绘制的矢量图形。在文本的编排过程中，若我们合理地应用该命令，就能够创造出很多有趣的版式。

1.文本绕排的创建

将被围绕的对象放置在文本对象的上一层，按住Shift键加选它们，然后执行"对象>文本绕排>建立"菜单命令即可完成创建，此时被遮挡的文字位置发生了改变，如图8-129所示。

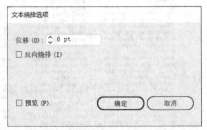

创建前　　　　　　　　　创建后

图8-129

选中目标绕排文本后，执行"对象>文本绕排>文本绕排选项"菜单命令，在弹出的"文本绕排选项"对话框中可对绕排文本进行设置，如图8-130所示。

文本绕排选项

位移 (O)：◇ 6 pt

☐ 反向绕排 (I)

☐ 预览 (P)　　　确定　　取消

图8-130

重要参数介绍

◇ 位移：指定被围绕的对象与文本之间的距离。

◇ 反向绕排：围绕对象反向绕排文本。

2.文本绕排的释放

选中目标绕排文本，执行"对象>文本绕排>释放"菜单命令即可将绕排文本进行释放，如图8-131所示。

释放前　　　　　　　　释放后

图8-131

📖 课堂案例

制作杂志版式

素材位置	素材文件>CH08>课堂案例：制作杂志版式
实例位置	实例文件>CH08>课堂案例：制作杂志版式
教学视频	课堂案例：制作杂志版式.mp4
学习目标	掌握文本的编辑方法、文本在杂志中的应用

本例的最终效果如图8-132所示。

图8-132

01 新建一个尺寸为420mm×297mm的画板，按快捷键Ctrl＋R显示出标尺，然后创建4条水平参考线，并分别在控制栏中设置其Y坐标为0mm、15mm、282mm、297mm，如图8-133所示。

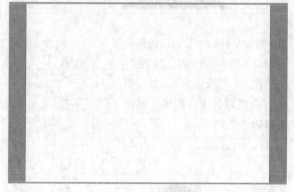

图8-133

02 创建出11条垂直参考线，并分别在控制栏中设置其X坐标为0mm、15mm、100mm、110mm、195mm、210mm、225mm、310mm、320mm、405mm、420mm，如图8-134所示。

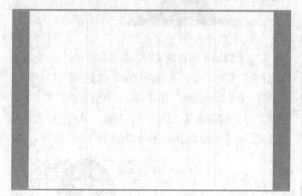

图8-134

03 使用"矩形工具"■在画板中绘制一个矩形，并设置"宽度"为85mm、"高度"为190mm、"填色"为黑色、"描边"为无，同时将绘制的图形复制3份并按照之前创建的参考线，将其放置到图8-135所示的位置。

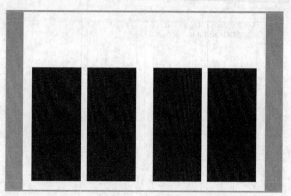

图8-135

04 选中步骤03绘制的4个矩形，然后执行"文字>串接文本>创建"菜单命令，接着打开"素材文件>CH08>课堂练习：制作杂志版式>文本1.txt"，将正文复制到串接文本定界框中，如图8-136所示。

图8-136

05 使用"文字工具"T创建点文字，然后打开"素材文件>CH08>课堂案例：制作杂志版式>文本2.txt"，将文字复制到文本定界框中作为标题，如图8-137所示。

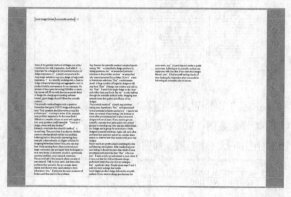

图8-137

06 选中标题文字，然后在"字符"面板中设置字体系列为"方正书宋简体"、字体大小为35pt、行距为45pt，同时激活"全部大写字母"按钮 TT，如图8-138所示，经适当调整后，将其放置到图8-139所示的位置。

图8-138

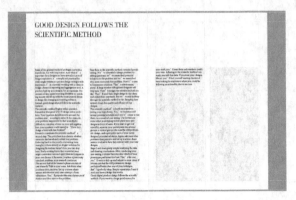

图8-139

07 选中正文，在"字符"面板中设置字体系列为"方正书宋简体"、字体大小为12pt、行距为18pt、字距为20，参数和效果如图8-140和图8-141所示。

图8-140

图8-141

08 执行"文件>置入"菜单命令，置入素材"素材文件>CH08>课堂案例：制作杂志版式>人物.png"，然后适当地调整图片的大小和位置，如图8-142所示。

图8-142

09 将步骤08中嵌入的图像复制一份，接着选中复制出来的图像，在控制栏中单击"图像描摹"按钮 图像描摹 ，然后在"图像描摹"面板中设置"阈值"为253，这时提供的素材已经描摹成功。继续在控制栏中单击"扩展"按钮 扩展 将描摹结果扩展成路径，如图8-143所示。

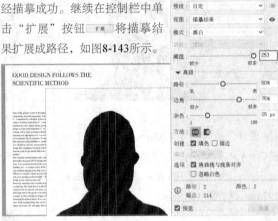

图8-143

10 选中步骤09中扩展出的路径并取消编组，接着将其"填色"和"描边"都设置为无，然后将图片和该路径进行编组，如图8-144所示。

图8-144

11 选中步骤10中创建的编组，然后执行"对象>文本绕排>建立"菜单命令创建绕排文字，接着执行"对象>文本绕排>文本绕排选项"菜单命令，在弹出的"文本绕排选项"对话框中设置"位移"为20pt，单击"确定"按钮 确定 ，参数及效果如图8-145和图8-146所示。

图8-145　图8-146

⑫ 锁定图片的编组，然后选中正文，并在"段落"面板中设置文本对齐方式为"两端对齐，末行左对齐"、"段后间距"为20pt，参数及效果如图8-147和图8-148所示。

图8-147

图8-148

⑬ 选中正文，在"字符"面板中设置"设置所选字符的字距调整"为25，参数及效果如图8-149和图8-150所示。

图8-149

图8-150

⑭ 选中正文，执行"文字>串接文本>移去串接文字"菜单命令，然后在"段落"面板中设置第2个文本定界框内文本的对齐方式为"左对齐"，参数及效果如图8-151和图8-152所示。

图8-151

图8-152

⑮ 选中第3个文本定界框内的文本，然后在"段落"面板中设置对齐方式为"右对齐"、"左缩进"为-4pt，参数及效果如图8-153和图8-154所示。

图8-153

图8-154

⑯ 将图片编组进行解锁，然后选中图片编组并执行"对象>文本绕排>文本绕排选项"菜单命令，在弹出的"文本绕排选项"对话框中设置"位移"为15pt，单击"确定"按钮，使溢流的文本显示出来，如图8-155所示，最后隐藏参考线，完成案例的制作，最终效果如图8-156所示。

图8-155

图8-156

8.3.6 查找和替换文本

对于存在大量文本的画板，如果我们想要一个一个地查找和替换文本中某些使用不当的词语，肯定会耗费大量时间和精力，此时可以使用"查找和替换"功能快速完成查找和替换。执行"编辑>查找和替换"菜单命令，在弹出的"查找和替换"对话框中输入需要查找的文本，然后单击"查找"按钮 查找(F) 进行查找，若要将查找到的文本进行替换，只需接着输入替换的文本（或进一步指定查找的规则），单击"替换"按钮 替换(R) 即可，如图8-157所示，而被找到的文字将会高亮显示。

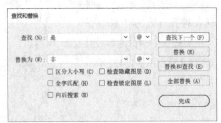

图8-157

重要参数介绍

◇ **替换**：替换当前位置的目标文本。

◇ **替换和查找**：替换当前位置的目标文本并对下一处目标文本进行搜索。

◇ **全部替换**：将文档中所有的目标文本进行替换。

知识点：清理空文字

执行"对象>路径>清理"命令，在弹出的"清理"对话框中勾选"空文本路径"选项，然后单击"确定"按钮，文档中的空文字对象即可被删除。

8.4 本章小结

本章主要介绍了文本的编排和编辑，我们需要重点掌握"字符"和"段落"面板的使用方法，因为在文本的编排过程中将会频繁地使用到它们。

介绍文本的创建时，学习了点文字、区域文字和路径文字的创建方法，但是仅了解这些知识还不够，我们还需要了解各种类型文本的特点，这样才能够根据实际需求创建文本，并高效地完成文本的编排。当只有少量文本时，创建点文字将优于创建区域文字；当需要处理大量文本时，创建区域文字将会优于创建点文字。

介绍文本格式的设置时，重点讲解了"字符"和"段落"面板的用法，此外还讲解了"字符样式"和"段落样式"面板的用法，通过操作我们不难发现，如果想要应用好"字符样式"和"段落样式"面板，就需要首先熟练掌握"字符"和"段落"面板的用法。

介绍文本的编辑时，学习了创建文字轮廓、转换文本类型、转换文本方向和串接文本等多项文本的操作，需要重点注意创建文字轮廓的操作，因为在处理文本的过程中会频繁地使用到，尤其是字体设计时。

8.5 课后习题

本节安排了两个课后习题供读者练习，这两个习题综合了本章所学的知识。如果读者在练习时有疑问，可以一边观看教学视频，一边学习文本的编排与编辑。

8.5.1 制作"爆炸"字体

素材位置	无
实例位置	实例文件>CH08>课后习题：制作"爆炸"字体
教学视频	课后习题：制作"爆炸"字体.mp4
学习目标	熟练掌握创建文字轮廓的方法、字体的设计

本例的最终效果如图8-158所示。

图8-158

8.5.2 制作微信朋友圈名片

素材位置	素材文件>CH08>课后习题：制作微信朋友圈名片
实例位置	实例文件>CH08>课后习题：制作微信朋友圈名片
教学视频	课后习题：制作微信朋友圈名片.mp4
学习目标	掌握文本格式的设置方法

本例的最终效果如图8-159所示。

图8-159

第 **9** 章

效果的应用

　　应用"效果"能够高效地使对象呈现一些特殊的外观，根据不同的应用场景，合理地为对象应用效果可以在一定程度上提高工作效率。本章将介绍效果的添加和调整，需要用到我们之前学习过的"外观"面板，当应用了某一效果后，我们可以在"外观"面板中对该效果进行调整；当我们掌握了各种效果的特点及具体的应用方式后，便能够在绘图的过程中有针对性地应用各种效果了。

课堂学习目标

◇ 效果的添加与调整

◇ 3D 效果的应用

◇ "扭曲和变换"效果的应用

◇ "风格化"效果的应用

9.1 效果的添加与调整

Illustrator中包含了丰富的"效果"，在"效果"菜单中可以看到很多效果组，每个效果组中又包含多种效果，如图9-1所示。"效果"是一种外观属性，可以在不更改对象原始信息的前提下使对象产生外形的变化。在讲解各种丰富的效果之前，我们先要掌握效果的基本操作。

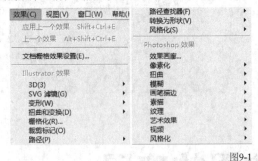

图9-1

9.1.1 添加效果

▣ 视频云课堂：77 添加效果

除了"效果"菜单，我们也可以通过"外观"面板添加效果，因此之前介绍过的关于"外观"面板的知识，同样也适用于效果的应用。为了使绘图工作更加便捷，我们常常通过"外观"面板进行效果的应用。

1.效果的显示

执行"窗口>外观"命令（快捷键为Shift + F6），在弹出的"外观"面板中显示了所选对象的描边、填色等属性，如图9-2所示。如果所选对象已经添加了效果，那么该效果就会显示在面板中，如图9-3所示。

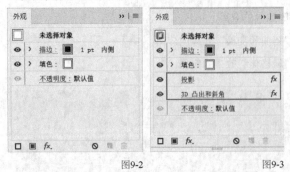

图9-2 　　　　　　　　图9-3

2.效果的应用

不同的命令所产生的效果不尽相同，但是操作方法却大同小异，下面以"内发光"效果为例进行讲解。

选中目标对象，如图9-4所示，在"外观"面板中单击"添加新效果"按钮 *fx*，在弹出的菜单中执行"风格化>内发光"命令，然后在打开的"内发光"对话框中进行相关参数的设置，如勾选"预览"选项可以直观地预览应用后的效果，最后单击"确定"按钮 ⬭确定 退出设置，如图9-5所示。稍等片刻，即可生成对应的内发光效果，如图9-6所示。

图9-4

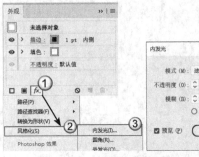

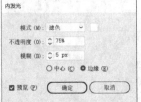

图9-5

图9-6

> 📝 **技巧与提示**
>
> Illustrator中的效果明确地分为了两大类，即Illustrator效果和Photoshop效果。Illustrator效果可以使所选对象产生外形上的变化，而Photoshop效果更多是使对象产生一些视觉效果上的改变，本书不对Photoshop效果进行讲解，后文将详细地介绍Illustrator效果，感兴趣的读者可以自行尝试使用Illustrator中的Photoshop效果。

> ▣ **知识点：图形样式**
>
> "图形样式"是能够复用的一组外观属性，如我们为某一个对象创建了一组满意的外观属性后，如果下一次还想继续使用这一组外观属性，那么便可以将当前已经设置好的这组外观属性创建为图形样式，当下次使用时直接应用图形样式即可快速设置对象的外观属性，从而节省调节外观属性的时间。执行"窗口>图形样式"菜单命令可以显示或隐藏"图形样式"面板。"图形样式"面板如图

9-7所示。我们可以在"图形样式"面板中完成图形样式的新建、复制、合并和管理等操作,这些操作方法与之前学过的"画笔描边""色板""符号"的管理相似。

图9-7

如果想合并图形样式,那么可以选中想要合并的两个或多个图形样式,然后在"图形样式"面板的面板菜单中选择"合并图形样式"命令;如果想将图形样式与当前对象所具有的外观属性进行合并,那么按住Alt键并应用图形样式即可。

9.1.2 修改和删除效果

视频云课堂: 78 修改和删除效果

当添加的效果不符合预期时,就需要对效果进行更换或调整,我们同样可以通过"外观"面板管理效果,快速地完成效果的修改和删除等基本操作。

1.修改效果

选中具有目标效果外观的对象,在"外观"面板中单击对应的效果名称,就可以重新打开效果的参数设置对话框,并在这里完成参数的修改,如选择"涂抹",如图9-8所示。

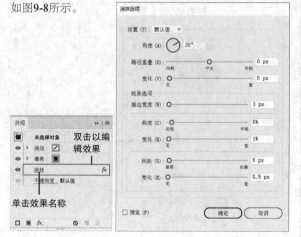

图9-8

2.调整堆叠顺序

与"图层"面板的用法相似,效果的堆叠顺序同样也会影响对象的显示效果,如图9-9和图9-10所示。想要

调整效果的顺序,可以在效果上按住鼠标左键并将其拖动到合适的位置,如图9-11所示。松开鼠标,即可完成效果顺序的调整,如图9-12所示。

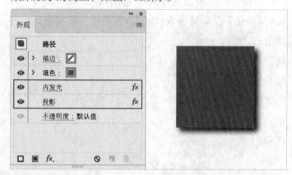

图9-9

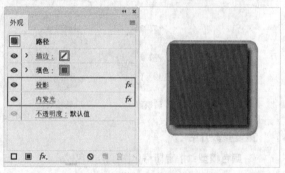

图9-10

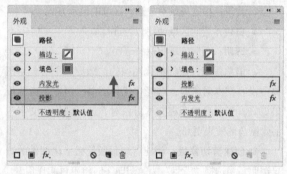

图9-11   图9-12

3.删除效果

若要删除效果,可以在"外观"面板中选中对象效果,然后单击"删除所选项目"按钮 🗑 即可,如图9-13所示。

图9-13

9.1.3 栅格化矢量对象

栅格化可以将矢量数据转换为位图数据。执行"对象>栅格化"菜单命令或"效果>栅格化"菜单命令，在弹出的"栅格化"对话框中指定相关选项即可进行转换，如图9-14所示。

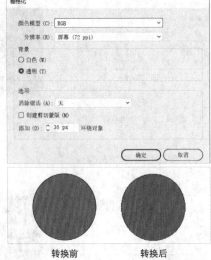

转换前　　　　　转换后

图9-14

重要参数介绍

◇ **颜色模型**：指定栅格化图像的颜色模式。

◇ **分辨率**：指定栅格化图像的分辨率。

◇ **背景**：指定矢量对象透明区域的显示方式。

» **白色**：透明区域使用白色进行填充。

» **透明**：透明区域将保持透明。

◇ **消除锯齿**：使栅格化图像的边缘更加平滑。当图稿中没有文本对象时，选择"优化图稿"消除锯齿的效果更好；当图稿中存在文本对象时，选择"优化文字"消除锯齿的效果更好。

◇ **创建剪切蒙版**：创建剪切蒙版使栅格化图像的背景透明，当选择"背景"为"透明"时将不再起作用。

◇ **添加环绕对象**：在栅格化图像的周围添加像素信息，当背景为白色时，效果会更加明显。

> **技巧与提示**
>
> 执行"对象>栅格化"菜单命令对矢量对象进行栅格化的操作是不可逆的，而执行"效果>栅格化"菜单命令对矢量对象进行栅格化的操作是可逆的。

9.2 3D效果

3D效果能够将二维图形转换为三维图形，当实现效果的转换后，我们可以通过对转换得到的三维图形进行旋转、调节光影和贴图等操作来改变其外观。执行"效果>3D"命令，在弹出的子菜单中可以看到3种效果，如图9-15所示。

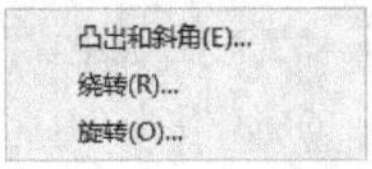

图9-15

本节工具介绍

工具名称	工具作用	重要程度
凸出和斜角	将二维图形拉伸成为一个三维图形	高
绕转	基于一个二维图形的绕转轨迹创建三维图形	高
旋转	将二维图形放置在三维空间中进行旋转	中

9.2.1 凸出和斜角

▶ 视频云课堂：79 凸出和斜角

"凸出和斜角"可以基于一个二维图形，使其拉伸成为一个三维图形，应用效果如图9-16所示。选中图形对象，然后执行"效果>3D>凸出和斜角"菜单命令，在弹出的"3D凸出和斜角选项"对话框中指定相关选项即可，如图9-17所示。

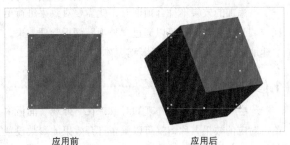

应用前　　　　　　应用后

图9-16

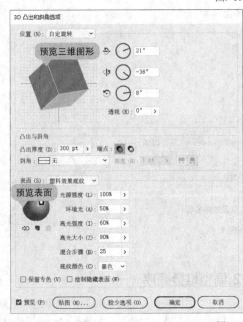

图9-17

重要参数介绍

◇ **位置**：指定三维图形的旋转角度和透视角度。

知识点：旋转三维图形的方法

如果想通过数值旋转三维图形，那么在对应轴向的文本框中输入预期数值即可进行旋转，同时在轴向下方的"透视"文本框中输入数值，可调整三维图形的透视角度；如果想自由旋转三维图形，那么可以拖动预览三维图形的表面；如果想沿对象的垂直方向或水平方向旋转三维图形，可以按住Shift键并拖动预览三维图形的表面；如果想沿某一轴向旋转三维图形，可以拖动预览三维图形的边。另外，系统还提供了一些预设选项，在"位置"选项的下拉列表中选择一个合适的预设效果即可。上述操作不仅限于"凸出和斜角"效果，后面将要讲到的"绕转"效果也是同样的用法。

◇ **凸出与斜角**：指定拉伸的厚度、斜角类型和斜角高度等与凸出和斜角相关的参数。

» **凸出厚度**：指定拉伸的厚度。

» **端点**：指定三维图形是实心（开启端点）还是空心（关闭端点），如图9-18所示。

实心　　　　　　　　　空心

图9-18

» **斜角**：指定斜角的类型。指定完成后，在其后方的"高度"文本框中可以指定斜角的高度，同时还能指定是将斜角添加到原始图形还是从原始图形中减去斜角，如图9-19所示。选择"斜角外扩"是将斜角添加到原始图形上，选择"斜角内缩"是在原始图形上减去斜角。

无斜角　　　　　　　　有斜角

图9-19

◇ **表面**：指定三维图形表面的光照强度、平滑程度和阴影颜色等与表面相关的参数。在"表面"下拉列表中可以更改三维图形表面的预览方式，一般而言都会选择"塑料效果底纹"选项，因为其可调节的参数较多。

» **光源强度**：控制光源的强弱，左侧的表面预览图中可以进行新建光源、移动光源和删除光源等操作。

» **环境光**：控制三维图形表面的整体亮度。

» **高光强度**：控制高光区域的亮度。

» **高光大小**：控制高光区域的大小。

» **混合步骤**：控制3D模型转角处的光滑程度。

» **底纹颜色**：控制底纹的颜色。

技巧与提示

默认情况下，"3D凸出和斜角选项"对话框中不显示更多调节"表面"的参数，可以单击"更多选项"按钮 更多选项(0) 展开更加详细的选项。

◇ **预览**：勾选该选项，可以实时观察到参数调整的效果，建议用户勾选该选项。

◇ **贴图**：在"3D凸出和斜角选项"对话框中单击"贴图"按钮 贴图(0...) 可以打开"贴图"对话框，如图9-20所示，在该对话框中可以指定符号并将其贴到三维图形的各个表面上，预览效果如图9-21所示。

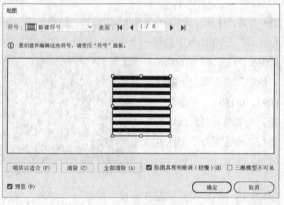

图9-20

图9-21

» **符号**：指定用于贴图的符号。

» **表面**：指定当前所选符号将会贴到的表面，单击相应的按钮切换到不同的表面，同时预览区域将显示表面的示意图，其中当前能够看见的表面将显示为浅灰色，当前看不见的表面将显示为深灰色。

» **贴图具有明暗调（较慢）**：决定贴图是否具有与三维图形一致的光影关系。

課 课堂案例

使用"凸出和斜角"效果制作2.5D字体

素材位置	无
实例位置	实例文件>CH09>课堂案例：使用"凸出和斜角"效果制作2.5D字体
教学视频	课堂案例：使用"凸出和斜角"效果制作2.5D字体.mp4
学习目标	掌握"凸出和斜角"效果的用法

本例的最终效果如图9-22所示。

图9-22

01 新建一个尺寸为800px×600px的画板，然后使用"矩形工具" ▭ 在画板中绘制一个矩形，并设置"宽度"为800px、"高度"为600px、"填色"为深紫色（R:92，G:92，B:150）、"描边"为无，接着将其与画板对齐并进行"锁定" 🔒，如图9-23所示。

图9-23

02 使用"矩形工具" ▭ 在画板中绘制一个矩形，并设置"高度"和"宽度"均为500px、"填色"为无、"描边"为黑色，然后选中该矩形并执行"对象>路径>分割为网格"菜单命令，在弹出的"分割为网格"对话框中设置"行"的"数量"为25、"列"的"数量"为25，接着单击"确定"按钮 确定 ，参数及效果如图9-24和图9-25所示。

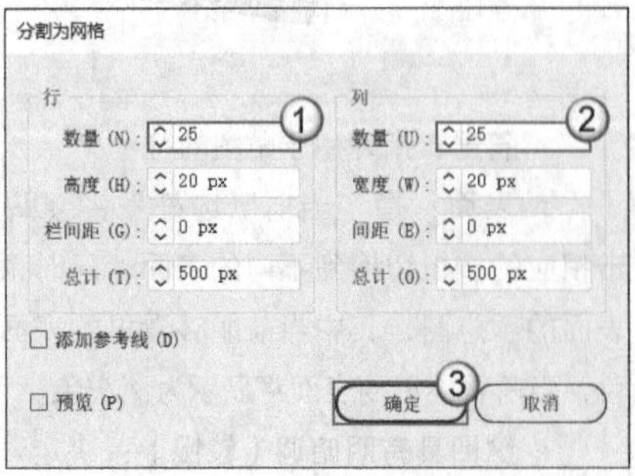

图9-24

图9-25

03 选中分割完成的网格并设置当前"填色"为紫色（R:127，G:71，B:221），然后使用"实时上色工具" 🖌 在网格上绘制出"2020"字样，如图9-26所示。

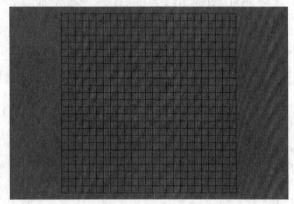

图9-26

04 选中实时上色组并在控制栏中单击"扩展"按钮 扩展 对其进行扩展，然后在"图层"面板中找到"2020"字样并将其从编组中移出，同时隐藏原有编组，如图9-27所示。

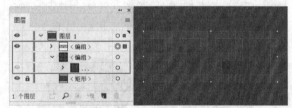

图9-27

05 选中"2020"字样并使用"形状生成器工具" 🖲 将组成"2020"字样的路径合并，如图9-28所示。

图9-28

06 选中调整后的"2020"字样并执行"效果>3D>凸出和斜角"菜单命令,在弹出的"3D凸出和斜角选项"对话框中设置"指定绕x轴旋转"为50°、"指定绕y轴旋转"为37°、"指定绕z轴旋转"为-25°、"环境光"为60%,同时将光源移动到适当的位置,单击"确定"按钮 确定 ,参数及效果如图9-29和图9-30所示。

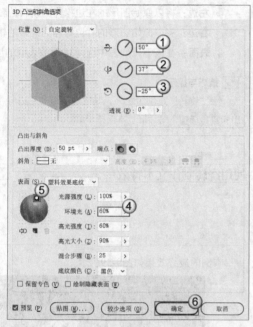

图9-29

图9-30

07 将创建完成的"2020"三维图形复制一份,然后在"外观"面板中单击"3D凸出和斜角"名称,在弹出的"3D凸出和斜角选项"对话框中设置"凸出厚度"为10pt,单击"确定"按钮 确定 ,参数及效果如图9-31和图9-32所示。

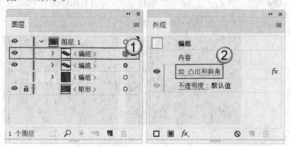

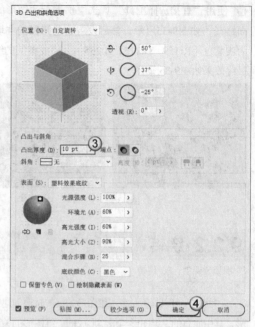

图9-31

图9-32

08 选中步骤07创建的"2020"三维图形,并设置"填色"为紫色(R:106,G:86,B:150),同时调整堆叠顺序,使其位于原有三维图形的下一层,如图9-33所示。

图9-33

09 选中位于上一层的"2020"三维图形,执行"对象>扩展外观"菜单命令对其进行扩展,如图9-34所示。

图9-34

203

⑩ 使用"直接选择工具" ▷.选中扩展后的图形的上表面路径,如图9-35所示,然后设置这些路径的"填色"为浅紫色(R:159,G:115,B:255),完成案例的绘制,最终效果如图9-36所示。

图9-35　　　　　　　　　　图9-36

9.2.2 绕转

▷ 视频云课堂: 80 绕转

"绕转"可以基于一个二维图形的绕转轨迹创建三维图形,其中原有的二维图形与最终形成的三维图形的关系类似于矩形与圆柱的关系,应用效果如图9-37所示。选中图形对象,然后执行"效果>3D>绕转"菜单命令,在弹出的"3D绕转选项"对话框中指定相关选项即可,如图9-38所示。

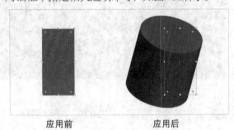

应用前　　　　　　应用后

图9-37

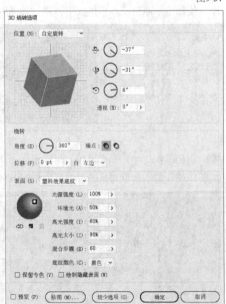

图9-38

重要参数介绍

◇ **角度**:指定绕转的角度。当数值为360°时绕转一周,形成完整的形状;当数值小于360°时,将产生带有切面的效果。

◇ **位移**:指定绕转轴的偏移量。

◇ **自**:指定绕转的轴。

» **左边**:将以原始图形的左边缘作为绕转的轴。

» **右边**:将以原始图形的右边缘作为绕转的轴。

◇ **表面**:在该下拉列表中选择3D对象表面的质感。

📝 **技巧与提示**

除"绕转"选项组之外,其他选项组的用法与"3D凸出和斜角选项"对话框基本保持一致。

📋 **课堂案例**

使用绕转制作文本特效

素材位置	无
实例位置	实例文件>CH09>课堂案例:使用绕转制作文本特效
教学视频	课堂案例:使用绕转制作文本特效.mp4
学习目标	掌握"绕转"效果的用法

本例的最终效果如图9-39所示。

图9-39

⓪① 新建一个800px×600px大小的画板,然后使用"矩形工具" ▢在画板中绘制一个矩形,并设置"宽度"为800px、"高度"为600px、"填色"为深灰色(R:30,G:30,B:30)、"描边"为无。将绘制的矩形与画板对齐并"锁定" 🔒,如图9-40所示。

⓪② 使用"文字工具" T创建文字"STREAKE"并调整到适当大小,如图9-41所示。

图9-40　　　　　　　　　　图9-41

03 选中步骤02创建的文本对象并将其拖动到"符号"面板中定义为符号，同时将该文本对象删除，如图9-42所示。

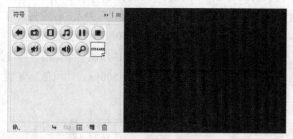
图9-42

04 使用"椭圆工具" ○在画板中绘制一个圆，并设置"高度"和"宽度"均为100px、"填色"为白色、"描边"为无，然后选中该图形并对其执行"效果>3D>绕转"菜单命令，在弹出的"3D绕转选项"对话框中设置"指定绕x轴旋转"为-152°、"指定绕y轴旋转"为19°、"指定绕z轴旋转"为-132°、"位移"为80pt、"环境光"为80%，接着单击"确定"按钮，如图9-43所示。此时圆形已转换为三维图形，效果如图9-44所示。

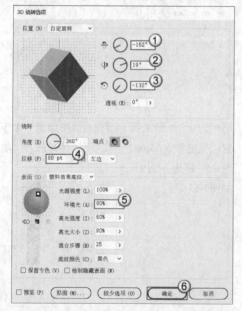
图9-43

图9-44

05 在"外观"面板中双击"3D绕转"选项，在弹出的

"3D绕转选项"对话框中单击"贴图"按钮，然后在"贴图"对话框中将步骤03创建的符号指定到当前表面，并将贴上的符号进行适当的变换，接着勾选"贴图具有明暗调（较慢）"和"三维模型不可见"选项，最后单击"确定"按钮，如图9-45所示，完成案例的绘制，三维效果如图9-46所示。

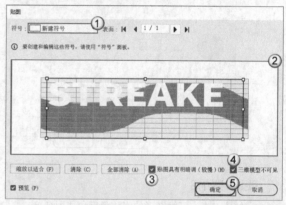
图9-45

图9-46

9.2.3 旋转

"旋转"能够将二维图形（或三维对象）放置在三维空间中进行旋转，应用效果如图9-47所示。选中图形对象，然后执行"效果>3D>旋转"菜单命令，在打开的"3D旋转选项"对话框中指定相关选项即可，如图9-48所示。

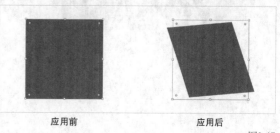
应用前　　　　应用后
图9-47

205

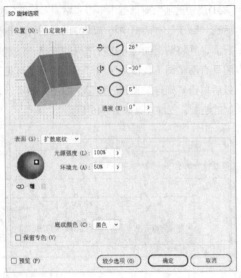

图9-48

重要参数介绍

◇ **位置**：指定三维图形的旋转角度和透视角度。

◇ **表面**：创建各种形式的表面，从黯淡、不加底纹的不光滑表面到平滑，光亮，看起来类似塑料的表面。

> **技巧与提示**
>
> 在3D效果中只有"凸出和斜角"与"绕转"能够将二维图形转换为三维图形，而"旋转"只能模拟对象在三维空间中旋转的效果，因此在实际的应用过程中，"凸出和斜角"与"绕转"的使用频率远远超过"旋转"。

课堂练习

制作Volant品牌标志

素材位置	无
实例位置	实例文件>CH09>课堂练习：制作Volant品牌标志
教学视频	课堂练习：制作Volant品牌标志.mp4
学习目标	熟练掌握"绕转"效果的用法、品牌标志的制作方法

本例的最终效果如图9-49所示。

图9-49

01 新建一个尺寸为800px×600px的画板，然后使用"矩形工具"▭在画板中绘制一个矩形，并设置"宽度"为800px、"高度"为600px、"填色"为浅灰色（R:239，G:239，B:239）、"描边"为无，接着将其与画板对齐并"锁定"🔒，如图9-50所示。

02 使用"矩形工具"▭在画板中绘制一个矩形，并设置"宽度"为45px、"高度"为500px、"填色"为黑色、"描边"为无，如图9-51所示。

图9-50　　　　　　　　　　　　　图9-51

03 选中步骤02创建的矩形并将其拖动到"符号"面板中定义为符号，同时删除该矩形，如图9-52所示。

图9-52

04 使用"矩形工具"▭在画板中绘制一个矩形，并设置"宽度"为65px、"高度"为400px、"填色"为黑色、"描边"为无，如图9-53所示。

图9-53

05 选中步骤04绘制的矩形，执行"窗口>外观"菜单命令，在弹出的"外观"面板中添加"绕转"效果，然后在打开的"3D绕转选项"对话框中设置"指定绕x轴旋转"为0°、"指定绕y轴旋转"为0°、"指定绕z轴旋转"为90°，接着单击"贴图"按钮（贴图 00...），在弹出的"贴图"对话框中选择第3个表面，将步骤03中创建的符号指定到该表面，并将该符号进行适当的旋转，再勾选"三维模型不可见"选项，最后依次单击"确定"按钮（确定）退出设置，如图9-54所示，效果如图9-55所示。

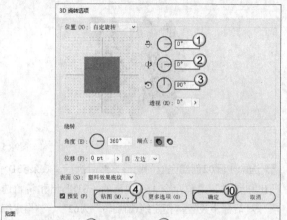

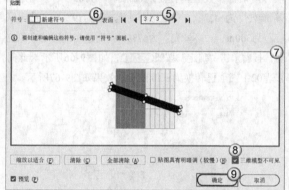

图9-54

图9-55

06 选中步骤05创建的图形，然后执行"对象>扩展外观"菜单命令，效果如图9-56所示。

图9-56

07 在"路径查找器"面板中应用"修边"，如图9-57所示。

图9-57

08 选中步骤07创建的图形，在"渐变"面板中设置"填色"为从黄色（R:255，G:184，B:42）到橘色（R:255，G:21，B:40）的线性渐变，如图9-58所示。

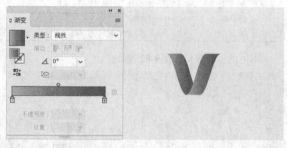

图9-58

09 隐藏调整后的图形，然后使用"文字工具"T创建点文字"volant"，并设置"填色"为红色（R:255，G:21，B:40），接着执行"窗口>文字>字符"菜单命令，在弹出的"字符"面板中设置字体系列为Noto Sans S Chinese、字体样式为Black、字体大小为120pt，接着激活"全部大写字母"按钮TT，如图9-59所示。

图9-59

10 选中创建完成的文本对象，然后执行"文字>创建轮廓"菜单命令，效果如图9-60所示。

图9-60

11 双击文字轮廓进入隔离模式，然后删除字母"V"，接着显示出被隐藏的图形并进行变换，再将其放置在被删除的字母的位置上，最后选中调整后的图形并进行编组，完成案例的绘制，最终效果如图9-61所示。

图9-61

207

💻 课堂练习

制作Low Poly风格插画

素材位置　无
实例位置　实例文件>CH09>课堂练习：制作Low Poly风格插画
教学视频　课堂练习：制作Low Poly风格插画.mp4
学习目标　掌握各种效果的用法、Low Poly风格插画的制作思路

　　本例的最终效果如图9-62所示。

图9-62

01 新建4个800px×600px的画板，如图9-63所示。

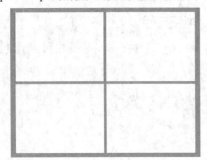

图9-63

02 使用"矩形工具"■在第1个画板上绘制一个矩形，并设置"高度"为250px、"宽度"为250px、"填色"为棕色（R:92，G:82，B:81）、"描边"为无，然后执行"效果>扭曲和变换>粗糙化"菜单命令，在弹出的"粗糙化"对话框中设置"大小"为10%、"细节"为4/英寸，接着单击"确定"按钮（ 确定 ），如图9-64所示。

这时矩形的边缘
呈现不规则的锯
齿外观，效果如
图9-65所示。

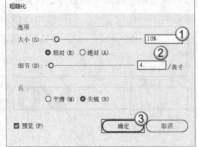

图9-64

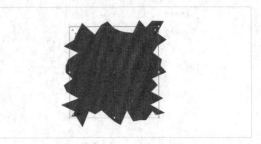

图9-65

03 选中步骤02创建完成的图形，然后执行"效果>3D>凸出和斜角"菜单命令，在弹出的"3D凸出和斜角选项"对话框中设置"指定绕x轴旋转"为62°、"指定绕y轴旋转"为-42°、"指定绕z轴旋转"为19°、"凸出厚度"为300pt、"环境光"为67%，同时适当地移动光源位置，接着单击"确定"按钮（ 确定 ），如图9-66所示。此时步骤02中图形已转换为三维图形，效果如图9-67所示。

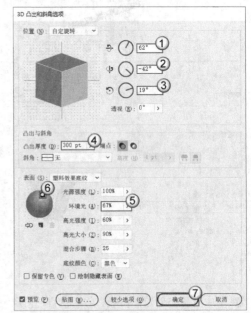

图9-66

图9-67

04 将步骤03创建完成的图形复制一份，并移动到画板外，作为备用图形1，然后选中画板上的图形并执行"对象>扩展外观"菜单命令对其进行扩展，如图9-68所示。

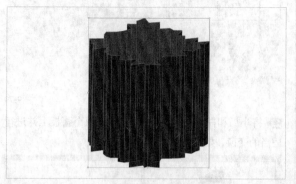

图9-68

05 使用"套索工具"⚬选中步骤04绘制的图形中下半部分的所有锚点，如图9-69所示，然后执行"对象>变换>缩放"菜单命令，在弹出的"比例缩放"对话框中设置"水平"为50%、"垂直"为70%，单击"确定"按钮⟨确定⟩，参数及效果如图9-70所示。

图9-69

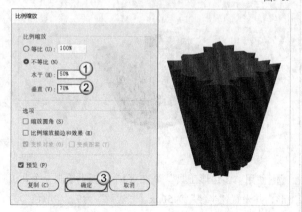

图9-70

06 将备用图形1复制一份，然后在"外观"面板中添加"凸出和斜角"效果，在弹出的"3D凸出和斜角选项"对话框中设置"凸出厚度"为80pt，单击"确定"按钮⟨确定⟩，接着设置"填色"为蓝色（R:60，G:163，

B:199），最后执行"对象>扩展外观"菜单命令对其进行扩展，同时适当地调整其位置，完成海岛的绘制，参数及效果如图9-71和图9-72所示。

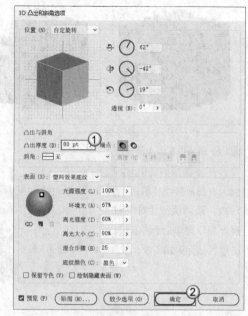

图9-71

图9-72

07 将备用图形1复制一份，并将其移动到第2个画板上，然后执行"对象>扩展外观"菜单命令对其进行扩展，接着执行"窗口>变换"菜单命令，在"变换"面板中调整"高"为300px，如图9-73所示。

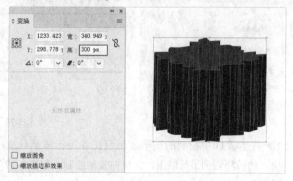

图9-73

08 使用"套索工具" 选中步骤07创建的图形中上半部分的部分锚点，如图9-74所示，然后按↓键将这些锚点进行适当的移动，完成小岛的绘制，如图9-75所示。

图9-74　　　　　　　　　　　图9-75

09 将备用图形1复制一份，并将其移动到第3个画板上，然后修改"填色"为白色，接着执行"对象>扩展外观"菜单命令对其进行扩展，如图9-76所示。

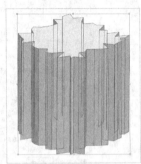

图9-76

10 使用"套索工具" 选中步骤09绘制的图形中下半部分的所有锚点，如图9-77所示，然后执行"对象>变换>缩放"菜单命令，在弹出的"比例缩放"对话框中设置"水平"为40%、"垂直"为70%，接着单击"确定"按钮 ，参数及效果如图9-78所示。

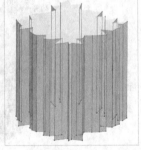

图9-77

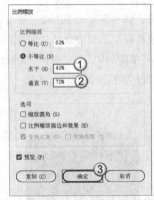

图9-78

11 将步骤10中绘制的图形复制两份并进行适当的变换，然后将它们进行编组，完成白云的绘制，如图9-79所示。

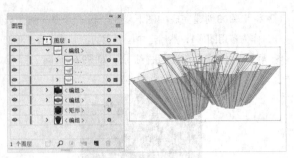

图9-79

12 将小岛和白云这两个编组复制到第1个画板上并进行适当的变换，如图9-80所示。

图9-80

13 将白云复制5份并分别进行变换，然后将这些白云随意地放置在画板中，同时适当地对海岛和小岛进行缩放，如图9-81所示。

图9-81

14 使用"多边形工具" 在第4个画板上绘制一个九边形，并设置"半径"为50px、"边数"为9、"填色"为白色、"描边"为无，然后选中该图形并执行"效果>3D>凸出和斜角"菜单命令，在弹出的"3D凸出和斜角选项"对话框中设置"指定绕x轴旋转"为-95°、"指定绕x轴旋转"为0°、"指定绕z轴旋转"为0°、"凸出厚度"为500pt、"环境光"为75%，同时适当地移动光源的位置，单击"确定"按钮（ 确定 ），如图9-82所示。此时九边形已转换为三维图形，效果如图9-83所示。

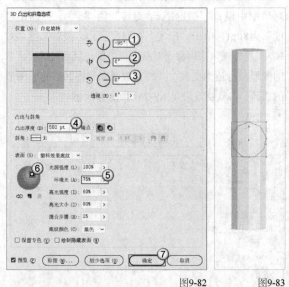

图9-82　　　　　　图9-83

⑮ 将步骤14绘制的图形复制一份并移动到画板之外作为备用图形2，然后选中画板上的图形并执行"对象>扩展外观"菜单命令对其进行扩展，如图9-84所示。

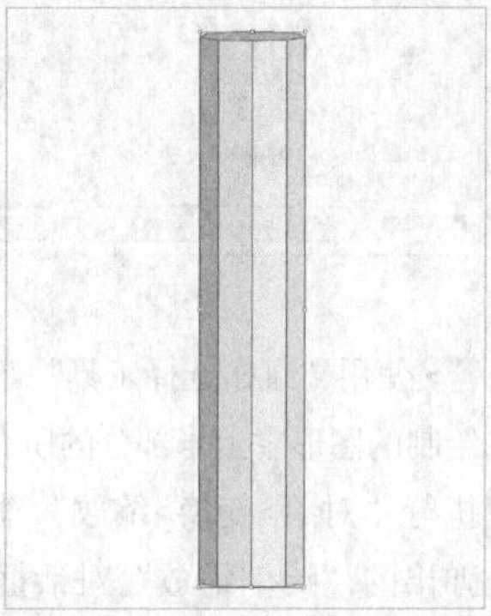

图9-84

⑯ 使用"套索工具" 选中步骤15绘制的图形中上半部分的所有锚点，如图9-85所示，然后执行"对象>变换>缩放"菜单命令，在弹出的"比例缩放"对话框中设置"水平"为80%、"垂直"为100%，接着单击"确定"按钮（ 确定 ），参数及效果如图9-86所示。

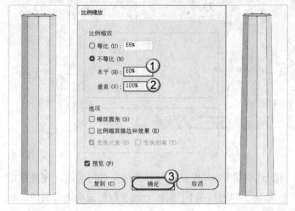

图9-85　　　　　　　　　　　　　　　图9-86

⑰ 选中步骤16创建完成的图形并在"变换"面板中单击"约束宽度和高度比例"按钮 ，同时调整"高"为200px，如图9-87所示。

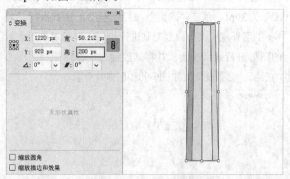

图9-87

⑱ 将备用图形2复制一份，然后在"外观"面板中添加"凸出和斜角"效果，在弹出的"3D凸出和斜角选项"对话框中设置"凸出厚度"为80pt，单击"确定"按钮（ 确定 ），接着执行"对象>扩展外观"菜单命令对其进行扩展，最后对扩展后的图形进行适当变换，并将其置在步骤17绘制的图形的底部，参数及效果如图9-88和图9-89所示。

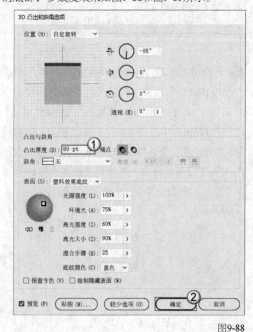

图9-88

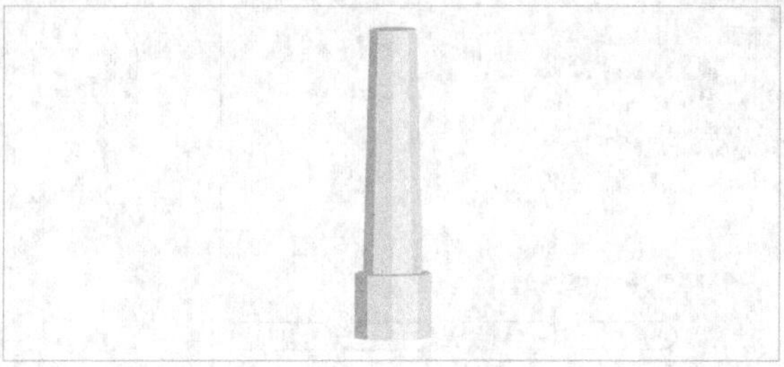

图9-89

⑲ 将备用图形2复制一份，然后在"外观"面板中添加"凸出和斜角"效果，在弹出的"3D凸出和斜角选项"对话框中设置"指定绕x轴旋转"为-85°、"凸出厚度"为30pt，单击"确定"按钮 确定，接着执行"对象>扩展外观"菜单命令对其进行扩展，最后对扩展之后的图形进行适当变换，并将其放置在步骤18绘制的图形的顶部，参数及效果如图9-90和图9-91所示。

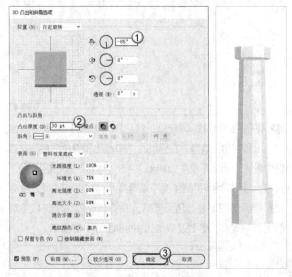

图9-90　　　　　图9-91

⑳ 将备用图形2复制一份，然后在"外观"面板中添加"凸出和斜角"效果，在弹出的"3D凸出和斜角选项"对话框中设置"指定绕x轴旋转"为-85°、"凸出厚度"为120pt，单击"确定"按钮 确定，接着执行"对象>扩展外观"菜单命令对其进行扩展，最后对扩展之后的图形进行适当变换，并将其放置在步骤19绘制的图形的顶部，参数及效果如图9-92和图9-93所示。

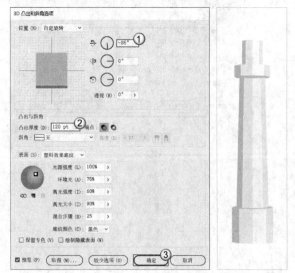

图9-92　　　　　图9-93

㉑ 将备用图形2复制一份，然后在"外观"面板中添加"凸出和斜角"效果，在弹出的"3D凸出和斜角选项"对话框中设置"指定绕x轴旋转"为-85°、"凸出厚度"为80pt，单击"确定"按钮 确定，接着执行"对象>扩展外观"菜单命令对其进行扩展，最后对扩展之后的图形进行适当变换，并将其放置在步骤20绘制的图形的顶部，参数及效果如图9-94和图9-95所示。

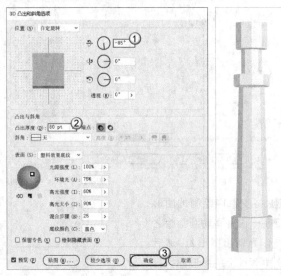

图9-94　　　　　图9-95

㉒ 使用"直接选择工具" ▷ 选中步骤21绘制的图形中上半部分的所有锚点，然后执行"对象>变换>缩放"菜单命令，在弹出的"比例缩放"对话框中设置"水平"为0%，单击"确定"按钮 确定，参数及效果如图9-96和图9-97所示。

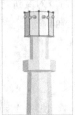

图9-96

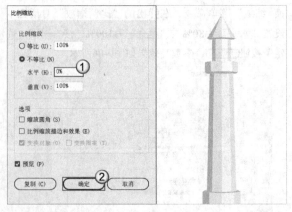

图9-97

㉓ 选中第4个画板上的所有路径并进行编组，完成灯塔的绘制，同时将第1个画板上的所有白云也进行编组，如图9-98所示。

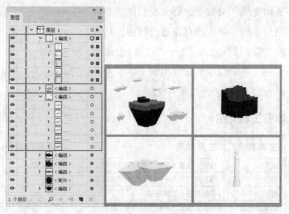

图9-98

㉔ 使用"直接选择工具" ▷.选中灯塔的塔尖左起第1个面,然后设置"填色"为深红色(R:178,G:47,B:75),如图9-99所示。

㉕ 使用"直接选择工具" ▷.选中灯塔的塔尖左起第2个面,然后设置"填色"为浅红色(R:204,G:54,B:86),如图9-100所示。

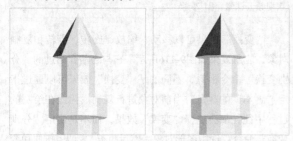

图9-99　　　　　　　　　　　图9-100

㉖ 使用"直接选择工具" ▷.选中灯塔的塔尖左起第3个面,然后设置"填色"为红色(R:237,G:59,B:89),如图9-101所示。

㉗ 使用"直接选择工具" ▷.选中灯塔的塔尖左起第4个面,然后设置"填色"为深红色(R:216,G:57,B:91),如图9-102所示。

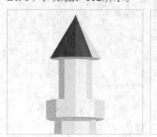

图9-101　　　　　　　　　　　图9-102

㉘ 绘制3个"填色"为红色(R:216,G:57,B:91)且大小相同的矩形,并放置在图9-103所示的位置。

㉙ 选中这些矩形和灯塔并在"路径查找器"面板中应用"分割" ,然后删除多余的部分,如图9-104所示。

图9-103　　　　　　　　　　　图9-104

㉚ 使用"直接选择工具" ▷.选中图9-105所示的3个面,然后设置"填色"为深红色(R:178,G:47,B:75),如图9-106所示。

图9-105　　　　　　　　　　　图9-106

㉛ 使用"直接选择工具" ▷.选中图9-107所示的3个面,然后设置"填色"为浅红色(R:204,G:54,B:86),如图9-108所示。

图9-107　　　　　　　　　　　图9-108

㉜ 使用"直接选择工具" ▷.选中图9-109所示的3个面,然后设置"填色"为红色(R:237,G:59,B:89),如图9-110所示。

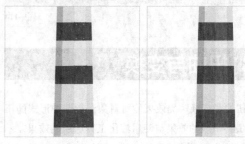

图9-109　　　　　　　　　　　图9-110

㉝ 将灯塔复制到第1个画板上，然后对其进行适当的变换，再将其放置到小岛上，如图9-111所示。

图9-111

㉞ 使用"直接选择工具" ▷选中海岛的上表面，如图9-112所示，然后设置"填色"为浅蓝色（R:75，G:200，B:234），如图9-113所示。

图9-112

图9-113

㉟ 使用"矩形工具" ▣在画板中绘制一个矩形，并设置"宽度"为800px、"高度"为600px、"填色"为从浅蓝色（R:160，G:231，B:232）到青色（R:102，G:199，B:207）的径向渐变、"描边"为无，最后将其置于底层，完成案例的制作，最终效果如图9-114所示。

图9-114

9.3 扭曲与变换

　　"扭曲和变换"类效果能对对象进行各种形式的扭曲，其最终呈现的效果与使用液化工具达到的效果差不多，但是液化工具的可控性较差，而如果应用的是"扭

曲和变换"类效果，那么我们就能够调整具体的参数值对对象进行扭曲，其可控性就相对较好。执行"效果>扭曲和变换"菜单命令，在弹出的子菜单中可以看到7种效果，如图9-115所示。

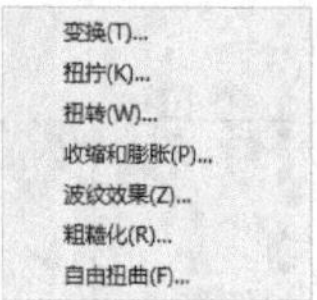

变换(T)...
扭拧(K)...
扭转(W)...
收缩和膨胀(P)...
波纹效果(Z)...
粗糙化(R)...
自由扭曲(F)...

图9-115

本节工具介绍

工具名称	工具作用	重要程度
变换	移动、缩放、旋转、翻转和复制对象	高
扭拧	随机向内或向外改变路径的弯曲程度	中
扭转	将对象进行旋转扭曲	高
收缩和膨胀	改变路径的弯曲程度和锚点的位置	高
波纹效果	使对象的边缘呈现大小相同的锯齿外观	高
粗糙化	使对象的边缘产生各种大小的尖峰和凹谷的锯齿	中
自由扭曲	通过自由扭曲变换框上的控制点将扭曲映射到对象上	中

9.3.1 变换

▣ 视频云课堂：81 变换

　　"变换"效果可以移动、缩放、旋转、翻转和复制对象，应用效果如图9-116所示。它与之前介绍过的"分别变换"命令相似，不同的是"变换"效果可以通过指定"副本"的数量对当前对象进行复制。因此在绘图的过程中往往都会选择"变换"效果，而不是使用"分别变换"命令。选中图形对象，然后执行"效果>扭曲和变换>变换"菜单命令，在弹出的"变换效果"对话框中指定相关参数即可，如图9-117所示。

应用前

应用后

图9-116

图9-117

重要参数介绍

◇ **缩放**：在该选项组中分别调整"水平"和"垂

直"参数值,定义缩放比例。

◇ **移动**:在该选项组中分别调整"水平"和"垂直"参数值,定义移动的距离。

◇ **角度**:指定旋转的角度,也可以拖动控制柄进行旋转。

◇ **对称X/对称Y**:对对象进行镜像处理。

◇ **定位器**:指定变换的中心点。

◇ **随机**:对调整的参数进行随机变换,而且每一个对象的随机指数并不相同。

📖 课堂案例

使用变换制作炫酷五角星

素材位置	无
实例位置	实例文件>CH09>课堂案例:使用变换制作炫酷五角星
教学视频	课堂案例:使用变换制作炫酷五角星.mp4
学习目标	掌握"变换"效果的用法

本例的最终效果如图9-118所示。

图9-118

01 新建一个尺寸为800px×600px的画板,然后使用"矩形工具"■在画板中绘制一个矩形,并设置"宽度"为800px、"高度"为600px、"填色"为浅灰色(R:239,G:239,B:239)、"描边"为无,接着将其与画板对齐并进行"锁定"🔒,如图9-119所示。

02 使用"星形工具"☆在画板中绘制一个星形,并设置"半径1"为300px、"半径2"为150px、"角点数"为5、"填色"为蓝色(R:49,G:74,B:255)、"描边"为无,然后选中该星形的所有锚点并在控制栏中设置"圆角半径"为50px,效果如图9-120所示。

图9-119   图9-120

03 使用"星形工具"☆在画板中绘制一个星形,并设置"半径1"为30px、"半径2"为15px、"角点数"为5、"填色"为蓝色(R:49,G:74,B:255)、"描边"为无,然后选中该矩形的所有锚点并在控制栏中设置"圆角半径"为5px,如图9-121所示。

04 选中绘制完成的两个星形并对其进行"水平居中对齐"▪和"垂直居中对齐"▪,如图9-122所示。

图9-121   图9-122

05 选中调整完成的两个星形并执行"对象>混合>建立"菜单命令,然后执行"效果>路径查找器>差集"菜单命令,得到的效果如图9-123所示。

图9-123

06 选中调整后的图形,在工具栏中双击"混合工具"🔹,在"混合选项"对话框中设置"间距"为"指定的步数",并指定步数为15,单击"确定"按钮,参数及效果如图9-124所示。

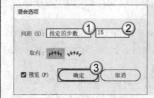 

图9-124

07 双击图形进入隔离模式,然后执行"效果>扭曲和变换>变换"菜单命令,在弹出的"变换效果"对话框中设置旋转的"角度"为45°,单击"确定"按钮,参数及效果如图9-125所示。

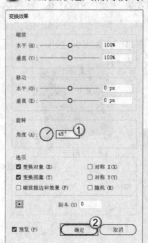 

图9-125

9.3.2 扭拧

"扭拧"效果可以将所选矢量对象随机地向内或向外弯曲和扭曲，应用效果如图9-126所示。选中图形对象，然后执行"效果>扭曲和变换>扭拧"菜单命令，在弹出的"扭拧"对话框中指定相关参数即可，如图9-127所示。

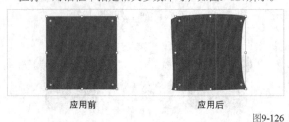

应用前　　　　　　应用后

图9-126

重要参数介绍

◇ **数量**：控制在水平和垂直方向上扭曲的程度。

» **水平**：指定对象在水平方向上的扭拧幅度。

» **垂直**：指定对象在垂直方向上的扭拧幅度。

» **相对**：定义调整的幅度为原水平的百分比。

» **绝对**：定义调整的幅度为具体的数值。

◇ **修改**：指定是否移动锚点及扭曲路径时的方向。

图9-127

9.3.3 扭转

"扭转"效果可以将对象进行旋转扭曲，主要适用于扭转角度较小的扭曲操作，应用效果如图9-128所示。如果扭转角度很大，那么其效果往往不如使用液化工具中的"旋转扭曲工具"得到的效果。选中图形对象，然后执行"效果>扭曲和变换>扭转"菜单命令，在弹出的"扭转"对话框中指定扭转的角度即可，如图9-129所示。

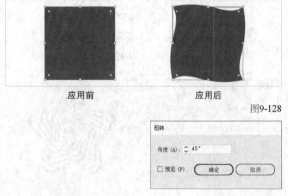

应用前　　　　　　应用后

图9-128

图9-129

9.3.4 收缩和膨胀

"收缩和膨胀"效果能够改变路径的弯曲程度和锚点的位置，是以对象中心为基点，对所选对象进行收缩或膨胀，应用效果如图9-130所示。选中图形对象，然后执行"效果>扭曲和变换>收缩和膨胀"菜单命令，在弹出的"收缩和膨胀"对话框中指定收缩或膨胀的程度即可，如图9-131所示。

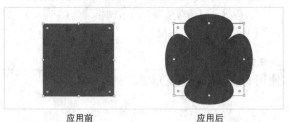

应用前　　　　　　应用后

图9-130

重要参数介绍

◇ **膨胀**：当把滑块拖向"膨胀"一方时，对象的锚点将向内移动，路径将向外弯曲。

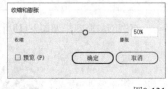

图9-131

◇ **收缩**：当把滑块拖向"收缩"一方时，对象的锚点将向外移动，路径将向内弯曲。

9.3.5 波纹效果

"波纹效果"效果可以使对象的边缘呈现大小相同的锯齿外观（波纹化的扭曲），应用效果如图9-132所示。选中图形对象，然后执行"效果>扭曲和变换>波纹效果"菜单命令，在弹出的"波纹效果"对话框中指定相关参数即可，如图9-133所示。

应用前　　　　　　应用后

图9-132

重要参数介绍

◇ **选项**：指定锯齿外观的起伏程度和数量。

» **大小**：数值越大，锯齿外观的起伏程度越大。

图9-133

» **每段的隆起数**：数值越大，锯齿数量越多。

◇ **点**：控制锯齿外观的锐利程度。

» **平滑**：锯齿外观将会变得相对平滑。

» **尖锐**：锯齿外观将会变得十分锐利。

9.3.6 粗糙化

"粗糙化"效果可以使对象的边缘呈现大小不同的锯齿外观（产生各种大小的尖峰和凹谷的锯齿），看起来十分粗糙，应用效果如图9-134所示。选中图形对象，执行"效果>扭曲和变换>粗糙化"菜单命令，在弹出的"粗糙化"对话框中指定相关参数即可，如图9-135所示。

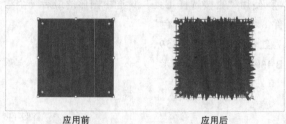

| 应用前 | 应用后 |

图9-134

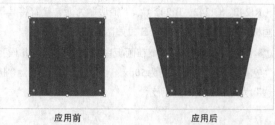

重要参数介绍

◇ **选项**：指定锯齿外观的起伏大小和复杂度。

» **大小**：数值越大，起伏程度越大。

» **细节**：数值越大，锯齿越复杂。

◇ **点**：控制锯齿外观的锐利程度。

» **平滑**：锯齿外观将会变得相对平滑。

» **尖锐**：锯齿外观将会变得十分锐利。

9.3.7 自由扭曲

"自由扭曲"效果能够为对象添加一个虚拟的方形控制框，然后通过控制框四角处控制点的位置将扭曲映射到对象，应用效果如图9-136所示。选中图形对象，然

后执行"效果>扭曲和变换>自由扭曲"菜单命令，在弹出的"自由扭曲"对话框中拖动控制点到预期的位置即可，如图9-137所示。

| 应用前 | 应用后 |

图9-136

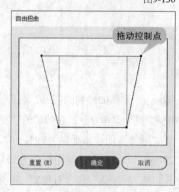

图9-137

技巧与提示

我们可以根据对话框中的缩览图进行扭曲，若觉得效果不满意，可以单击"重置"按钮。

课堂练习

制作多彩Logo

素材位置	无
实例位置	实例文件>CH09>课堂练习：制作多彩Logo
教学视频	课堂练习：制作多彩Logo.mp4
学习目标	熟练掌握"变换"效果的用法

本例的最终效果如图9-138所示。

图9-138

01 新建一个尺寸为800px×600px的画板，然后使用"矩形工具"▢在画板中绘制一个矩形，并设置"宽度"为800px、"高度"为600px、"填色"为浅灰色（R:242，G:242，B:242）、"描边"为无，接着将其与画板对齐并进行"锁定"🔒，如图9-139所示。

02 使用"椭圆工具"◯在画板中绘制一个圆，并设置"宽度"和"高度"均为50px、"填色"为黑色、"描边"为无，如图9-140所示。

图9-139　　　　　　　　图9-140

03 选中步骤02绘制的图形，然后执行"效果>扭曲和变换>变换"菜单命令，在弹出的"变换效果"对话框中设置"缩放"的"水平"为99%、"移动"的"水平"为200px、"旋转"的"角度"为59°、"副本"为140，并勾选"对称X"和"对称Y"选项，单击"确定"按钮〔确定〕，如图9-141所示。

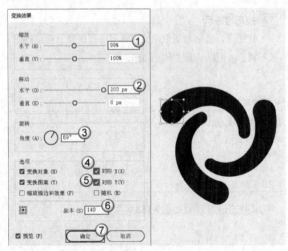

图9-141

04 选中调整后的图形，执行"对象>扩展外观"菜单命令对其进行扩展，如图9-142所示。

05 选中调整后的图形，在"路径查找器"面板中应用"联集"▣，效果如图9-143所示。

图9-142　　　　　　　　图9-143

06 使用"直接选择工具"▷选中图形的其中一个组件，然后设置"填色"为绿色（R:49，G:255，B:132），如图9-144所示。

07 使用"直接选择工具"▷选中图形的另一个组件，然后设置"填色"为蓝色（R:59，G:74，B:255），如图9-145所示。

图9-144　　　　　　　　图9-145

08 使用"直接选择工具"▷选中图形的最后一个组件，然后设置"填色"为红色（R:255，G:59，B:139），如图9-146所示。

图9-146

09 选中调整后的图形，在"变换"面板中单击"约束宽度和高度比例"按钮🔗，然后设置"宽"为145px，最后将其放置在图9-147所示的位置。

图9-147

10 使用"文字工具"T创建点文字"pattao"，并在"字符"面板中设置字体系列为Noto Sans S Chinese、字体样式为Black、字体大小为100pt，然后激活"全部大写字母"按钮TT，如图9-148所示。

图9-148

⑪ 选中绘制完成的图形和文字并进行编组，最后将该编组放置在合适的位置，最终效果如图9-149所示。

图9-149

9.4 风格化

"风格化"类效果能够为对象添加发光、投影、涂抹和羽化等外观效果，其中"涂抹"相较于其他风格化效果而言，其特征会更加显著，因为它能够模拟类似于手绘的效果。另外，我们有时可能为了表现物体的存在感，会为图形添加投影，这时应用"投影"效果就能够便捷地实现这一目的。执行"效果>风格化"菜单命令，在弹出的子菜单中可以看到6种效果，如图9-150所示。其中"圆角"效果和第4章中讲解的变换圆角效果完全一致，本节不再赘述。

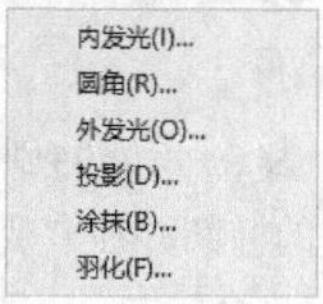

内发光(I)...
圆角(R)...
外发光(O)...
投影(D)...
涂抹(B)...
羽化(F)...

图9-150

本节工具介绍

工具名称	工具作用	重要程度
内发光	在对象的中心或边缘发出特定颜色的光芒	中
投影	在对象的后方创建投影	高
外发光	在对象的周围发出特定颜色的光芒	中
涂抹	在对象所处范围填充类似于手绘的涂抹线条	高
羽化	能将对象的边缘进行模糊处理	中

9.4.1 内发光

"内发光"效果可以在对象的中心或边缘发出特定颜色的光芒，应用效果如图9-151所示。选中图形对象，然后执行"效果>风格化>内发光"菜单命令，在弹出的"内发光"对话框中指定相关参数即可，如图9-152所示。

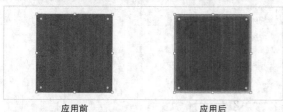

应用前   应用后

图9-151

重要参数介绍

◇ **模式**：指定内发光的混合模式。

◇**不透明度**：指定内发光的不透明度。

◇ **模糊**：指定要进行模糊的地方到选区中心或选区边缘的距离。

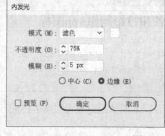

图9-152

◇ **中心**：内发光将从中心发出。

◇ **边缘**：内发光将从边缘发出。

9.4.2 投影

"投影"效果可以在矢量图形或位图对象的后方创建投影，增加对象的存在感，应用效果如图9-153所示。选中图形对象，然后执行"效果>风格化>投影"菜单命令，在弹出的"投影"对话框中指定相关参数即可，如图9-154所示。

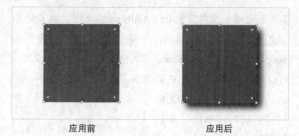

应用前   应用后

图9-153

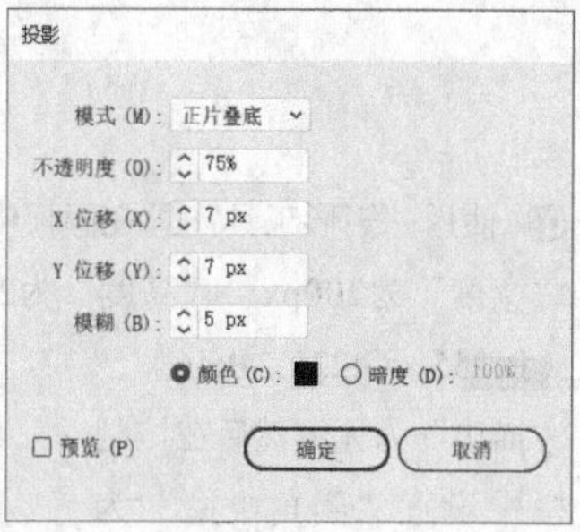

图9-154

重要参数介绍

◇ **模式**：指定投影的混合模式。

◇ **不透明度**：指定投影的不透明度。

◇ **X位移/Y位移**：指定投影在横向和纵向上的偏移距离。

◇ **模糊**：指定投影的模糊程度。

◇ **颜色**：指定任意颜色作为投影的颜色。

◇ **暗度**：使用对象的颜色作为投影的颜色，同时还能够调节颜色的明度。

📖 课堂案例

使用投影制作App图标

素材位置	无
实例位置	实例文件>CH09>课堂案例：使用投影制作App图标
教学视频	课堂案例：使用投影制作App图标.mp4
学习目标	掌握"投影"效果的用法

本例的最终效果如图9-155所示。

图9-155

01 新建一个尺寸为800px×600px的画板，然后使用"矩形工具"▢绘制一个矩形，并设置"宽度"为800px、"高度"为600px、"填色"为浅灰色（R:226，G:226，B:226）、"描边"为无，接着将其和画板对齐并进行"锁定"🔒，如图9-156所示。

图9-156

02 使用"矩形工具"▢在画板中绘制一个矩形，并设置"宽度"为200px、"高度"为200px、"填色"为黄色（R:255，G:225，B:46）、"描边"为无，然后在控制栏中设置"圆角半径"为30px，如图9-157所示。

图9-157

03 选中步骤02创建的图形，执行"效果>风格化>投影"菜单命令，在弹出的"投影"对话框中设置"不透明度"为30%、"X位移"为5px、"Y位移"为5px、"模糊"为10px、"颜色"为深灰色（R:86，G:86，B:86），接着单击"确定"按钮，如图9-158所示。最后将该矩形进行"锁定"🔒，如图9-159所示。

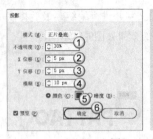

图9-158　　　　图9-159

04 使用"椭圆工具"⬭在步骤03创建的图形中绘制一个椭圆，并设置"宽度"为25px、"高度"为50px、"填色"为深灰色（R:35，G:35，B:35）、"描边"为无，接着在"变换"面板中设置"旋转"为10°，如图9-160所示。

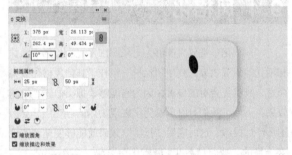

图9-160

05 将步骤04创建的图形复制一份，然后选中复制得到的椭圆并在"变换"面板中设置"旋转"为15°，如图9-161所示。

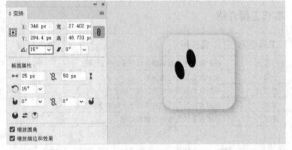

图9-161

06 选中这两个椭圆并执行"对象>变换>镜像"菜单命令，然后在"镜像"对话框中选中"垂直"选项，并单击"复制"按钮，如图9-162所示。

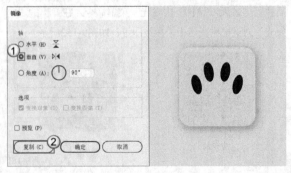

图9-162

07 使用"多边形工具" ，在步骤06创建的图形中绘制一个等边三角形，并设置"半径"为70px、"边数"为3px、"填色"为深灰色（R:35、G:35、B:35）、"描边"为无，然后在控制栏中设置"圆角半径"为35px，最后选中所有的椭圆和该三角形并进行编组，完成案例的绘制，最终效果如图9-163所示。

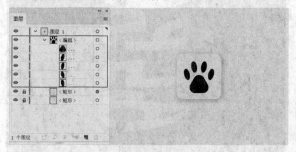

图9-163

9.4.3 外发光

"外发光"效果可以在对象的周围发出特定颜色的光芒，应用效果如图9-164所示。选中图形对象，然后执行"效果>风格化>外发光"菜单命令，在弹出的"外发光"对话框中指定相关参数即可，如图9-165所示。

应用前　　　　　　　应用后

图9-164

重要参数介绍

◇ **模式**：指定外发光的混合模式。

◇ **不透明度**：指定外发光的不透明度。

◇ **模糊**：指定外发光边缘的模糊程度。

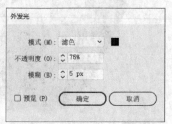

图9-165

9.4.4 涂抹

"涂抹"效果能够在对象所处的范围填充类似于手绘的线条，应用效果如图9-166所示。在绘图的过程中，当需要表现手绘风格时，便可以考虑使用该效果。选中图形对象，然后执行"效果>风格化>涂抹"菜单命令，在弹出的"涂抹选项"对话框中指定相关参数即可，如图9-167所示。

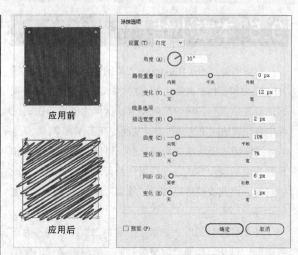

应用前

应用后

图9-166　　　　　　　　　　　　　　　图9-167

重要参数介绍

◇ **设置**：在下拉列表中选择一种预设涂抹效果。

◇ **角度**：指定涂抹线条的方向。

◇ **路径重叠**：指定向外扩展和向内收缩的距离。

◇ **描边宽度**：指定涂抹线条的宽度。

◇ **曲度**：指定涂抹线条的弯曲程度。

◇ **变化（曲度）**：控制涂抹曲线彼此之间的相对曲度差异大小。

◇ **间距**：指定涂抹线条的疏密程度。

◇ **变化（间距）**：控制涂抹线条之间的疏密差异。

9.4.5 羽化

"羽化"效果能将对象的边缘进行模糊处理，使对象的边缘变得十分柔和，产生一种渐隐效果，应用效果如图9-168所示。选中图形对象，然后执行"效果>风格化>羽化"菜单命令，在弹出的"羽化"对话框中指定羽化半径即可，如图9-169所示。

应用前　　　　　　　应用后

图9-168

重要参数介绍

◇ **半径**：设置羽化的强度。

图9-169

9.5 本章小结

　　本章主要介绍了Illustrator效果的特点和应用，包括3D、扭曲和变换、风格化3大类效果。在使用的过程中我们需要注意区分各种效果的特点，这样才能在绘图的过程中有意识地应用这些效果，从而提高工作效率。

　　当介绍效果的添加和调整时，讲解了添加、修改和删除效果的操作方式，这些操作都可以在"外观"面板中进行，因此我们可以结合"外观"面板的使用方法进行学习。

　　当介绍3D效果时，讲解了怎样将二维图形转换为三维图形，以及怎样通过调整参数使三维图形呈现不同的外观，这其中我们需要重点掌握贴图的应用。

　　当介绍"扭曲和变换"类效果时，讲解了怎样通过应用效果来对对象进行扭曲，其中"变换"的使用频率远远超过该类型其他的效果，因此我们需要重点掌握该效果的应用方式。

　　当介绍风格化滤镜时，讲解了怎样为对象添加发光、投影、涂抹和羽化等外观。这里需要重点掌握"涂抹"效果，它能通过相对简单的操作实现极具风格化的效果，因此在特定的应用场景下，该效果能够发挥很大的作用。

9.6 课后习题

　　本节安排了两个课后习题供读者练习，这两个习题综合了本章所学知识。如果读者在练习时有疑问，可以一边观看教学视频，一边学习效果的应用。

9.6.1 ALPHA文本特效

素材位置	无
实例位置	实例文件>CH09>课后习题：ALPHA文本特效
教学视频	课后习题：ALPHA文本特效.mp4
学习目标	熟练掌握3D效果的应用

　　本例的最终效果如图**9-170**所示。

图9-170

9.6.2 制作海岛瀑布

素材位置	无
实例位置	实例文件>CH09>课后习题：制作海岛瀑布
教学视频	课后习题：制作海岛瀑布.mp4
学习目标	熟练掌握3D效果及"风格化"效果的应用

　　本例的最终效果如图**9-171**所示。

图9-171

第 **10** 章

平面设计

本章将以平面设计中最常见的 4 种设计类型作为案例进行讲解，通过这些案例的学习，我们可以简要地了解字体设计、标志设计、海报设计和包装设计的设计流程。对于字体设计，我们需要注意字体的间架结构及各个文字之间特征的一致性；对于标志设计，会偏向于考虑作图的规范性；对于海报设计，则需要更多地关注文本的编排；对于包装设计，我们要明确包装设计的几个要素。

课堂学习目标

◇ 字体设计

◇ 标志设计

◇ 海报设计

◇ 包装设计

10.1 字体设计："毕业季" 字体设计

素材位置	无
实例位置	实例文件>CH10>字体设计："毕业季"字体设计
教学视频	字体设计："毕业季"字体设计.mp4
学习目标	掌握字体的设计方法、字体设计的简要流程、笔画的处理方式

本例的最终效果如图10-1所示。

图10-1

10.1.1 "毕业季"字样设计

字体的类型主要可以分为宋体和黑体这两大类。宋体相对来说会显得更加古朴，从而更具传统意味，而黑体则显得更有现代的特点，因而更贴近我们的生活。一般情况下，我们使用的各种显示设备的字体都是黑体。就设计难度上来看，设计黑体的难度往往没有设计宋体的难度大。本例所制作的字体更加接近黑体，因此制作起来相对比较容易，而制作这种类型的字体使用"矩形工具" ▢ 就可以轻松实现，我们只需要通过矩形拼凑出基本字样，再对字样进行细化和调整即可。

1.设计大样 ••••••••••••••••••••••

01 新建4个尺寸为800px×600px的画板，如图10-2所示。

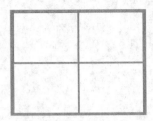

图10-2

02 选定第1个画板并按快捷键Ctrl+0将其适合到窗口大小，使用"矩形工具" ▢ 分别绘制一个"宽度"为40px、"高度"为任意、"填色"为黑色、"描边"为无的矩形和一个"宽度"为任意、"高度"为20px、"填色"为黑色、"描边"为无的矩形，如图10-3所示。

03 将这两个矩形复制出多份，并分别进行适当的变换，然后将它们组合成"毕"字，如图10-4所示。

图10-3   图10-4

04 使用"矩形工具" ▢ 并按照"毕"字的大小绘制一个矩形，然后设置"填色"为红色（R:255，G:72，B:90）、"描边"为无，最后将其放置在"毕"字的下一层，如图10-5所示。

05 将步骤04创建的图形复制两份，并与第1个图形并排放置在一起，然后将这些红色矩形进行"锁定" 🔒 ，如图10-6所示。

图10-5   图10-6

06 将充当"毕"字的横笔画和竖笔画的矩形分别复制多份，然后以红色的矩形为边界，将复制得到的矩形进行适当的变换并组合成"业"字，如图10-7所示。

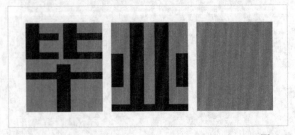

图10-7

07 按快捷键 **Ctrl+R** 显示出标尺，然后创建一条横向的参考线，并使其与"毕"字的"十字旁"的顶端对齐，接着将充当"业"字横笔画的矩形复制5份，最后以红色的矩形为边界将复制得到的矩形进行适当的变换并放置在图**10-8**所示的位置。

08 将充当"业"字竖笔画的矩形复制两份，再将复制得到的矩形进行适当的变换，并放置在图**10-9**所示的位置。

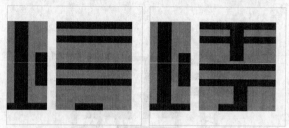

图10-8　　　　　　　　　　　图10-9

09 使用"矩形工具" □ 绘制一个矩形，并设置"宽度"为25px、"高度"为任意、"填色"为黑色、"描边"为无，然后在"变换"面板中设置"旋转"为295°，接着适当地对矩形的高度进行缩放并放置在合适的位置，如图**10-10**所示。

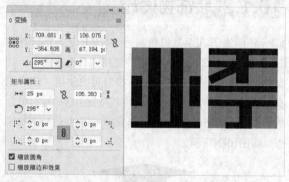

图10-10

10 选中步骤09创建的图形，然后单击鼠标右键并选择"变换>镜像"命令，在弹出的"镜像"对话框中选中"垂直"选项，单击"复制"按钮 复制(C) 完成变换，再按住**Shift**键将复制得到的矩形移动到合适的位置，如图**10-11**所示。

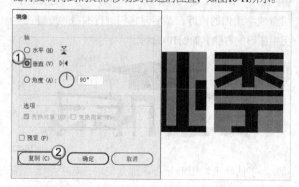

图10-11

11 将充当"季"字撇笔画的矩形复制一份，然后将复制得到的矩形放置在图10-12所示的位置上，最后隐藏参考线。

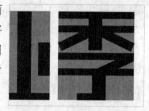

图10-12

2.设计细节

01 将创建完成的"毕业季"字样复制到第2个画板，使用"直接选择工具" ▷ 分别对"毕"字中各个矩形的锚点进行调整，如图10-13所示。

图10-13

02 使用同样的方法，调整"业"字和"季"字，效果如图10-14所示。

图10-14

03 为了纠正视觉错觉，再次使用"直接选择工具" ▷ 将"季"字的撇笔画和捺笔画的锚点进行适当的调整，使其交会处显得不那么粗，如图10-15所示。

图10-15

04 将创建完成的"毕业季"字样复制到第3个画板，同时在"路径查找器"面板中对该字样应用"联集" ▣，如图10-16所示。

图10-16

05 使用"矩形工具" ■绘制一个矩形，并设置"宽度"为5px、"高度"为任意、"填色"为黄色（R:255，G:170，B:0）、"描边"为无，然后将该矩形复制出多份并进行适当的变换，接着将复制得到的矩形放置在图10-17所示的位置并进行编组。

图10-17

06 选中步骤05创建的图形编组和"毕业季"字样，然后使用"形状生成器工具" ◎切除上一步创建的矩形，效果如图10-18所示。

图10-18

3.加深对比 •••••••••••••••••••••••••

01 选中调整后的"毕业季"字样并将其复制到第4个画板，然后适当地缩小，接着按快捷键Ctrl + Y进入轮廓预览模式，使用"钢笔工具" ✎沿"毕业季"字样的外轮廓绘制形状，并设置"填色"为蓝色（R:47，G:55，B:155）、"描边"为黄色（R:255，G:170，B:0）、"描边粗细"为10pt，最后将该形状放置在"毕业季"字样的下一层，如图10-19所示。

图10-19

📝 技巧与提示

在使用"钢笔工具" ✎沿"毕业季"字样的外轮廓绘制形状时，可以不用完全按照"毕业季"字样的轮廓进行绘制，只要得到的形状好看即可。

02 选中"毕业季"字样，并设置"填色"为白色，然后使用"矩形工具" ■绘制一个矩形，并设置"宽度"为800px、"高度"为600px、"填色"为黄色（R:252，G:219，B:56）、"描边"为无，接着将其相对于画板进行"水平居中对齐" ■和"垂直居中对齐" ㅐ，与此同时将其放置在底层并进行"锁定" 🔒，如图10-20所示。

图10-20

10.1.2 装饰物设计

01 使用"矩形工具" ■绘制一个黑色的正方形，并将其旋转45°，然后按住Alt键并使用"自由扭曲"工具 ⋈拖动顶点进行适当的挤压，接着再次使用"矩形工具" ■绘制一个黑色矩形，并将其与挤压后的矩形组合成一个学士帽图形，最后将它们进行编组并适当调整位置，如图10-21所示。

图10-21

02 使用"矩形工具" ■绘制一大一小两个黑色矩形，组合成学士帽的流苏，然后对它们进行编组并放置在学士帽图形的右侧，如图10-22所示。

图10-22

03 为了使学士帽图形显得不那么突出，选中学士帽图形中的所有对象，然后设置"填色"为深灰色（R:55，

G:56，B:61），最后适当地调整各个元素的堆叠顺序和位置，完成案例的制作，最终效果如图10-23所示。

图10-23

10.2 标志设计："红猪"标志设计

素材位置	素材文件>CH10>标志设计："红猪"标志设计
实例位置	实例文件>CH10>标志设计："红猪"标志设计
教学视频	标志设计："红猪"标志设计.mp4
学习目标	掌握标志的设计方法、字体设计的简要流程、图案的处理方式

本例的最终效果如图10-24所示。

图10-24

10.2.1 "红猪"标志图案设计

从组成元素上划分，大致可以将品牌标志分成3类：第1类是使用品牌的名称作为品牌标志；第2类是使用能够间接表达出品牌名称的图案作为品牌标志；第3类则同时使用了品牌名称和图案作为品牌标志。本例所制作的标志属于第3类，我们会先进行图案的制作，在图案的绘制过程中既要保证美观度，又要保证其形态的规范。

1.规范作图

01 新建3个尺寸为800px×600px的画板，然后打开"素材文件>CH10>标志设计："红猪"标志设计>小猪.ai"，接着将其中的路径复制到当前文档的第1个画板上，如图10-25所示。下面就以素材中提供的草图为基础进行图案的绘制。

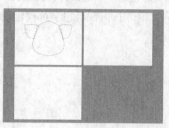

图10-25

02 选中第1个画板上的路径，并设置"描边"为红色（R:255，G:123，B:123），然后在"图层"面板中将"图层1"进行"锁定" 🔒，同时新建一个图层，如图10-26所示。

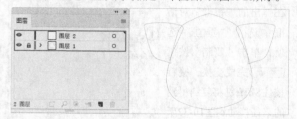

图10-26

03 使用"椭圆工具" ◯绘制一个椭圆，并设置"宽度"为354px、"高度"为176px、"填色"为无、"描边"为黑色、"描边粗细"为0.25pt，然后将其放置在图10-27所示的位置。

04 使用"椭圆工具" ◯绘制一个圆，并设置"宽度"和"高度"均为298px、"填色"为无、"描边"为黑色、"描边粗细"为0.25pt，然后将其放置在图10-28所示的位置。

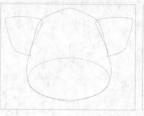

图10-27

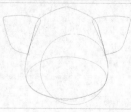

图10-28

05 将步骤04创建的路径复制一份，然后将复制得到的图形相对于原有的图形进行"垂直居中对齐" ⊣，接着按住Shift键并拖动复制后的图形，将其放置在图10-29所示的位置。

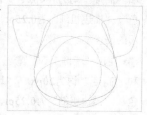

图10-29

227

06 使用"椭圆工具"◯绘制一个椭圆，并设置"宽度"为282px、"高度"为195px、"填色"为无、"描边"为黑色、"描边粗细"为0.25pt，然后将其放置在图10-30所示的位置。

07 使用"钢笔工具"✐绘制一条倾斜的直线路径，使其相切于步骤04和步骤06创建的路径，如图10-31所示。

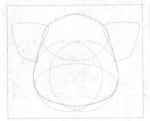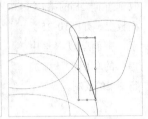

图10-30   图10-31

08 选中步骤07创建的路径，然后单击鼠标右键并选择"变换>镜像"命令，在弹出的"镜像"对话框中选中"垂直"选项，单击"复制"按钮(复制(C))完成变换，接着按住Shift键将复制得到的路径移动到图10-32所示的位置。

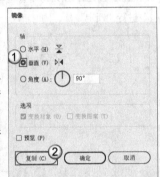

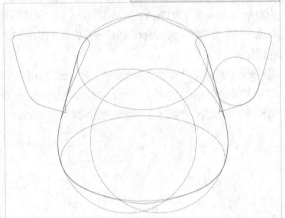

图10-32

09 使用"椭圆工具"◯绘制一个圆，并设置"宽度"和"高度"均为100px、"填色"为无、"描边"为黑色、"描边粗细"为0.25pt，然后将其放置在图10-33所示的位置。

10 使用"椭圆工具"◯绘制一个圆，并设置"宽度"和"高度"均为20px、"填色"为无、"描边"为黑色、"描边粗细"为0.25pt，然后将其放置在图10-34所示的位置。

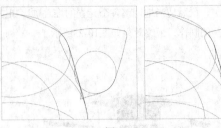

图10-33   图10-34

11 使用"椭圆工具"◯绘制一个椭圆，并设置"宽度"为272px、"高度"为112px、"填色"为无、"描边"为黑色、"描边粗细"为0.25pt，然后将其放置在图10-35所示的位置。

12 根据耳朵部分的路径走向，使用"钢笔工具"✐绘制两条直线路径，同时保证这两条直线分别相切于步骤09和步骤10创建的路径，如图10-36所示。

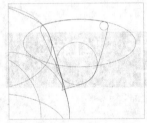

图10-35   图10-36

13 选中耳朵部分的路径，然后单击鼠标右键并选择"变换>镜像"命令，在弹出的"镜像"对话框中选中"垂直"选项，单击"复制"按钮(复制(C))完成变换。按住Shift键将复制得到的路径移动到合适的位置，参数及效果如图10-37所示。

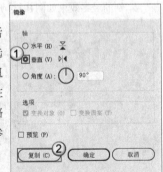

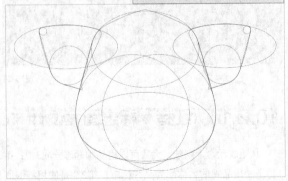

图10-37

14 选中所有路径，将其复制到第2个画板上，如图10-38所示。

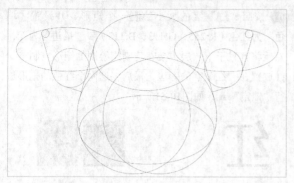

图10-38

⓯ 选中复制得到的路径，然后使用"形状生成器工具"✂切除多余的路径，如图10-39所示。

图10-39

⓰ 选中剩下的路径，按住Shift键并使用"形状生成器工具"✂框选它们，完成路径的合并，然后删除一些残留的路径，得到小猪的轮廓，如图10-40所示。

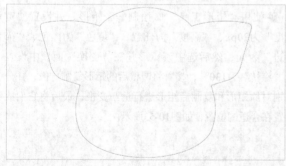

图10-40

2.制作标志图案

⓵ 在第3个画板上使用"矩形工具"▢绘制一个矩形，并设置"宽度"为800px、"高度"为600px、"填色"为浅灰色（R:239，G:239，B:239）、"描边"为无，然后将其相对于画板进行"水平居中对齐"⊞和"垂直居中对齐"⊞，如图10-41所示。

⓶ 使用"矩形工具"▢绘制一个正方形，并设置"宽度"和"高度"均为160px、"填色"为玫红色（R:244，G:55，B:113）、"描边"为无，同时在控制栏中设置

"圆角半径"为30px，然后将其相对于画板进行"水平居中对齐"⊞和"垂直居中对齐"⊞，如图10-42所示。

图10-41　　　　　　　　图10-42

⓷ 将第2个画板上的小猪轮廓复制到第3个画板上，并适当地缩小，然后设置"填色"为浅灰色（R:239，G:239，B:239）、"描边"为无，最后调整它的位置和堆叠顺序，如图10-43所示。

⓸ 使用"椭圆工具"◯在脸部绘制一个椭圆，并设置"宽度"为25px、"高度"为45px、"填色"为玫红色（R:244，G:55，B:113）、"描边"为无，然后将其放置在中心，作为小猪的鼻子，如图10-44所示。

图10-43　　　　　　　　图10-44

⓹ 使用"椭圆工具"◯在鼻子中绘制一个椭圆，并设置"宽度"为5px、"高度"为10px、"填色"为深灰色（R:35，G:35，B:35）、"描边"为无，然后将其复制一份，并将它们放置在中心，作为小猪的鼻孔，如图10-45所示。

⓺ 使用"椭圆工具"◯在脸部绘制一个"宽度"为5px、"高度"为12px、"填色"为深灰色（R:35，G:35，B:35）、"描边"为无的椭圆，并将其复制一份，然后将它们放置在鼻子的上方，作为小猪的眼睛，至此便完成了标志图案的设计，如图10-46所示。将创建好的标志图案进行保存，并命名为"图形标.ai"，以便后续随时使用。

图10-45　　　　　　　　图10-46

10.2.2 "红猪"标志品牌名称设计

绘制完标志图案后，我们便要着手于品牌名称的绘制。绘制品牌名称实质上就是进行字体设计，只是作为标志品牌的文字会更加正式，而其他应用场景的字体设计则会相对比较轻松活泼，在风格上也会更加多样。

1.设计大样

01 新建4个尺寸为800px×600px的画板，在第1个画板上使用"矩形工具"▥分别绘制一个"宽度"为30px、"高度"为任意、"填色"为黑色、"描边"为无的矩形和一个"宽度"为任意、"高度"为15px、"填色"为黑色、"描边"为无的矩形，如图10-47所示。

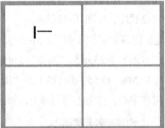

图10-47

02 将步骤01创建的两个图形复制多份，并分别进行适当的变换，然后将其放置在合适的位置，如图10-48所示。

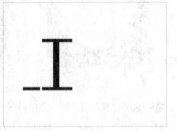

图10-48

03 将充当竖笔画的矩形复制一份，并缩短其高度，然后在"变换"面板中设置"旋转"为330°，接着将调整后的矩形复制一份，最后将这两个矩形放置在合适的位置，如图10-49所示。

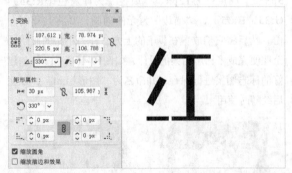

图10-49

04 将充当横笔画的矩形复制两份，分别进行适当的变换，然后将它们放置在合适的位置，完成"红"字的绘制，如图10-50所示。

05 按照"红"字的大小绘制一个矩形，并设置"填色"为红色（R:255，G:113，B:113）、"描边"为无，然后将其置于下一层，接着将刚刚绘制的矩形复制一份并放置在"红"字的旁边，最后将这两个红色的矩形进行"锁定"🔒，如图10-51所示。

图10-50

图10-51

06 将充当"红"字竖笔画的矩形复制一份，然后对其进行适当的变换，并放置在合适的位置上，接着将该矩形复制一份并适当调整高度，最后在"变换"面板中设置"旋转"为20°，并将其放置在合适的位置，如图10-52所示。

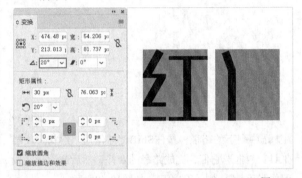

图10-52

07 使用"矩形工具"▥绘制一个矩形，并设置"宽度"为20px、"高度"为任意、"填色"为黑色、"描边"为无，然后选中该矩形并在"变换"面板中设置"旋转"为130°，接着将调整后的矩形复制一份，并分别对原矩形和复制后矩形进行适当变换，最后将它们放置在合适的位置，如图10-53所示。

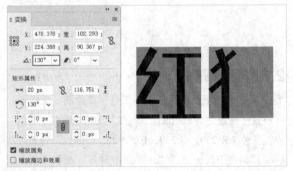

图10-53

08 将充当"红"字横笔画和竖笔画的矩形复制多份，然后对这些矩形进行适当的变换，并将它们放置在合适的位置，如图10-54所示。

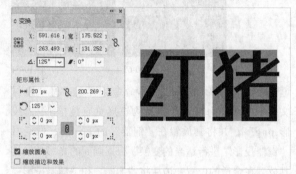

图10-54

⑨ 将充当"猪"字撇笔画的矩形复制一份,将复制得到的矩形进行适当的缩放后,在"变换"面板中设置"旋转"为125°,然后将调整后的矩形放置在合适的位置上,最后分别对组成"红"字和"猪"字的矩形进行编组,完成"红猪"字样的绘制,如图10-55所示。

图10-55

2.设计细节

① 选中创建完成的"红猪"字样并将其复制到第2个画板上,然后使用"直接选择工具" ▷.分别选中笔画中如图10-56所示的锚点,接着拖动边角构件将图形轮廓统一调整至合适的圆角为止,如图10-57所示。

图10-56

图10-57

> **技巧与提示**
>
> 由于组成"红猪"字样的笔画宽度并不一致,在控制栏中对每一个笔画的边角设置"圆角半径"参数比较麻烦,因此这里选择通过拖动边角构件统一进行调整。

② 选中调整后的"红猪"字样并将其复制到第3个画板上,在"路径查找器"面板中对其应用"联集" ▉,同时使用"直接选择工具" ▷.对"者"字的上半部分进行适当的调整,使穿插部分看起来不会过于粗壮,同时为了填补因为调整穿插处而留下的间隙,可以将"者"字的第一横和第二横进行适当的延长,如图10-58所示。

图10-58

③ 使用"矩形工具" ▢.在第4个画板上绘制一个矩形,并设置"宽度"为800px、"高度"为600px、"填色"为玫红色(R:244,G:55,B:113)、"描边"为无,然后将其相对于画板进行"水平居中对齐" ▉ 和"垂直居中对齐" ▉,接着打开前文保存的"图形标.ai"文件,并将图案复制到当前的编辑文档中,最后将"红猪"字样也复制到第4个画板上并适当地调整大小,如图10-59所示。

图10-59

④ 使用"文字工具" T.创建点文字"hongzhu",然后在"字符"面板中设置字体系列为Noto Sans S Chinese、字体样式为Regular、字体大小为12pt、字距为1400,同时激活"全部大写字母"按钮TT,接着选中创建完成的文字对象,执行"文字>创建轮廓"菜单命令创建文字轮廓,最后将该文字放置在合适的位置,如图10-60所示。

图10-60

05 选中"红猪"和"HONGZHU"字样，并设置"填色"为深灰色（R:35，G:35，B:35），同时适当地调整各个元素之间的位置，完成案例的制作，最终效果如图10-61所示。

图10-61

10.3 海报设计：博物馆展览宣传单

素材位置	素材文件>CH10>海报设计：博物馆展览宣传单
实例位置	实例文件>CH10>海报设计：博物馆展览宣传单
教学视频	海报设计：博物馆展览宣传单.mp4
学习目标	掌握海报的设计方法、海报设计的简要流程、文本的编排方式

本例的最终效果如图10-62所示。

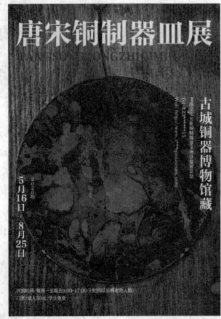

图10-62

10.3.1 置入素材

01 新建一个尺寸为210mm×297mm的画板，然后执行"文件>置入"菜单命令，置入素材"素材文件>CH10>海报设计：博物馆展览宣传单>背景.png"，接着将其进行适当的变换，使其适应于画板大小，如图10-63所示，最后将该素材所在图层进行"锁定" 🔒。

02 执行"文件>置入"菜单命令，置入素材"素材文件>CH10>海报设计：博物馆展览宣传单>铜器.png"，然后将其适当地变换并放置在图10-64所示的位置。

图10-63   图10-64

03 执行"文件>置入"菜单命令，置入素材"素材文件>CH10>海报设计：博物馆展览宣传单>铜器投影.png"，并将其放置在"铜器"的下一层，然后对"铜器投影"进行适当的变换，根据画面的光影关系将其放置在合适的位置，最后将"铜器"和"铜器投影"进行编组并"锁定" 🔒，如图10-65所示。

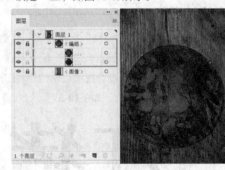

图10-65

04 按快捷键Ctrl+R显示出标尺，并创建两条水平参考线，分别设置它们的Y坐标为15mm和282mm，如图10-66所示；创建两条垂直参考线，分别设置它们的X坐标为8mm和202mm，如图10-67所示。

图10-66   图10-67

10.3.2 编排文字

01 使用"文字工具"**T.**创建点文字"唐宋铜制器皿展",并设置"填色"为浅灰色(R:231,G:231,B:222),然后选中创建的文字对象,在"字符"面板中设置字体系列为"方正粗雅宋_GBK"、字体大小为78pt、字距为20,如图10-68所示。

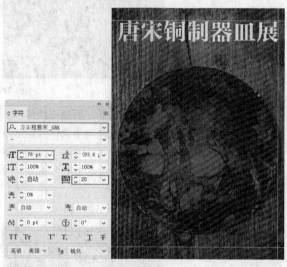

图10-68

02 使用"文字工具"**T.**创建点文字"tangsongtongzhi qiminzhan",并设置"填色"为深蓝色(R:24,G:83,B:121),然后选中创建的文字对象,在"字符"面板中设置字体系列为"方正粗雅宋_GBK"、字体大小为30pt、字距为20,同时激活"全部大写字母"按钮**TT**,接着将其放置在"唐宋铜制器皿展"的下方并使其与"唐宋铜制器皿展"进行"水平居中对齐"**宯**,最后将其与唐宋铜制器皿展"进行编组,如图10-69所示。

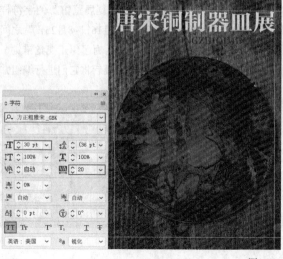

图10-69

03 使用"直排文字工具"**IT**创建点文字"古城铜器博物馆藏",并设置"填色"为浅灰色(R:231,G:231,B:222),然后选中创建的文字对象,在"字符"面板中设置字体系列为"方正粗雅宋_GBK"、字体大小为36pt、字距为20,如图10-70所示。

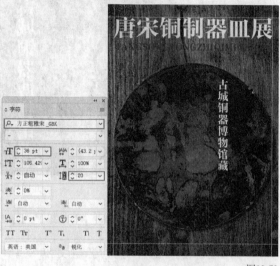

图10-70

04 使用"直排文字工具"**IT**,分别创建点文字"**路文化大街铜制器皿文物修复展览馆"、"Tel 123******15"和"Web http://www.t***qimuseum.com",并设置"填色"为白色,然后选中创建的文字对象,在"字符"面板中设置字体系列为"方正细雅宋_GBK"、字体大小为12pt、字距为20,如图10-71所示。

图10-71

05 为了使"Tel 123******15"和"Web http://www.t***qimuseum.com"的排版变为横排，选中这两段文字，然后单击"字符"面板中的 ≡ 按钮，在弹出的菜单中取消选择"标准垂直罗马对齐方式"命令，如图10-72所示。

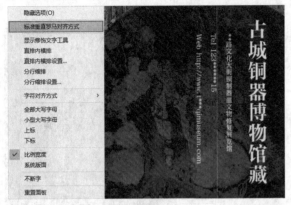

图10-72

技巧与提示

在默认情况下，当直排文字中具有罗马字符时，这时罗马字符会自动进行旋转，为了防止直排文字中罗马字符发生旋转，可以在"字符"面板的面板菜单中取消选择"标准垂直罗马对齐方式"命令。

06 适当地调整"**路文化大街铜制器皿文物修复展览馆"、"Tel 123******15"和"Web http://www.t***qimuseum.com"这3个文字对象之间的间距，同时将它们进行"垂直顶对齐"和"水平居中分布"，然后对它们进行编组，接着适当地调整编组与"古城铜器博物馆藏"点文字之间的间距，并将它们进行"垂直顶对齐"。为了纠正视觉错觉，将"古城铜器博物馆藏"向上移动一段距离，最后将它们进行编组并根据参考线将其放置在画板的右侧，如图10-73所示。

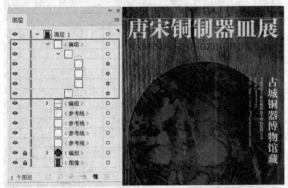

图10-73

07 使用"直排文字工具"创建点文字"5月16日~8月25日"，并设置"填色"为浅灰色（R:231，G:231，B:222），然后选中创建的文字对象，在"字符"面板中设置字体系列为"方正粗雅宋_GBK"、字体大小为24pt、字距为20pt，如图10-74所示。

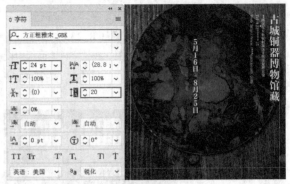

图10-74

08 分别选中"5月16日~8月25日"文字对象中16和25这两个数字，在"字符"面板的面板菜单中选择"直排内横排"命令，然后选中"~"字符并在"字符"面板的面板菜单中取消选择"标准垂直罗马对齐方式"命令，同时在"字符"面板中设置"插入空格（左）"和"插入空格（右）"均为"1/4全角空格"，如图10-75所示。

图10-75

09 使用"直排文字工具"创建点文字"2020年"，然后选中创建的文字对象，使用"吸管工具"吸取"**路文化大街铜制器皿文物修复展览馆"的字符样式，接着适当地调整该文字与"5月16日~8月25日"之间的距离并进行"垂直顶对齐"。为了纠正视觉错觉，将"2020"向上移动一段距离，最后将它们进行编组并放置在图10-76所示的位置。

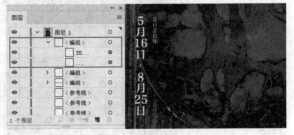

图10-76

⑩ 使用"文字工具"**T**，分别创建点文字"开馆时间/每周一至周五9:00~17:00（16:30以后将谢绝入馆）"和"门票/成人50元，学生免费"，然后选中创建的文字对象，使用"吸管工具"🖊吸取"**路文化大街铜制器皿文物修复展览馆"的字符样式，接着适当地调整它们之间的距离并进行"水平左对齐"▤，最后将它们编组并放置在合适的位置，同时隐藏参考线，完成案例的制作，最终效果如图10-77所示。

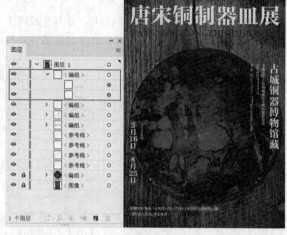

图10-77

10.4 包装设计：橙汁包装设计

素材位置	素材文件>CH10>包装设计：橙汁包装设计
实例位置	实例文件>CH10>包装设计：橙汁包装设计
教学视频	包装设计：橙汁包装设计.mp4
学习目标	掌握包装的设计方法、包装设计的简要流程，理解刀版图

本例的最终效果如图10-78所示。

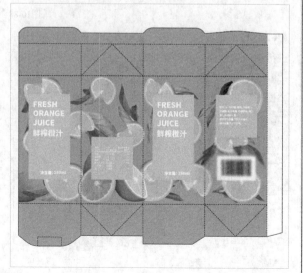

图10-78

10.4.1 处理素材

① 打开"素材文件>CH10>包装设计：橙汁包装设计>橙汁包装设计刀版图.ai"，然后使用"画板工具"🔲新建一个画板，并在控制栏中设置画板的"宽度"为21cm、"高度"为29.7cm，同时新建一个图层并将其放置在"图层1"的下一层，如图10-79所示。

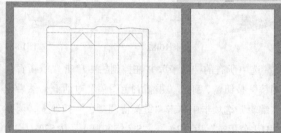

图10-79

② 执行"文件>置入"菜单命令，置入素材"素材文件>CH10>包装设计：橙汁包装设计>橙子.jpg"，然后单击"嵌入"按钮 嵌入 并将提供的素材嵌入第2个画板上，同时适当地调整该图片的大小，如图10-80所示。

图10-80

③ 选中嵌入的图片并对其进行图像描摹，在控制栏中单击"图像描摹"按钮 图像描摹 ，然后在"图像描摹"面板中设置"模式"为"彩色"、"调板"为"自动"，这时提供的素材已经描摹成功，接着在控制栏中单击"扩展"按钮 扩展 将描摹结果扩展成路径，如图10-81所示。

图10-81

04 选中扩展出的路径并将它取消编组，接着使用"选择工具"▶分别选中除橙子和叶子之外的其他路径并按Delete键删除，如图10-82所示。

05 使用"选择工具"▶将"橙子"和"叶子"分开并分别对它们进行编组，如图10-83所示。

图10-82　　　　　　　　　　图10-83

06 选中所有的"叶子"并在控制栏中单击"重新着色图稿"按钮，弹出"重新着色图稿"对话框，然后在"编辑"选项卡中单击"链接协调颜色"按钮，调整"H（色相）"为112°、"S（饱和度）"为57%、"B（明度）"为76%，最后单击"确定"按钮，如图10-84所示，效果如图10-85所示。

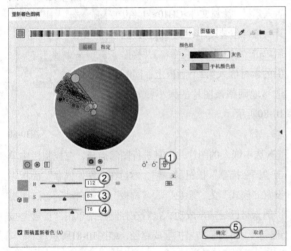

图10-84

图10-85

10.4.2 放置产品内容

01 使用"矩形工具"▢在第1个画板上绘制一个矩形，然后设置"宽度"和"高度"均为24cm、"填色"为黄色（R:253，G:167，B:50）、"描边"为无，并将其放置在图10-86所示的位置上。

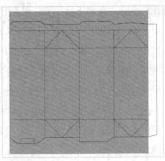

图10-86

02 选中刀版图路径和矩形，然后使用"形状生成器工具"切除多余的部分，接着将其放置在底层并进行"锁定"，如图10-87所示。

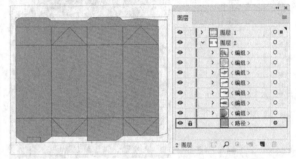

图10-87

03 将第2个画板上的"橙子"复制多份，然后分别将它们进行适当的变换，并随机地放置在刀版图上，如图10-88所示。

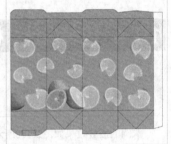

图10-88

04 将第2个画板的"叶子"复制多份，然后将它们分别进行适当的变换，并随机地放置在刀版图上，接着调整"叶子"和"橙子"之间的堆叠顺序，最后选中所有的"橙子"和"叶子"并进行编组，如图10-89所示。

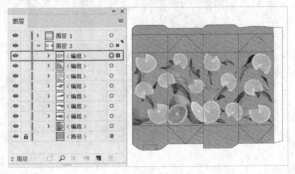

图10-89

05 使 用 "矩 形 工 具" □ 绘制一个矩形，并设置"宽度"为4cm、"高度"为8cm、"填色"为黄色（R:254，G:214，B:59）、"描边"为无，然后将其放置在左侧的包装面上，效果如图10-90所示。

图10-90

06 使用"文字工具"T.在步骤05创建的图形中创建点文字"fresh orange juice"，并设置"填色"为白色，然后选中创建的文字对象，在"字符"面板中设置字体系列为Noto Sans S Chinese、字体样式为Black、字体大小为20pt、字距微调为"视觉"，并激活"全部大写字母"按钮TT，最后将其放置在顶部，如图10-91所示。

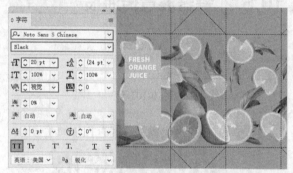

图10-91

07 使用"文字工具"T.在步骤05创建的图形中创建点文字"鲜榨橙汁"，并设置"填色"为白色，然后选中创建的文字对象，在"字符"面板中设置字体系列为Noto Sans S Chinese、字体样式为Black、字体大小为20pt、字距微调为"视觉"，最后将其放置在点文字"fresh orange juice"的下方，如图10-92所示。

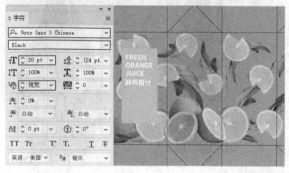

图10-92

08 使用"文字工具"T.在步骤05创建的图形中创建点文字"净含量：250ml"，并设置"填色"为白色，然后选中创建的文字对象，在"字符"面板中设置字体系列为Noto Sans S Chinese、字体样式为Black、字体大小为10pt、字距微调为"视觉"，最后将其放置在黄色矩形的右下角，如图10-93所示。

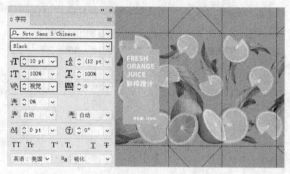

图10-93

09 将创建完成的矩形和文字进行编组，然后将其复制一份，将复制得到的编组放置在第3个包装面（按从左往右的顺序，后同）上，如图10-94所示。

图10-94

10 使用"矩形工具"□在第2个包装面中绘制一个矩形，并设置"宽度"为4cm、"高度"为4cm、"填色"为黄色（R:254，G:214，B:59）、"描边"为无，如图10-95所示。

11 打开"素材文件>CH10>包装设计：橙汁包装设计>橙汁包装文字1.ai"，将提供的文案复制到当前的编辑文档，并设置"填色"为白色，接着对其进行适当的缩放，并将其放置在步骤10创建的图形中，如图10-96所示。

图10-95

图10-96

⑫ 使用"矩形工具"■在第4个包装面中绘制一个矩形，并设置"宽度"为4cm、"高度"为4cm、"填色"为黄色（R:254，G:214，B:59）、"描边"为无，然后将其放置在图10-97所示的位置。

⑬ 打开"素材文件>CH10>包装设计：橙汁包装设计>橙汁包装文字2.ai"，将提供的文案复制到当前的编辑文档，并设置"填色"为白色，然后对其进行适当的缩放，将其放置在步骤12创建的图形中，如图10-98所示。

图10-97　　　　　　　　　　图10-98

⑭ 执行"文件>置入"菜单命令，置入素材"素材文件>CH10>包装设计：橙汁包装设计>条形码.png"，并将其放置在第4个包装面，完成案例的制作，最终效果如图10-99所示。

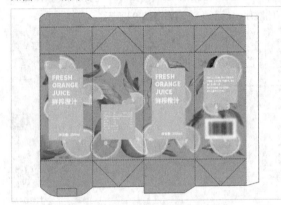

图10-99

10.5 本章小结

本章通过4个综合实例的制作过程，回顾了之前章节学习的重点知识，同时也介绍了平面设计中常见的4种设计类型。希望读者能通过这4个综合实例掌握使用Illustrator进行平面设计的思路和方法。

10.6 课后习题

本节安排了两个课后习题，这两个习题综合了本章知识。如果读者在练习时有疑问，可以一边观看教学视频，一边进行练习。

10.6.1 Bear字体设计

素材位置	无
实例位置	实例文件>CH10>课后习题：Bear字体设计
教学视频	课后习题：Bear字体设计.mp4
学习目标	熟练掌握字体的设计方法、笔画的处理方式

本例的最终效果如图10-100所示。

图10-100

10.6.2 瓷器展宣传海报

素材位置	素材文件>CH10>课堂习题：瓷器展宣传海报
实例位置	实例文件>CH10>课堂习题：瓷器展宣传海报
教学视频	课堂习题：瓷器展览宣传海报.mp4
学习目标	熟练掌握海报的设计方法、文本的编排方式

本例的最终效果如图10-101所示。

图10-101

ILLUSTRATOR

第 **11** 章

UI设计

　　UI 设计涵盖的内容十分广泛，本章通过两个简单的案例简要地呈现了 UI 设计的工作流程，如果读者想要从事 UI 方向的工作还需要更进一步的学习。UI 的设计本质上与品牌标识的设计是相似的，我们可以简单认为图标就是该产品的品牌标识，而品牌标识在品牌的传播过程中应当保持始终如一。我们在设计图标时除了要保证基本的美观度之外，还需要保证图标的易识别性。

课堂学习目标

◇ App 图标设计

◇ 标签栏图标设计

◇ App 界面设计

11.1 社交App "闪信" 图标设计

素材位置	无
实例位置	实例文件>CH11>社交App "闪信" 图标设计
教学视频	社交App "闪信" 图标设计.mp4
学习目标	掌握图标的设计方法、设计App图标的简要流程

本例的最终效果如图**11-1**所示。

图11-1

11.1.1 准备大样

01 新建一个尺寸为800px×600px的画板，然后使用 "矩形工具" ▭在画板中绘制一个矩形，并设置 "宽度" 为800px、 "高度" 为600px、 "填色" 为浅灰色（R:244，G:244，B:244）、 "描边" 为无，接着将其相对于画板进行 "水平居中对齐" 和 "垂直居中对齐" ，最后选中该图形并进行 "锁定" ，如图**11-2**所示。

图11-2

02 使用 "矩形工具" ▭在画板中绘制一个矩形，并设置 "宽度" 和 "高度" 均为160px、 "填色" 为白色、

"描边" 为无，然后在控制栏中设置 "圆角半径" 为40px，让图标的外轮廓更圆滑一点，最后将其相对于画板进行 "水平居中对齐" 和 "垂直居中对齐" ，如图**11-3**所示。

图11-3

03 选中步骤02绘制的图形，然后按>键将颜色的填充方式更改为渐变，并在 "渐变" 面板中设置渐变的颜色为从蓝色（R:0，G:193，B:255）到深蓝色（R:0，G:174，B:242）、 "角度" 为-45°，如图**11-4**所示。

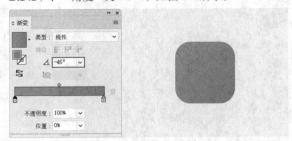

图11-4

04 使用 "矩形工具" ▭在步骤03绘制的图形中绘制一个矩形，并设置 "宽度" 为100px、 "高度" 为75px、 "填色" 为白色、 "描边" 为无，然后在控制栏中设置 "圆角半径" 为 15px，最后将其相对于步骤03绘制的图形进行 "水平居中对齐" 和 "垂直居中对齐" ，完成轮廓大样的绘制，如图**11-5**所示。

图11-5

11.1.2 切割轮廓

01 使用"多边形工具"◯在画板中绘制一个三角形，并设置"半径"为20px、"边数"为3、"填色"为白色、"描边"为无，然后在"变换"面板中设置"旋转"为30°，并将其放置在白色圆角矩形的左上角，如图11-6所示。接着按快捷键Ctrl + Y进入轮廓预览模式，开始调整等边三角形的位置，使两个边角与圆角矩形相交，最后选中其顶端的锚点并在控制栏中设置"圆角半径"为5px，效果如图11-7所示。

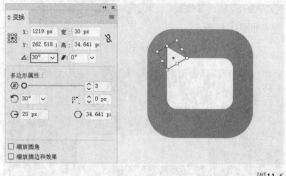

图11-6

图11-7

02 使用"多边形工具"⬡绘制一个三角形，并设置"半径"为20px、"边数"为3、"填色"为白色、"描边"为无，然后在"变换"面板中设置"旋转"为330°，接着按照同样的方法，使两个边角与圆角矩形相交，如图11-8所示。最后选中底端的锚点并在控制栏中设置"圆角半径"为5px，效果如图11-9所示。

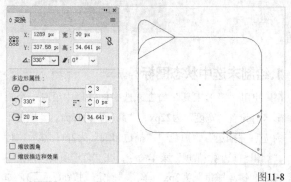

图11-8

图11-9

03 按快捷键Ctrl + Y退出轮廓预览模式，然后使用"形状生成器工具"⬡将这两个等边三角形和矩形进行合并，完成图标轮廓的切割，如图11-10所示。

图11-10

11.1.3 点缀细节

01 使用"椭圆工具"◯在上一节图标中绘制一个椭圆，并设置"宽度"为15px、"高度"为24px、"填色"为蓝色（R:0，G:193，B:255）、"描边"为无，然后将其放置在左侧，如图11-11所示。

02 将步骤01绘制的图形复制一份，并将其放置在右侧的位置，完成案例的绘制，最终效果如图11-12所示。

图11-11　　　　　　图11-12

241

11.2 红猪宠物商城App 界面设计

素材位置　素材文件>CH11>红猪宠物商城App界面设计
实例位置　实例文件>CH11>红猪宠物商城App界面设计
教学视频　红猪宠物商城App界面设计.mp4
学习目标　掌握App界面的设计方法、设计App界面的简要流程

本例的最终效果如图11-13所示。

图11-13

11.2.1 绘制图标

在制作App界面之前，要先完成标签栏图标的绘制。在绘制的过程中，我们要考虑到这些图标的交互属性，因此需要绘制未选中和选中这两种状态下的图标。

01 新建一个尺寸为800px×600px的画板，然后使用"矩形工具"■在画板中绘制一个矩形，并设置"宽度"为800px、"高度"为600px、"填色"为玫红色（R:244，G:55，B:113）、"描边"为无，并将其相对于画板进行"水平居中对齐"■和"垂直居中对齐"■，最后选中该图形并"锁定"■，如图11-14所示。

图11-14

02 使用"矩形工具"■在画板中绘制一个矩形，并设置"宽度"为375px、"高度"为83px、"填色"为白色、"描边"为无，然后在控制栏中设置"圆角半径"为10px，接着执行"效果>风格化>投影"菜单命令，在弹出的"投影"对话框中设置"X位移"为5px、"Y位移"为5px、"模糊"为10px、"颜色"为玫红色（R:244，G:55，B:113），最后单击"确定"按钮，完成未选中标签栏的绘制，参数及效果如图11-15所示。

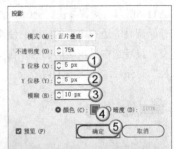

图11-15

03 将未选中标签栏复制一份，并将其放置在原对象的正下方，完成选中标签栏的绘制，最后将绘制完成的两个图形进行"锁定"■，如图11-16所示。

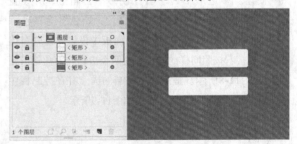

图11-16

1.绘制未选中状态图标

01 使用"矩形工具"■在未选中标签栏中绘制一个矩形，并设置"宽度"为22px、"高度"为15px、"填色"为无、"描边"为黑色、"描边粗细"为2pt，然后执行"编辑>首选项>常规"菜单命令，在"首选项"对话框中设置"键盘增量"为2px，单击"确定"按钮，如

图11-17所示。接着使用"钢笔工具" ✐在该矩形的上边缘线的中点处添加一个锚点，选中该锚点并按5次↑键，使其向上移动10px，如图11-18所示。

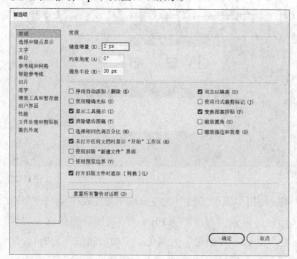

图11-17

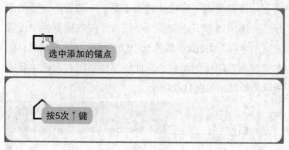

图11-18

02 使用"矩形工具" ▭在步骤01创建的图形中绘制一个矩形，并设置"宽度"为6px、"高度"为任意（长度超出步骤01创建的图形即可）、"填色"为无、"描边"为黑色、"描边粗细"为2pt，然后将其相对于步骤01绘制的图形进行"水平居中对齐" ▮，并适当地调整该图形在纵向上的位置，如图11-19所示。

图11-19

03 框选步骤01和步骤02创建的图形，然后按住Alt键并使用"形状生成器工具" 切除步骤01绘制的矩形，接着选中该图形中的所有锚点并在控制栏中设置"圆角半径"为2px，完成"首页"图标的绘制，如图11-20所示。

图11-20

04 按快捷键Ctrl + Y进入轮廓预览模式，然后使用"椭圆工具" ◯在画板中绘制3个同样大小的圆，并设置"宽度"和"高度"均为8px、"填色"为无、"描边"为黑色、"描边粗细"为2pt，最后将这3个圆对齐并相切，如图11-21所示。

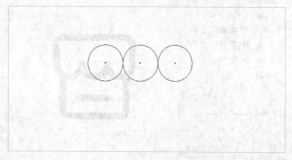

图11-21

05 使用"矩形工具" ▭分别绘制一个"宽度"为24px、"高度"为8px、"填色"为无、"描边"为黑色、"描边粗细"为2pt的矩形和一个"宽度"为20px、"高度"为16px、"填色"为无、"描边"为黑色、"描边粗细"为2pt的矩形，并分别将它们与步骤04绘制的3个图形对齐，如图11-22所示。

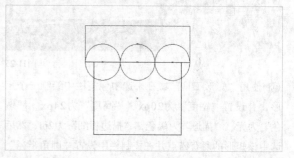

图11-22

06 按快捷键Ctrl + Y退出轮廓预览模式，然后选中步骤05创建的图形并使用"形状生成器工具" 切除不需要的路径。选中图形4个边角上的锚点并在控制栏中设置"圆角半径"为2px，接着使用"钢笔工具" ✐在下面的矩形中绘制一条水平直线路径，并在控制栏中设置"宽度"为10px，效果如图11-23所示。

图11-23

07 选中步骤06调整后的图形，然后在"描边"面板中设置"端点"为"圆头端点"、"边角"为"圆角连接"，如图11-24所示。接着对这些图形进行编组，完成"商家"图标的绘制，如图11-25所示。

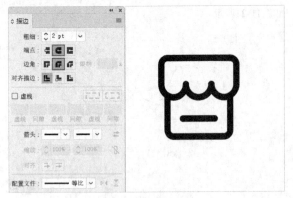

图11-24

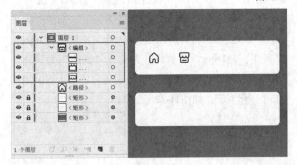

图11-25

08 使用"矩形工具" ▣在未选中标签栏中绘制一个矩形，并设置"宽度"为20px、"高度"为24px、"填色"为无、"描边"为黑色、"描边粗细"为2pt，然后选中该矩形的所有锚点并在控制栏中设置"圆角半径"为2px，接着使用"钢笔工具" ✒分别绘制"宽度"为10px和"宽度"为8px的两条直线路径，并将它们分别放置在合适的位置上，最后将绘制完成的图形进行编组，完成"订单"图标的绘制，如图11-26所示。

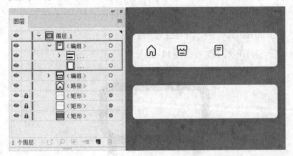

图11-26

09 使用"椭圆工具" ⬭在未选中标签栏中分别绘制一个"宽度"为10px、"高度"为10px、"填色"为无、"描边"为黑色、"描边粗细"为2pt的圆和一个"宽

度"为22px、"高度"为22px、"填色"为无、"描边"为黑色、"描边粗细"为2pt的圆，并将大圆放置在小圆的下方，如图11-27所示。

图11-27

10 使用"矩形工具" ▣在未选中标签栏中绘制一个矩形，并设置"宽度"为20px、"高度"为任意、"填色"为无、"描边"为黑色、"描边粗细"为2pt，然后将该矩形的上边缘线与大圆的圆心放置在同一水平线上，接着使用"形状生成器工具" ↩切除不需要的部分，再选中图形下边缘的两个锚点，并在控制栏中设置"圆角半径"为2px，最后选中这些图形并进行编组，完成"我的"图标的绘制，至此便完成了所有未选中状态图标的绘制，如图11-28所示。

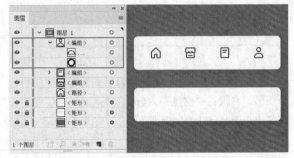

图11-28

2.绘制选中状态图标

01 选中未选中标签栏中的所有图标并复制一份，然后将它们放置在下方的选中标签栏中，如图11-29所示。

图11-29

02 选中"首页"图标并按快捷键Ctrl + F原位复制一份，然后设置"填色"为玫红色（R:244，G:55，B:113）、"描边"为无，接着将调整后的图标放置在原有图标的下一层，并按→键将其向右移动2px，最后将其与原有图标进行编组，完成"首页"图标在选中状态下的绘制，如图11-30所示。

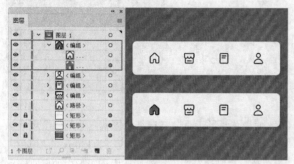

图11-30

📝 技巧与提示

前文已经在"首选项"对话框中设置了"键盘增量"为2px，所以每按一次→键可按2px的增量进行移动，2px是比较合适的数值，读者也可以选择其他增量。

03 按照同样的方法完成其他图标在选中状态下的绘制，如图11-31所示。最后将创建的标签栏图标进行保存，并命名为"标签栏图标.ai"，以便后续随时使用。

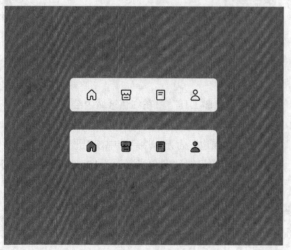

图11-31

11.2.2 界面布局

当标签栏图标绘制完成后，我们便可以开始着手制作界面了。界面的设计同样需要考虑其交互属性，设计时我们要坚持"操作前可预知，操作中会提示，操作后可撤回"的原则。下面绘制的是宠物商城App在首页中的界面。

1.设置参考线

01 新建一个尺寸为375px×812px的画板，然后使用"矩形工具"▫在画板中绘制一个矩形，并设置"宽度"为375px、"高度"为812px、"填色"为白烟色（R:244，G:244，B:244）、"描边"为无。将绘制的矩形相对于画板进行"水平居中对齐"▮和"垂直居中对齐"▮，最后选中该图形并进行"锁定"🔒，如图11-32所示。

图11-32

02 按快捷键Ctrl + R显示出标尺，并创建4条水平参考线，分别设置它们的Y坐标为44px、88px、729px和778px，如图11-33所示。接着创建4条垂直参考线，分别设置它们的X坐标为20px、30px、345px和355px，最后按快捷键Ctrl + Alt + ;锁定参考线，如图11-34所示。

图11-33　　　　图11-34

2.布局分区

01 执行"文件>置入"菜单命令，置入素材"素材文件>CH11>红猪宠物商城App界面设计>状态栏图标.png、指示器.png"，然后将它们分别放置在画板的顶部和底部并进行编组，如图11-35所示。

02 使用"矩形工具"■在画板中绘制一个矩形，并设置"宽度"为375px、"高度"为408px、"填色"为从玫红色（R:252，G:82，B:126）到红色（R:255，G:52，B:62）的线性渐变、"描边"为无，然后选中该矩形下边缘的两个锚点，并在控制栏中设置"圆角半径"为100px，接着选中红色矩形和白色矩形并进行编组，最后适当地调整其堆叠顺序，同时将该编组进行"锁定"🔒，完成首页界面背景的绘制，如图11-36所示。

图11-35　　　　　　　　图11-36

03 打开"素材文件>CH11>红猪宠物商城App界面设计>红猪图形标.png"，然后将其复制到当前的编辑文档中并进行适当的变换，最后将其放置在参考线规划的位置，如图11-37所示。

图11-37

04 使用"矩形工具"■在红色区域内绘制一个矩形，并设置"宽度"为280px、"高度"为36px、"填色"为白色、"描边"为无，然后选中该矩形中的所有锚点并在控制栏中设置"圆角半径"为18px，最后在"变换"面板中设置"变换中心"为"左上角"、X坐标为

75px、Y坐标为48px，完成首页界面搜索部分的绘制，如图11-38所示。

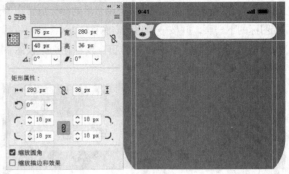

图11-38

05 使用"矩形工具"■在红色区域内绘制一个矩形，并设置"宽度"为335px、"高度"为130px、"填色"为白色、"描边"为无，然后选中该矩形中的所有锚点并在控制栏中设置"圆角半径"为10px，接着在"变换"面板中设置X坐标为20px、Y坐标为103px，完成首页界面Banner区域的划分，如图11-39所示。

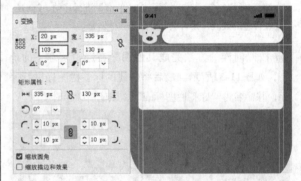

图11-39

06 使用"矩形工具"■在红色区域内绘制一个矩形，并设置"宽度"为335px、"高度"为160px、"填色"为白色、"描边"为无，然后选中该矩形中的所有锚点并在控制栏中设置"圆角半径"为10px，最后在"变换"面板中设置X坐标为20px、Y坐标为248px，完成首页界面"精选"区域的划分，如图11-40所示。

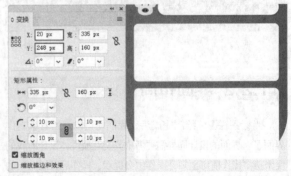

图11-40

07 选中步骤06创建的图形，然后执行"效果>风格化>投影"菜单命令，在弹出的"投影"对话框中设置"不透明度"为25%、"X位移"为1px、"Y位移"为1px、"模糊"为2px、"颜色"为灰色（R:102，G:102，B:102），接着单击"确定"按钮，如图11-41所示。

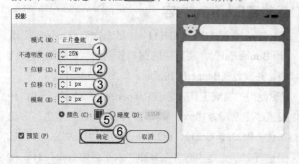

图11-41

📝 技巧与提示

　　红色区域内不需要创建投影，在白色区域内创建投影是为了区分矩形框与白色区域。

08 使用"矩形工具"在白色区域内绘制一个矩形，并设置"宽度"为160px、"高度"为230px、"填色"为白色、"描边"为无，然后选中该矩形中的所有锚点并在控制栏中设置"圆角半径"为10px，接着使用"吸管工具"吸取步骤07创建的图形的外观属性，最后在"变换"面板中设置X坐标为20px、Y坐标为456px，如图11-42所示。

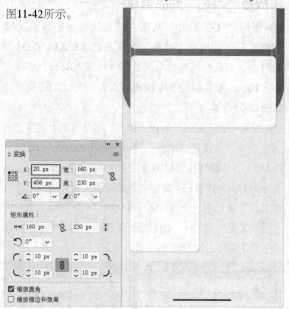

图11-42

09 将步骤08创建的图形复制一份，并在"变换"面板中设置X坐标为20px、Y坐标为701px，同时适当地调整该矩形的堆叠顺序，如图11-43所示。

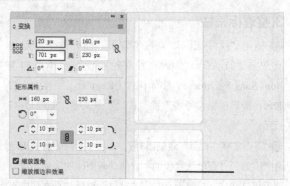

图11-43

10 使用"矩形工具"在白色区域内绘制一个矩形，并设置"宽度"为160px、"高度"为260px、"填色"为白色、"描边"为无，然后选中该矩形中的所有锚点并在控制栏中设置"圆角半径"为10px，接着在"变换"面板中设置X坐标为195px、Y坐标为456px，最后使用"吸管工具"吸取上一个矩形的外观属性，完成首页界面"猜你喜欢"区域的划分，如图11-44所示。

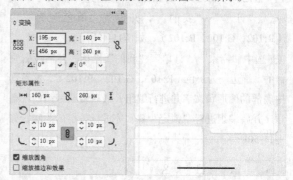

图11-44

11 使用"矩形工具"在白色区域内绘制一个矩形，并设置"宽度"为375px、"高度"为83px、"填色"为白色、"描边"为亮灰色（R:221，G:221，B:221）、"描边粗细"为1pt，最后适当地调整它与其他图形的堆叠顺序，并将其放置在合适的位置，如图11-45所示。

12 打开前文创建的"标签栏图标.ai"，并将"首页"选中状态图标及"商家""订单""我的"未选中状态图标复制到当前的编辑文档中，然后根据参考线放置"首页"选中状态图标，接着将其他图标相对于"首页"图标进行"垂直居中对齐"，最后将"我的"图标对齐第3根纵向参考线（按从左到右的顺序），并选中所有图标进行"水平居中分布"，如图11-46所示。

图11-45　　　　　　　图11-46

3.整理标签栏

01 使用"文字工具" **T.** 在"首页"图标的下方创建点文字"首页"，然后在控制栏中设置字体系列为Noto Sans S Chinese、字体样式为Regular、字体大小为12pt，最后根据参考线放置"首页"点文字，如图11-47所示。

02 将点文字"首页"复制出3份，并将文字内容分别更改为"商家""订单""我的"，使其与图标的功能对应，然后将这些文字相对于点文字"首页"进行"垂直居中对齐"，最后分别将各个文字对象相对于与之对应的图标进行"水平居中对齐"，如图11-48所示。

图11-47　　　　　　　　图11-48

03 选中点文字"首页"，然后设置"填色"为玫红色（R:244，G:55，B:113），接着选中点文字"商家""订单""我的"，并设置"填色"为灰色（R:102，G:102，B:102），如图11-49所示。

04 选中"商家""订单""我的"图标，然后设置它们的"描边"为灰色（R:102，G:102，B:102），接着选中底部的图形和文字并进行编组，最后调整编组的堆叠顺序并将编组进行"锁定"，完成标签栏的绘制，如图11-50所示。

图11-49　　　　　　　　图11-50

11.2.3 放置内容

当我们完成界面的布局后，剩下的工作就简单了，接下来将与宠物商城相关的信息放置在对应的区域内，便能完成界面的制作。

1.编辑搜索内容

01 使用"椭圆工具" ●和"钢笔工具" ✎在搜索框中绘制一个"搜索"图标，并设置"描边"为灰色（R:102，G:102，B:102）、"描边粗细"为2px，如图11-51所示。

02 使用"文字工具" **T.** 在搜索框中创建点文字"金毛"，并设置"填色"为灰色（R:102，G:102，B:102），然后在控制栏中设置字体大小为18pt，最后将"搜索"图标和点文字"金毛"放置在合适的位置，并将该区域内的所有内容进行编组，如图11-52所示。

图11-51　　　　　　　　图11-52

2.放置Banner内容

01 打开"素材文件>CH11>红猪宠物商城App界面设计>Banner.ai"，将其中的图稿复制到当前的编辑文档中，并放置在Banner所在区域，如图11-53所示。

02 使用"椭圆工具" ●在Banner的底部绘制3个圆，并设置"宽度"为10px、"高度"为10px、"填色"为浅灰色（R:232，G:232，B:232）、"描边"为无，并将它们进行"垂直居中对齐"和"水平居中分布"，接着选中中间的圆并设置"填色"为白色，同时对3个圆进行编组并将该编组放置在合适的位置，最后选中Banner部分内的所有内容并进行编组，如图11-54所示。

图11-53　　　　　　　　图11-54

3.放置"精选"商品信息

01 使用"文字工具" **T.** 在"精选"区域创建点文字"精选"，并设置"填色"为深灰色（R:51，G:51，B:51），然后在控制栏中设置字体样式为Bold、字体大小为18pt，最后根据参考线将其放置在左上角的位置，如图11-55所示。

02 使用"文字工具" **T.** 在"精选"部分创建点文字"进店逛逛"，并设置"填色"为银白色（R:153，G:153，B:153），然后在控制栏中设置字体样式为Regular、字体大小为12pt，接着在点文字"进店逛逛"的旁边使用"钢笔工具" ✎绘制一个具有同样颜色的"＞"图标，最后将"进店逛逛"和"＞"图标进行编组并根据参考线放置在右上角的位置，如图11-56所示。

图11-55　　　　　　　　图11-56

03 执行"文件>置入"菜单命令，置入素材"素材文件>CH11>红猪宠物商城App界面设计>宠物图片>宠物1.png、宠物2.png、宠物3.png"，然后根据参考线将"宠物1"放置在合适的位置，接着放置其他两个图像并通过智能参考线将其与"宠物1"图像进行对齐，如图11-57所示。

04 使用"文字工具"T.在"精选"部分创建点文字"会员价¥1166"，并设置"填色"为深灰色（R:51，G:51，B:51），然后在控制栏中设置字体大小为12pt，接着根据参考线将"会员价¥1166"放置到合适的位置，再将其复制两份，将复制出的两份文字放置在相应位置并通过智能参考线与被复制文字进行对齐，最后选中该区域内的所有内容并进行编组，如图11-58所示。

图11-57　　　　　图11-58

4.放置"猜你喜欢"商品信息

01 使用"文字工具"T.在"猜你喜欢"区域创建点文字"猜你喜欢"，并设置"填色"为深灰色（R:51，G:51，B:51），然后在控制栏中设置字体样式为Bold、字体大小为18pt，接着将其放置到图11-59所示的位置。

02 执行"文件>置入"菜单命令，置入素材"素材文件>CH11>红猪宠物商城App界面设计>宠物图片>宠物4.png、宠物5.png、宠物6.png"，然后将它们分别放置在合适的位置，并适当调整堆叠顺序，如图11-60所示。

图11-59　　　　　图11-60

03 使用"文字工具"T.在左侧的商品信息框内创建点文字"短毛猫"，并设置"填色"为深灰色（R:51，

G:51，B:51），然后在控制栏中设置字体样式为Regular、字体大小为14pt，接着根据参考线将其放置到合适的位置，如图11-61所示。

04 使用"文字工具"T.在左侧的商品信息框内创建点文字"¥1166"，并设置"填色"为玫红色（R:244，G:55，B:113），然后在控制栏中设置字体大小为12pt，接着根据参考线将其放置在点文字"短毛猫"的下方，如图11-62所示。

图11-61　　　　　图11-62

05 使用"文字工具"T.在左侧的商品信息框内创建点文字"2分钟前"，并设置"填色"为银白色（R:153，G:153，B:153），然后在控制栏中设置字体大小为12pt，接着将其放置在信息框内的右下角，如图11-63所示。

06 复制点文字"短毛猫"，并修改文字内容为"雪橇犬"，然后将其放置在右侧商品信息内，如图11-64所示。

图11-63　　　　　图11-64

⓻复制点文字"¥1160",并修改文字内容为"¥5000",然后将其放置在右侧商品信息内,如图11-65所示。

⓼复制点文字"2分钟前",并修改文字内容为"5分钟前",然后将其放置在右侧商品信息内,最后隐藏参考线并将该区域内的所有内容进行编组,最终效果如图11-66所示。

图11-65　　　　　　　　图11-66

11.3　本章小结

本章通过两个综合实例的制作过程,回顾了之前章节学习的重点知识,同时也介绍了UI设计中常见的两种设计类型。希望读者能通过这两个综合实例掌握使用Illustrator进行UI设计的思路和方法。

11.4　课后习题

本节安排了两个课后习题,这两个习题综合了本章知识。如果读者在练习时有疑问,可以一边观看教学视频,一边进行练习。

11.4.1　资讯App Speed图标

素材位置	无
实例位置	实例文件>CH11>课后习题:资讯App Speed图标
教学视频	课后习题:资讯App Speed图标.mp4
学习目标	熟练掌握图标的设计方法、切割方法

本例的最终效果如图11-67所示。

图11-67

11.4.2　外卖Banner

素材位置	素材文件>CH11>课后习题:外卖Banner
实例位置	实例文件>CH11>课后习题:外卖Banner
教学视频	课后习题:外卖Banner.mp4
学习目标	熟练掌握App界面的设计方法、Banner页的版面设计

本例的最终效果如图11-68所示。

图11-68

第 **12** 章

商业插画

    Illustrator 因其软件本身的特性，可以在某些特定类型插画的绘制上表现出其他软件所不能媲美的效果。本章将通过两个案例展现写实插画和 2.5D 插画的绘制过程，读者需要重点掌握"钢笔工具" 🖊 的使用方法，必要时我们还需要在前期通过手绘来绘制底稿，这样制作的插画会更生动一些。

课堂学习目标

◇ 线稿的绘制

◇ 对线稿进行上色

◇ 2.5D 插画的绘制

12.1 写实插画

素材位置	素材文件>CH12>写实插画
实例位置	实例文件>CH12>写实插画
教学视频	写实插画.mp4
学习目标	掌握写实类插画的绘制方法

本例的最终效果如图12-1所示。

图12-1

12.1.1 线稿的绘制

01 新建一个尺寸为1920px×1080px的画板，然后执行"文件>置入"菜单命令，置入素材"素材文件>CH12>写实插画>汽车.png"，接着适当地设置该图像的大小，最后在"图层"面板中双击"图层1"，在弹出的"图层选项"对话框中勾选"锁定"和"变暗图像至"选项，并设置"变暗图像至"为50%，单击"确定"按钮 确定，参数及效果如图12-2所示。

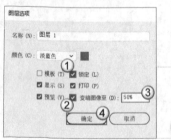

图12-2

02 绘制汽车前端。在"图层"面板中新建一个图层，然后使用"钢笔工具" 沿汽车前端的轮廓线绘制路径，如图12-3所示，接着使用"钢笔工具" 在绘制的路径区域内继续沿轮廓线绘制路径，刻画该区域内的细节，如图12-4所示。

图12-3

图12-4

03 完善汽车前端的细节。使用"钢笔工具" 沿汽车前端的凹陷部分的轮廓线绘制路径，如图12-5所示；然后使用"钢笔工具" 在绘制的路径区域内继续沿轮廓线绘制路径，刻画该区域内的细节，如图12-6所示。

图12-5

图12-6

04 绘制引擎盖。按照同样的方法，使用"钢笔工具" 沿引擎盖前端的轮廓线绘制路径，如图12-7所示，然后继续使用"钢笔工具" 沿引擎盖的轮廓线绘制路径，并根据需要刻画该区域的细节，如图12-8所示。

图12-7

图12-8

05 绘制前轮。使用"钢笔工具" 沿前轮轮廓线绘制路径，然后根据需要刻画该区域内的细节，如图12-9所示。

图12-9

06 绘制车身。使用"钢笔工具" ✍沿车身的侧面轮廓线绘制路径，然后根据需要刻画该区域内的细节，如图12-10所示。

图12-10

07 完善车身细节。使用"钢笔工具" ✍将车身细节补齐，完成线稿的绘制，如图12-11所示。

图12-11

12.1.2 上色及修饰

01 在"色板"面板中单击"色板库菜单"按钮 ⬛.，然后在弹出的菜单中选择"其他库"命令，接着载入"素材文件>CH12>写实插画>色板.ai"，如图12-12所示。

02 选中绘制完成的路径，执行"对象>实时上色>建立"菜单命令创建实时上色组，如图12-13所示，然后选中创建的实时上色组并执行"对象>实时上色>间隙选项"菜单命令，同时确保勾选了"间隙检测"选项，如图12-14所示。

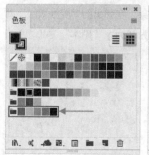

图12-12

图12-13

图12-14

03 对绘制的线稿进行上色。选中设置完成的实时上色组，根据明暗关系使用"实时上色工具" 🖌和"实时上色选择工具" ⬛指定色板中的颜色对绘制的线稿进行上色，如图12-15所示。

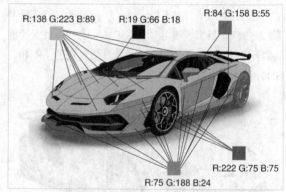

R:138 G:223 B:89　　R:19 G:66 B:18　　R:84 G:158 B:55

R:222 G:75 B:75

R:75 G:188 B:24

图12-15

📝 **技巧与提示**

在上色的过程中，如果有些地方需要添加路径，那么在使用"钢笔工具" ✍补充了路径后，选中绘制的路径和实时上色组，在控制栏中单击"合并实时上色组"按钮将该路径添加到实时上色组中；如果有些路径需要修改，那么可以直接使用"钢笔工具" ✍适当地进行调整。

04 绘制汽车后轮。双击实时上色组进入隔离模式，选中前轮处的路径，然后将这些路径复制一份，并将复制得到的路径进行适当变换后放置在车的后轮上，如图12-16所示。

05 使用"钢笔工具" ✍沿后轮的轮廓线绘制路径，接着将这些路径添加到当前实时上色组中进行上色，如图12-17所示。

图12-16　　图12-17

06 绘制背景。隐藏"图层1",然后使用"矩形工具" ■绘制一个矩形,并设置"宽度"为1920px、"高度"为1080px、"填色"为浅灰色(R:239,G:239,B:239)、"描边"为无,接着将其与画板对齐,并放置在"实时上色"的下一层,效果如图12-18所示。

图12-18

07 绘制汽车投影。使用"钢笔工具" ✎沿车底盘轮廓绘制一条闭合路径,并设置"填色"为深灰色(R:40,G:40,B:40),如图12-19所示。

图12-19

08 执行"效果>模糊>高斯模糊"菜单命令,在弹出的"高斯模糊"对话框中设置"半径"为20px,然后单击"确定"按钮 确定 。将投影图像放置在"实时上色"的下一层,同时适当地调整各个元素的位置,完成案例的制作,参数和最终效果如图12-20所示。

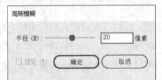

图12-20

12.2 2.5D插画

素材位置	素材文件>CH12>2.5D插画
实例位置	实例文件>CH12>2.5D插画
教学视频	2.5D插画.mp4
学习目标	掌握2.5D插画的绘制方法

本例的最终效果如图12-21所示。

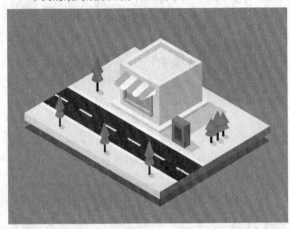

图12-21

12.2.1 绘制网格线

01 新建一个尺寸为800px×600px的画板,然后使用"矩形工具" ■绘制一个矩形,并设置"宽度"为800px、"高度"为600px、"填色"为黄色(R:55,G:22,B:57)、"描边"为无,接着将其与画板进行"水平居中对齐" ♣和"垂直居中对齐" ♣,最后选中矩形并进行"锁定" 🔒,如图12-22所示。

图12-22

02 使用"钢笔工具" ✎在画板的边缘绘制一条纵向的直线路径,如图12-23所示。接着选中该路径并在"外观"面板中对其应用"变换"效果,在弹出的"变换效果"对话框中设置移动的"水平"为20px、"副本"为40,单击"确定"按钮 确定 ,参数及效果如图12-24所示。

图12-23

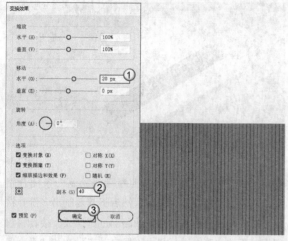

图12-24

03 在"外观"面板中再次应用"变换"效果，在弹出的"变换效果"对话框中设置"角度"为60°、"副本"为1，单击"确定"按钮（确定），参数及效果如图12-25所示。

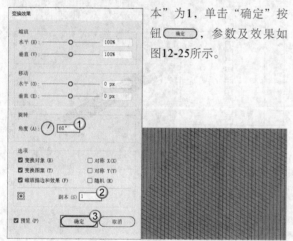

图12-25

04 在"外观"面板中再次应用"变换"效果，在弹出的"变换效果"对话框中设置"角度"为120°、"副本"为1，单击"确定"按钮（确定），参数及效果如图12-26所示。

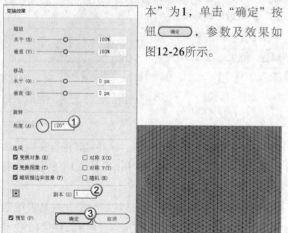

图12-26

05 选中所有的路径并进行适当的变换，然后执行"对象>扩展外观"菜单命令扩展其外观，接着选中扩展出的所有路径并进行编组，如图12-27所示。

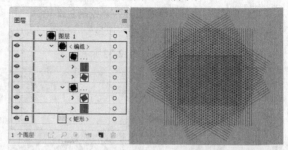

图12-27

06 选中步骤05中创建的路径编组，然后按快捷键Ctrl + 5将其建立为参考线并进行"锁定" 🔒，如图12-28所示。

图12-28

12.2.2 绘制地面

01 绘制地面的亮面。打开"素材文件>CH12>2.5D插画>色卡.ai"，如图12-29所示。

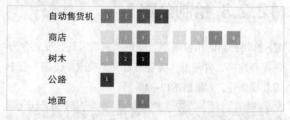

图12-29

📝 **技巧与提示**

由于绘制插画所用的颜色比较复杂，因此这里为每一个色卡都进行了命名，读者可根据提示吸取相应的颜色。

02 将色卡复制到当前的编辑文档中并放置在画板之外，然后使用"钢笔工具" ✒️根据网格线绘制一条闭合路径，接着使用"吸管工具" 🖌️吸取"地面"中第1个色卡的外观属性，效果如图12-30所示。

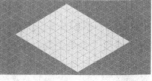

图12-30

03 根据步骤02绘制的图形轮廓绘制地面的另外两个面。使用"钢笔工具" ✐绘制暗部轮廓，然后使用"吸管工具" ✐吸取"地面"中第3个色卡的外观属性，效果如图12-31所示；使用"钢笔工具" ✐绘制灰部轮廓，并使用"吸管工具" ✐吸取"地面"中第2个色卡的外观属性，完成地面的绘制，效果如图12-32所示。

图12-31 　　　　　　　　　　　图12-32

04 将地面的亮部复制一份，然后将复制得到的路径向下移动并适当地设置它的堆叠顺序，同时设置"填色"为深灰色（R:58，G:58，B:58），"不透明度"为30%，完成底座投影的绘制，最后将底座和底座投影进行编组并"锁定" 🔒，如图12-33所示。

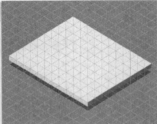

图12-33

12.2.3 绘制公路

01 绘制公路的柏油路面。使用"钢笔工具" ✐绘制一条闭合路径，并使用"吸管工具" ✐吸取"公路"色卡的外观属性，效果如图12-34所示。

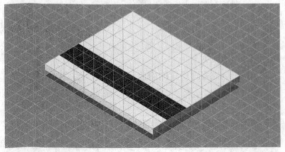

图12-34

02 根据步骤01绘制的图形轮廓绘制公路的两个边缘线。使用"钢笔工具" ✐绘制一条闭合路径，并设置"填色"为白色，然后将其复制一份并放置在与之对应的位置，如图12-35所示。

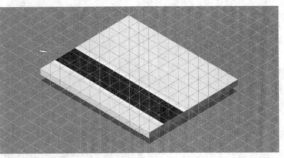

图12-35

03 使用"钢笔工具" ✐依照参考线绘制一条闭合路径，并设置"填色"为白色，然后将其复制出多份并将复制出的路径分别沿公路柏油路面进行摆放，接着将它们相对于柏油路面进行"水平居中对齐" 🢒和"垂直居中对齐" 🢒，完成公路的绘制，最后选中组成公路的所有元素进行编组并"锁定" 🔒，如图12-36所示。

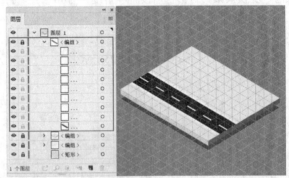

图12-36

12.2.4 绘制树木

01 绘制树木的树叶。使用"钢笔工具" ✐根据网格线绘制一条闭合路径，然后使用"吸管工具" ✐吸取"树木"中第1个色卡的外观属性，效果如图12-37所示。

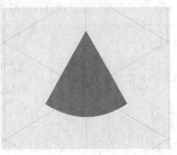

图12-37

02 将步骤01绘制的图形复制一份并对其进行变换，然后使用"吸管工具" ✐吸取"树木"中第1个色卡的外观属性，效果如图12-38所示。

03 再次将步骤01绘制的图形复制一份并对其进行变换，然后使用"吸管工具" ✐吸取"树木"中第4个色卡的外观属性，制作出树叶的投影，如图12-39所示。

图12-38

图12-39

04 使用"钢笔工具" ，根据网格线绘制树木的树干，然后使用"吸管工具" 吸取"树木"中第2个色卡的外观属性，如图12-40所示。

05 将步骤04绘制的图形复制一份并进行变换，然后适当地设置其堆叠顺序，同时使用"吸管工具" 吸取"树木"中第3个色卡的外观属性，制作出树干的投影，如图12-41所示。

图12-40

图12-41

06 使用"椭圆工具" 绘制一个椭圆，然后适当地调整图层的堆叠顺序，接着使用"吸管工具" 吸取"树木"中第4个色卡的外观属性，完成树木的绘制，选中组成树木的所有元素进行编组，如图12-42所示。

图12-42

07 将树木复制出多份，然后分别对它们进行适当的变换，接着将其放置在图12-43所示的位置，最后选中所有的树木进行编组并"锁定" ，完成树木的布置。

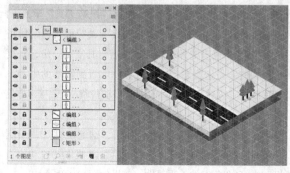

图12-43

12.2.5 绘制商店

01 绘制商店的底座。使用"钢笔工具" ，根据网格线参绘制一条闭合路径，然后使用"吸管工具" 吸取"商店"中第1个色卡的外观属性，效果如图12-44所示。

图12-44

02 根据步骤01绘制的图形轮廓绘制底座的另外两个面。使用"钢笔工具" ，绘制暗部轮廓，并使用"吸管工具" 吸取"商店"中第3个色卡的外观属性，效果如图12-45所示；使用"钢笔工具" ，绘制灰部轮廓，并使用"吸管工具" 吸取"商店"中第2个色卡的外观属性，完成底座的绘制，效果如图12-46所示。

图12-45

图12-46

03 根据步骤02绘制的图形轮廓绘制建筑。使用"钢笔工具" 绘制建筑的暗部轮廓，并使用"吸管工具" 吸取"商店"中第3个色卡的外观属性，效果如图12-47所示；使用"钢笔工具" 绘制灰部轮廓，并使用"吸管工具" 吸取"商店"中第2个色卡的外观属性，效果如图12-48所示；使用"钢笔工具" 绘制建筑的亮部轮廓，并使用"吸管工具" 吸取"商店"中第1个色卡的外观属性，制作出商店的建筑部分，如图12-49所示。

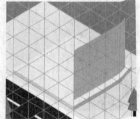
图12-47

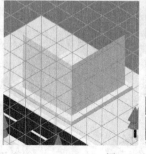

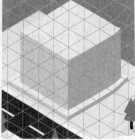

图12-48

图12-49

④ 根据步骤03绘制的亮部轮廓绘制屋顶。选中步骤03绘制的路径复制一份，然后将复制得到的路径进行适当的变换，并将其放置在图12-50所示的位置。设置"填色"为浅灰色（R:201，G:201，B:201），作为建筑屋顶的暗面。选中建筑屋顶的暗面并复制一份，然后将复制得到的路径进行适当变换，并将其放置在图12-51所示的位置，最后设置"填色"为浅灰色（R:234，G:234，B:234），作为建筑顶部的亮面，完成商店屋顶部分的制作。

图12-50　　　　　　　　　图12-51

⑤ 绘制商店的门面。使用"钢笔工具" ✐绘制一条闭合路径，并使用"吸管工具" ✐吸取"商店"中第7个色卡的外观属性，效果如图12-52所示；根据门面的轮廓，使用"钢笔工具" ✐绘制门面外框的暗部，并使用"吸管工具" ✐吸取"商店"中第6个色卡的外观属性，然后将其复制一份并放置在与之对应的位置，如图12-53所示；根据门面的轮廓，使用"钢笔工具" ✐绘制门面外框的灰部，并使用"吸管工具" ✐吸取"商店"中第5个色卡的外观属性，效果如图12-54所示；根据门面的轮廓，使用"钢笔工具" ✐绘制门面外框的亮部，并使用"吸管工具" ✐吸取"商店"中第4个色卡的外观属性，完成商店门面部分的制作，如图12-55所示。

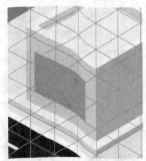
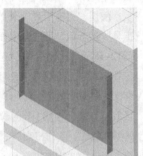

图12-52　　　　　　　　　图12-53

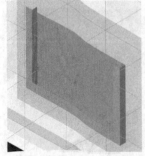
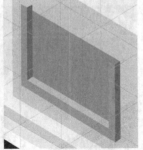

图12-54　　　　　　　　　图12-55

⑥ 绘制商店的雨棚。使用"钢笔工具" ✐根据网格线绘制一条闭合路径，然后使用"吸管工具" ✐吸取"商店"中第8个色卡的外观属性，同时将其中两个锚点的圆角变换为7px，效果如图12-56所示；接着将其复制4份，并将其中一些色块的"填色"设置为白色，最后分别将它们放置在合适的位置上，如图12-57所示。

图12-56　　　　　　　　　图12-57

⑦ 使用"钢笔工具" ✐按照网格线绘制一条闭合路径，并设置"填色"为白色，完成商店的绘制，最后选中组成商店的所有元素进行编组并"锁定" 🔒，如图12-58所示。

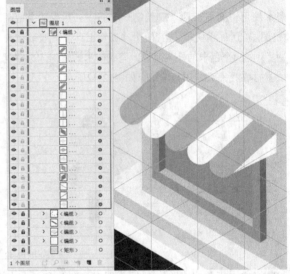

图12-58

12.2.6 绘制自动售货机

① 绘制自动售货机的灰面。使用"钢笔工具" ✐绘制一条闭合路径，并使用"吸管工具" ✐吸取"自动售货机"中第2个色卡的外观属性，然后将其复制一份，将复制得到的路径进行适当的变换，并放置到灰部的中心，最后使用"吸管工具" ✐吸取"自动售货机"中第4个色卡的外观属性，效果如图12-59所示。

② 绘制自动售货机的亮面。使用"钢笔工具" ✐绘制一条闭合路径，并使用"吸管工具" ✐吸取"自动售货机"中第1个色卡的外观属性，效果如图12-60所示。

图12-59 　　　　　　　　　　 图12-60

03 绘制自动售货机的暗面。使用"钢笔工具" 🖊 绘制一条闭合路径，并使用"吸管工具" 🖊 吸取"自动售货机"中第3个色卡的外观属性，完成自动售货机的绘制，最后选中组成自动售货机的所有元素进行编组并"锁定" 🔒 ，如图12-61所示。

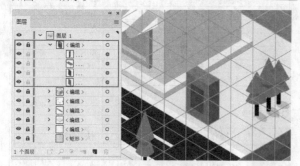

图12-61

04 绘制商店和自动售货机的投影。使用"钢笔工具" 🖊 分别在商店和自动售货机的底部绘制一条闭合路径，然后使用"吸管工具" 🖊 吸取"树木"中第4个色卡的外观属性，最后隐藏参考线，完成案例的制作，最终效果如图12-62所示。

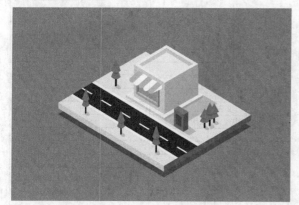

图12-62

12.3 本章小结

　　本章通过两个综合实例的制作过程，回顾了之前章节学习的重点知识，同时也介绍了商业插画中常见的两种类型。希望读者能通过这两个综合实例掌握使用Illustrator绘制插画的思路和方法。

12.4 课后习题

　　本节安排了两个课后习题，这两个习题综合了本章知识。如果读者在练习时有疑问，可以一边观看教学视频，一边进行练习。

12.4.1 绘制图书

素材位置	无
实例位置	实例文件>CH12>课后习题：绘制图书
教学视频	课后习题：绘制图书.mp4
学习目标	熟练掌握写实插画的绘制方法

　　本例的最终效果如图12-63所示。

图12-63

12.4.2 建筑插画

素材位置	无
实例位置	实例文件>CH12>课后习题：建筑插画
教学视频	课后习题：建筑插画.mp4
学习目标	熟练掌握2.5D插画的绘制方法

　　本例的最终效果如图12-64所示。

图12-64

附录：快捷键速查

1.文件

操作	快捷键
新建	Ctrl+N
打开	Ctrl+O
存储	Ctrl+S
存储为	Shift+Ctrl+S
存储副本	Alt+Ctrl+S
置入	Shift+Ctrl+P
导出为多种屏幕所用格式	Alt+Ctrl+E

2.视图

操作	快捷键
轮廓	Ctrl+Y
像素预览	Alt+Ctrl+Y
放大	Ctrl++
缩小	Ctrl+-
画板适合窗口大小	Ctrl+0
全部适合窗口大小	Alt+Ctrl+0
实际大小	Ctrl+1
显示标尺	Ctrl+R
隐藏/显示参考线	Ctrl+;
锁定/解锁参考线	Alt+Ctrl+;
建立参考线	Ctrl+5
释放参考线	Alt+Ctrl+5
显示/隐藏网格	Ctrl+"
对齐网格	Shift+Ctrl+"

3.编辑

操作	快捷键
还原	Ctrl+Z
重做	Shift+Ctrl+Z
剪切	Ctrl+X
复制	Ctrl+C
粘贴	Ctrl+V
贴在前面	Ctrl+F
贴在后面	Ctrl+B
就地粘贴	Shift+Ctrl+V
在所有画板上粘贴	Alt+Shift+Ctrl+V
常规	Ctrl+K

4.选择

操作	快捷键
全部	Ctrl+A
现用画板上的全部对象	Alt+Ctrl+A

5.对象

操作	快捷键
再次变换	Ctrl+D
移动	Shift+Ctrl+M
置于顶层	Shift+Ctrl+]
前移一层	Ctrl+]
后移一层	Ctrl+[
置于底层	Shift+Ctrl+[

操作	快捷键
编组	Ctrl+G
取消编组	Shift+Ctrl+G
锁定所选对象	Ctrl+2
全部解锁	Alt+Ctrl+2
隐藏所选对象	Ctrl+3
连接	Ctrl+J
建立混合对象	Alt+Ctrl+B
释放混合对象	Alt+Shift+Ctrl+B
用变形建立封套扭曲	Alt+Shift+Ctrl+W
用网格建立封套扭曲	Alt+Ctrl+M
用顶层对象建立	Alt+Ctrl+C
显示全部	Alt+Ctrl+3
建立剪切蒙版	Ctrl+7
释放剪切蒙版	Alt+Ctrl+7
建立复合路径	Ctrl+8
释放复合路径	Alt+Shift+Ctrl+8

6.工具

操作	快捷键
选择工具	V
直接选择工具	A
魔棒工具	Y
套索工具	Q
钢笔工具	P
文字工具	T
矩形工具	M
椭圆工具	L
画笔工具	B
斑点画笔工具	Shift+B
铅笔工具	N
Shaper工具	Shift+N
橡皮擦工具	Shift+E
剪刀工具	C
旋转工具	R
镜像工具	O
比例缩放工具	S
宽度工具	Shift+W
自由变换工具	E
形状生成器工具	Shift+M
实时上色工具	K
实时上色选择工具	Shift+L
网格工具	U
渐变工具	G
吸管工具	I
混合工具	W
画板工具	Shift+O
切换填色/描边	X
默认填色/描边	D
颜色	<
渐变	>
无	/
切换绘图模式	Shift+D

7.文字

操作	快捷键
创建轮廓	Shift+Ctrl+O